AIRBUS HELICOPTERS H145M

EINSATZHUBSCHRAUBER DER SPEZIALEINHEITEN

Christian Rastätter

Motor buch Verlag

Einbandgestaltung: Frank Zähringer

Bildnachweis:
Airbus Helicopters [30]; ecms GmbH [3]; DART Aerospace [2]; Safran Helicopter Engines [4]; Kawasaki Heavy Indurties [5]; HENSOLDT Holding Germany GmbH [2]; COLLINS AEROSPACE Goodrich Hoist and Winch [1]; Autoflug GmbH [1]; Ministerium des Innern und für Sport Rheinland-Pfalz Abteilung 4 – Polizei [2]; Ministerium für Inneres, Digitalisierung und Migration / Landespolizeipräsidium Baden-Württemberg (Leif Piechowski) [1], L3 Harris Wescam (Kanada) [3]; US Air Force Special Operations Command (Spc. Monique ONeill) [2]; US Army Special Operations Command News dvids (N.N.) [2]; Bundeswehr (Jana Neumann, Johannes Heyn, Andrea Bienert, Christian Vierfuß, Torsten Kraatz, Jonas Weber, Sönke Dwenger, Falk Bärwald, Jane Schmidt, Martin Stollberg, Carsten Vennemann, Maximilian Schulz, Susanne Hähnel) [51]; WTD 61 [9]; Bundesamt für Ausrüstung, Informationstechnik und Nutzung der Bundeswehr (BAAINBw) [3]; South Carolina Army National Guard (Capt. Tim W. Irvin) [11]; Royal Thai Navy [3]; Magyar Honvédség (Kertész László) [2]; South African National Defence Force [2]; Vojska Srbije (Jovo Mamula) [2]; Christian Rastätter [124]; Peter Soller [7]; Ralph Zwilling [3]; Sören Sünkler [4];

ISBN 978-3-613-04309-1

Ein Unternehmen der Paul Pietsch-Verlage GmbH & Co. KG

1. Auflage 2020

Sie finden uns im Internet unter
www.motorbuch.de

Lektorat: Alexander Burden
Innengestaltung: Günther Nord, 69434 Heddesbach
Druck: Conzella Verlagsbuchbinderei, 85609 Aschheim-Dornach
Printed in Germany

Inhalt

Widmung und Dank

Dieses Buch soll allen Team-Mitgliedern des Projekts LUH SOF gewidmet sein. Von der Wartung und Instandsetzung über die Einsatz- und Ausbildungsplanung bis hin zum Piloten-Team müssen viele Soldatinnen und Soldaten an einem Strang ziehen, um den professionellen Betrieb einer derart speziellen Einheit zu gewährleisten. Ihnen allen gilt unser Respekt und Dank. Das Buch soll ferner den Soldatinnen und Soldaten der Bundeswehr gewidmet sein, die ihr Leben für den Schutz und zum Wohlergehen der Bürgerinnen und Bürger ihres Landes gelassen haben. Es sei Denen gewidmet, die im Kampf gegen den Terrorismus jeden Tag auf ein Neues ihr Leben dabei riskieren, ihre Kameraden durch Können und Tapferkeit an ihre Einsatzorte zu bringen. Dies schließt ausdrücklich auch die Luftfahrzeug-Crews mit ein, die in allen Einheiten der Bundeswehr täglich sowohl in den Auslandseinsätzen als auch in der Heimat gefordert sind und darüber hinaus zum Bevölkerungsschutz auch in den schweren Zeiten der Corona-Pandemie einen wichtigen Beitrag geleistet haben. Sie alle verdienen Respekt und Anerkennung und unseren innigsten Dank.

Im Zusammenhang mit der Realisierung dieses Projekts gilt mein größter Dank dem ausgewiesenen SOF-Experten Sören Sünkler, der mir in allen Fragen des hochsensiblen Bereichs der Spezialkräfte stets ein wichtiger Berater war und ohne ihn dieses Buchprojekt nie hätte realisiert werden können. Dem Team Luftwaffe – allen voran dem Kommando Luftwaffe, dem PIZ Luftwaffe in Gatow sowie dem Hubschraubergeschwader 64 in Laupheim – gilt mein größter Dank für das Vertrauen und die hervorragende Unterstützung bei der Recherche vor Ort. Sowohl die Geschwaderleitung in Laupheim als auch die Führung in Calw konzertierten sehr professionell bei der Freigabe und Prüfung der von mir erstellten Skripte. Vom Kommodore, über den Pressestab bis hin zur Führung und zum Personal der 4. fliegenden Staffel wurde ich äußerst professionell und vor allem auch sehr freundlich bei meiner Arbeit unterstützt. Dies weiß ich sehr zu schätzen. Ebenso unterstützte auch die Führung des Kommandos Spezialkräfte mein Vorhaben

von Anfang an. Dem Pressestab in Calw gilt mein Dank dafür. Ich hatte die große Ehre, eine hochprofessionelle, moderne und teilstreitkräfteübergreifend abgestimmte Truppe kennen zu lernen. Dafür bedanke ich mich. Namtliche Erwähnungen sind in der Spezialkräfte-Community nicht üblich. Stellvertretend für die SOF-Akteure möchte ich mich jedoch ganz herzlich bei folgenden Personen persönlich bedanken: Generalleutnant Ingo Gerhartz (Inspekteur der Luftwaffe), Brigadegeneral Markus Kreitmayr (Kommandeur KSK), Oberst Christian Mayer (Kommodore HSG 64), Oberst Albrecht Katz-Kupke (Kommandeur Ausbildungszentrum Spezielle Operationen), Hauptmann Sandro Müller (PIZ Luftwaffe), Oberleutnant Thomas Merten (Presseoffizier Ausbildungszentrum Spezielle Operationen) sowie Oberleutnant Theo Wermeling (Presseoffizier HSG 64). Mein Dank gilt außerdem dem Motorbuch-Verlag für die hervorragende Abwicklung und Betreuung dieses Projekts – allen voran Alexander Burden, der mir stets mit Rat und Tat und professioneller Verlagsarbeit zur Seite stand und sich von Anfang an für dieses Projekt stark machte. Mein allergößter Dank gilt jedoch meiner bezaubernden Tochter. Nur durch ihren Zuspruch und durch ihre Genehmigung, durfte ich mich diesem Projekt widmen, unter der Prämisse, dass unsere gemeinsame Zeit miteinander nicht darunter litt. Ich hoffe letzteres eingehalten zu haben.

Ich wünsche den Leserinnen und Lesern eine spannende Lektüre.

Christian Rastätter
Nürnberg im August 2020

Vorworte

Liebe Leserinnen und Leser,

Die Spezialkräfte der Bundeswehr sind ein strategisches Instrument der Bundesregierung. Sie bilden dimensionsübergreifend Fähigkeiten, die grundsätzlich in allen militärischen nationalen wie internationalen Planungen abzubilden und zu berücksichtigen sind. Spezialkräfte werden durch ihre Aktivitäten nachhaltig und militärpolitisch priorisiert. In den Einsatzarten Spezialüberwachung und -aufklärung sowie dem direkten Einsatz bilden sie aus und führen diese letztendlich auch durch. Außerdem befähigen und beraten sie ausgewählte Partner in Aufnahmestaaten. Hinzu kommt der Beitrag zum nationalen Risiko- und Krisenmanagement zum Schutz deutscher Staatsangehöriger im Ausland, im Rahmen der Lösung von Entführungs- und Geisellagen, Evakuierungsoperationen und der Rettung und Rückführung isolierten militärischen Personals. In der Dimension Luft erfolgt dies aktuell u.a. mit dem leichten Mehrzweckhubschrauber zur Verbringung von Spezialkräften (Light Utility Helicopter Special Operations Forces, LUH SOF) MBB-BK 117 D-2m.

Die LUH SOF der Luftwaffe unterstützen dabei durch die Sicherstellung von Transport, Versorgung, Überwachung, Luftrettung, bewaffneter Aufklärung, Feuerunterstützung und medizinischer Evakuierung.

Die seit Jahren bestehende Fähigkeitslücke sollte Anfang dieses Jahrzehnts geschlossen werden. Dies erfolgte dann auch 2015 mit der Auslieferung der ersten Maschine. Von der Ausschreibung im Jahr 2012 über 15 LUH SOF durch die Bundeswehr bis zur Übergabe der letzten Maschine an die Luftwaffe dauerte es nur fünf Jahre. Für ein fliegendes Waffensystem ist das in den letzten Jahrzehnten eine absolute Ausnahme.

Es zeigt sich immer wieder wie der LUH SOF die Fähigkeiten der Spezialkräfte ergänzt und deren operative Möglichkeiten signifikant erweitert.

Die Stationierung des Hubschraubers erfolgte aufgrund der geographischen Nähe zu Einsatz-, Ausbildungs- und Führungselementen mit Spezialkräftebezug auf dem Militärflugplatz in Laupheim und ist seitdem fest in meinem Verband, dem Hubschraubergeschwader 64, verankert.

Als Kommodore des größten fliegenden Verbands der Luftwaffe bin ich besonders erfreut, dass dieser Bildband Ihnen das Projekt MBB-BK 117 D-2m näher vorstellt.

Ich wünsche Ihnen viel Spaß beim »schmökern« und lesen.

Ihr

Christian Mayer
Oberst

Der H145M – Ein Schweizer Messer mit Rotor

Der H145 und seine militärische Variante, der H145M sind eine echte Erfolgsgeschichte. Am 8. Dezember 2015 hat Airbus Helicopters den ersten von 15 H145M-Hubschraubern an die Spezialkräfte der Bundeswehr ausgeliefert. Inzwischen gehören Ungarn, Serbien, Thailand und Luxemburg zu den Nationen, die den modernen Multirollen-Hubschrauber nutzen. Weltweit bekunden Streitkräfte Interesse an dem Muster.

Die Tatsache, dass es sich beim H145M um die militärische Version eines bewährten Zivilhubschraubers handelt, der 2014 erstmals ausgeliefert wurde, ist ein wesentlicher Erfolgsfaktor. Vom BK117, auf dessen Basis der H145 entwickelt wurde, und seinen Nachfolgemodellen, sind schon weit über 1.600 Hubschrauber gebaut worden. Die gesamte Flotte hat es auf über fünf Millionen Flugstunden gebracht, ihre Verfügbarkeit liegt bei 97 Prozent. Der agile Hubschrauber wird vor allem von Polizeikräften und Rettungsdiensten für ein breites Spektrum an Aufgaben wie Krankentransport, Versorgung oder Such- und Rettungsmissionen verwendet. Mehr als 450 Mehrzweckhubschrauber der BK117-Familie fliegen zudem unter der Bezeichnung Lakota bei der US Army.

Der Ansatz, erprobte zivile Muster zu militarisieren, hat sich bewährt. Ein Hubschrauber, der in hohen Stückzahlen produziert wird und seine operationelle Robustheit bewiesen hat, sowie eine eingespielte Fertigungslinie und Versorgungskette sind wesentliche Erfolgsfaktoren für eine reibungslose Einführung bei der Truppe. Hohe Verfügbarkeit und Zuverlässigkeit sind das Resultat.

Hubschrauber sind fähig, in einer Weise im niedrigen Luftraum zu manövrieren – und dabei Daten zu sammeln, wie es ein Flächenflugzeug oder UAV nicht leisten kann.

Neben dem taktischen Lufttransport von vier vollausgerüsteten Kommandosoldaten kann der H145M zur Feuerunterstützung, zur bewaffneten Aufklärung sowie der Evakuierung von Verwundeten oder der Befreiung von Geiseln zum Einsatz kommen. Mehr und mehr rückt auch eine Verwendung als fliegender Gefechtsstand in den Mittelpunkt. Gemeinsam mit industriellen Partnern arbeitet

Airbus Helicopters daran, die C5I-Fähigkeiten (Command, Control, Communications, Computer, Collaboration and Intelligence) des H145M weiter aufzurüsten. Fähigkeiten wie dem Verbundeinsatz bemannter und unbemannter Luftfahrzeuge (Manned-UnManned-Teaming, MUM-T), Satellitenkommunikation oder dem Flug bei stark eingeschränkter Sicht (DVE) erweitern das Einsatzprofil zusätzlich.

Mit dem neuen, innovativen Fünfblatt-Rotor kann der H145M 150 Kilo mehr Gewicht transportieren und ist weniger wartungsintensiv. Darüber hinaus ist der Hubschrauber mit dem digitalen Helionix-Cockpit ausgestattet. Dieses bietet neben einem innovativen Flugdatenmanagement auch einen leistungsfähigen 4-Achsen-Autopiloten, der die Piloten in ihren Einsätzen erheblich entlastet. Die besonders niedrigen Geräuschemissionen machen den H145 zum leisesten Hubschrauber seiner Klasse.

Ende August 2017 absolvierte der H145M seinen Erstflug mit dem HForce-Waffensystem. Damit kann der Hubschrauber mit verschiedenen Bewaffnungen bis hin zu lasergesteuerten Lenkwaffen ausgestattet werden. So können die Nutzer ihre Flotten einfach um leichte, spezialisierte Kampfhubschrauber-Varianten erweitern.

Airbus Helicopters ist stolz auf diesen robusten High-Tech-Drehflügler, der erst beginnt, sein Potential als militärischer Multifunktions-Hubschrauber zu entfalten.

Dipl.-Ing. Axel Humpert
Senior Vice President H145 Programs
at Airbus Helicopters

Donauwörth, August 2020

Zwei H145M LUH SOF setzen Trupps des Kommando Spezialkräfte (KSK) während einer übungsmäßigen Erstürmung eines Geländes ab. Die KSK-Trooper nutzen dabei das Rappelling-Verfahren.

Einführung

Special Operations Forces (SOF)-Kräfte sind im höchsten Maße abhängig von Hubschraubern. Entweder als Verbringungsmittel, zur Feuerunterstützung oder als Mittel zur schnellen Reaktion auf stattfindende Verbrechen. Die Überwachungs-, Such-, Rettungs- und Aufklärungsrolle der Hubschrauber spielen ebenfalls eine wichtige Rolle. Ausgestattet mit einer Vielzahl neuester Sensorik, einer modernen Avionik sowie teilweise für Kampfeinsätze gepanzert oder gar bewaffnet, sind die SOF-Helikopter meist auf dem neuesten Stand der Technik und verfügen oft über geheime Zusatzausstattungen zur Erfüllung ihrer Sonderaufgaben. Piloten derartiger SOF-Staffeln, aber auch die Crews regulärer Einsatzstaffeln mit der erweiterten Befähigung für SOF-Einsätze gehören zu den bestausgebildetsten und couragiertesten Hubschrauberführern. Sie müssen taktische Verfahren beherrschen und Spezialkräfte sicher und gezielt an ihre Einsatzorte bringen. Darüber hinaus müssen sie auch jederzeit mit Flexibilität und Professionalität auf sich verändernde Situationen reagieren und sogar kämpfen können, wenn es die Umstände erfordern. Das Repertoire reicht von der taktischen Verbringung, der Aufklärung und Überwachung bis hin zur direkten Feuerunterstützung. So gut wie jedes Land auf der Welt verfügt über Spezialkräfte entweder aus dem Bereich des Militärs oder der Polizei. Idealerweise aus beiden Branchen. Das vorliegende Buch beschäftigt sich mit einem der neuesten Hubschrauber, der eigens für Spezialkräfte eingeführt und an diese Sonderaufgabe angepasst wurde: dem Airbus Helicopters H145M Light Utility Helicopter (LUH) Special Operations Forces (SOF) der deutschen Luftwaffe. Anhand des vorliegenden Bandes soll aufgezeigt werden, wie Spezialkräfte der Bundeswehr auf diesen Hubschrauber und seine Piloten angewiesen sind, wie dieser Hubschrauber entstand, welche Einsatzverfahren existieren und mit welcher technischen Ausstattung der H145M LUH SOF in seine Rolle als Spezialkräfteverbringer integriert wurde. Dabei sollen die Einsatzoptionen im Verbund mit Spezialkräften der Bundeswehr bei der Bewältigung verschiedenster Szenarien aufgezeigt werden. Anhand des teilstreitkräfteübergreifenden SOF-Konzepts soll auch die deutsche Special Operations Forces (SOF)-Architektur in diesem Zusammenhang näher durchleuchtet werden, um auch hierzu einen ersten Überblick über die geheime Welt der Spezialoperationen zu geben. Spezialoperationen, wie sie in vielen Fällen kaum ohne ein geeignetes Verbringungsmittel »Luft« realisierbar sind, basieren in den allermeisten Fällen auf die Luftverbringung durch Hubschrauber. Die deutsche Luftwaffe verfügt über einen der besten Hubschrauber für diese Rolle: den H145M LUH SOF. Die vorliegende Publikation ist das Ergebnis der gesammelten Eindrücke und Erfahrungen aus einer der Öffentlichkeit meist verborgenen Welt – der Welt des Anti-Terrorkampfs, der Kommandokriegsführung und der Rettung durch die Speerspitze der Streitkräfte. Anhand des eigens für den Zweck der Spezialkräfteverbringung bei der Bundeswehr eingeführten Hubschraubers H145M LUH SOF soll hiermit ein erstes Licht auf eine von Geheimhaltung geprägte Disziplin der Special Operations Forces (SOF) Luftoperationen der Bundeswehr geworfen werden. Oberstes Gebot bei der Bericherstattung über Spezialkräfte ist die Wahrung der Diskretion. Die Identitäten der »stillen Helden« unterliegen aus Gründen der Sicherheit der Soldatinnen und Soldaten der Geheimhaltung. Die Berichterstattung kann in diesem Umfeld nur unter der Prämisse »No Faces, No Names« erfolgen. So können auch gewisse Details in der Ausstattung des im Verlauf dargestellten Hubschraubers nicht weiter in Augenschein genommen werden und wurden daher absichtlich aus dem Berichtkonzept genommen.

Entwicklung der Hubschrauber bis heute

Der Hubschrauber, auch Helikopter genannt, ist ein Luftfahrzeug, das durch rotierende Flügel Auftrieb und Antrieb erzeugen kann sowie die Fähigkeit besitzt, vertikal abzuheben und über dem Boden zu schweben. Der Antrieb der rotierenden Flügel wird bei modernen Maschinen nicht mehr über Kolbenmotoren, sondern durch Gasturbinen erzeugt. Ein Drehflügler wird über den Grad der Neigung, Winkelstellung sowie Drehzahl des Rotors gelenkt. Die permanente Instabilität sowie Vibration des Grundgerüstes und der vielen beweglichen Teile machen den Helikopter einerseits zum Traum von Luftfahrtingenieuren und andererseits zum Alptraum eines jeden Aerodynamikers. Im Gegensatz zum Starrflügler bewegen sich Helikopter in einer völlig anderen flugphysiologischen Welt. Zwar vollzieht sich der Hubschrauberflug ebenfalls unweigerlich nach den Gesetzen der Physik, jedoch unterscheiden sich die Bandbreite und die Flugphysik deutlich von den vom Auftrieb und der Geschwindigkeit abhängigen klassischen Flugzeugen. Die Fähigkeit, im Bodeneffekt zu schweben, bei Geschwindigkeit Null nach rechts und links zu drehen, vorwärts und rückwärts zu fliegen sowie letztlich den Bodeneffekt zu verlassen, um in den Vertikal- bzw. Horizontalflug überzugehen, stellt ein unglaubliches Nutzungspotential dar. Der Hubschrauber ist wohl das innovativste und vielseitigste Fluggerät, das jemals von Menschenhand erfunden wurde. Dabei ist die Hubschrauberfliegerei noch sehr jung. Gegen Ende des Zweiten Weltkriegs kamen erstmals Serienmodelle zum Einsatz, die nach heutigem Maßstab einem nutzbaren Helikopter-Konzept nahekamen. Zwar ist die Idee, durch rotierende Flügel Auftrieb zu ermöglichen, wesentlich älter und geht bereits auf die Überlegungen Leonardo da Vincis von etwa 1490 zurück, jedoch zeigten sich nutzbare Konzepte erst 450 Jahre später. Es gab viele Erfinder, Physiker und Konstrukteure, die sich bereits vor dem Zweiten Weltkrieg mit Drehflüglern beschäftigten. Während des Krieges wurden sogar bereits die ersten Hubschrauber-Modelle in den Armeedienst gestellt und waren als Lastenträger im Einsatz. Paul Cornu, Etienne Oehmichen, Juan de la Cierva, Heinrich Karl Johann Focke, Nicolai Kamov, Frank Piasecki, Igor Sikorsky, Arthur Young und viele weitere mehr gehörten zu den Pionieren der Helikopterentwicklung. Diese anfangs instabilen Maschinen wurden mit der Zeit immer mehr zu dem, was wir heute als Helikopter, Hubschrauber oder Drehflügler bezeichnen würden. Zwar wurden mit dem deutschen Focke-Wulf Fw-61 bereits 1938 und etwas später mit dem Weir W-5 sowie Sikorsky VS-300 militärisch nutzbare Transporthelikopter eingeführt, der Durchbruch gelang jedoch erst gegen Ende des Kriegs mit dem Focke-Achgelis Fa-223. Dieser war bereits langstreckentauglich und flog als Beutemaschine der Alliierten über den Ärmelkanal nach England und konnte damals schon 2.000 kg Last verbringen. Effektiv in militärischen Einsätzen genutzt wurden Helikopter jedoch erstmals während des Korea-Kriegs der 1950er-Jahre. Anfangs lediglich mit Transportaufgaben betraut, wurde der Helikopter viele Jahre unterschätzt. Die Bewährungsphase von Drehflüglern zog sich über viele

Ein H145M LUH SOF im Sniper Interdiction Einsatz. Scharfschützen des KSK halten sich für den Waffeneinsatz an den offenen Seitentüren bereit.

militärische Konflikte des 20. Jahrhunderts hinweg. Wie so oft waren es zuerst die militärischen Zwänge, die zu Technologien führten, die auch zivil nutzbar waren. Zuerst wurde das militärische Potential von Helikop-tern ausgeschöpft, wenn auch anfangs nur in der Transporter- und Rettungsrolle, wie z. B. bei der französischen Armee im Algerienkonflikt, bei den Israelis während den Nahost-Krisen und vor allem im Dienst der US-Streitkräfte in Vietnam. Der Vietnam-Konflikt bedeutete den Paradigmenwandel und das Umdenken für den Einsatz von Hubschraubern. Die taktische Nutzung von Helikoptern im Kampf-, Rettungs- und Transporteinsatz sowie die strategische Anwendung helikoptergestützter Volltruppenteile, führten erstmals zur Nutzung der neuartigen Drehflügler mit Gasturbinen für die Spezialkräfte. 1951 entwickelte Kaman mit dem K-225 den ersten Turbinenantrieb, drei Jahre später sogar den ersten zweimotorigen Hubschrauber. Zuvor war Bell mit der Bell-47 bereits zertifiziert worden. Auch Hafner war 1952 mit dem britischen Sycamore erfolgreich. Die Sowjets standen den Entwicklungen kaum nach. Mil und Kamov hatten eben-falls erste Modelle entwickelt. Mit dem Bell UH-1 begann für die USA die Ära der modernen Helikopterfliegerei ab 1956. Seitdem steigerten sich die Entwicklungen rapide zu teils bis heute noch verwendeten Grundmustern (CH-47 Chinook, Mi-2, Mi-4, Mi-6, Mi-8, Mi-24, S-61, S-65, Bell 205). Aus den Erfahrungen der US-Streitkräfte in Vietnam ergaben sich viele neue moderne Konzepte sowohl für die militärische als auch zivile Nutzung. Die Vielfalt und Spezialisierung von Helikopter-Disziplinen verfeinerten sich seither. Es entwickelten sich bereits erste Trennungen zwischen den Mehrzweckfliegern (Transport, Passagierkabine) und reinen Kampfhubschraubern (Tandemsitz, Waffenplattform). Im militärischen Bereich avancierten folgende Tätigkeitsmerkmale moderner Hubschrauber Anwendungsgebiete: Taktischer Transport, Luftlandeoperationen (Air Assault), Kampfhubschrauber (Gunships), Panzerabwehr-Hubschrauber (PAH), Schiffsbekämpfung, U-Boot-Jagd (ASW), Aufklärung und Beobachtung (ISR, Scout, Armed Reconaissance), Bewaffnete Eskorte, Elektronische Kampfführung (EloKa), Luftrettung See/Land (Search and Rescue – SAR), Kampfrettung (Combat Search and Rescue, CSAR), MedEvac, Personnel Recovery und letztendlich auch die Infiltration/Exfiltration von Spezialeinheiten (z. B. Special Operations Deep Penetration bzw. Direct Action Penetration bzw. Defensive Armed Penetrator). Die zivile Nutzung blieb nicht lange Zeit aus. Bald wurden Helikopter zum Bestandteil ziviler und polizeilicher Tätigkeiten: Luftambulanz, Katastrophenschutz, Anti-Terrorkampf, Forstarbeit, Landwirtschaft/

Agrarfliegerei, Waldbrandbekämpfung, Polizeischutz, Verkehrsüberwachung, Küstenwacht, Grenzpatrouille, Business / Executive-Fliegerei, und viele Verwendungen mehr. Zivile Bo-105, Bell 212/412, BK117, EC-135, EC-145 und H145 etablierten sich schnell. Für den militärischen Bereich spielt die Kombination aus Transport- und Kampfhubschraubern seit der jüngsten Zeit eine immer größere Rolle beim Einsatz von Spezialeinheiten. Auch für den polizeilichen Einsatz der Innenministerien werden weltweit seit mehr als 30 Jahren immer mehr Hubschrauber für das Betätigungsumfeld Spezialeinsatzkräfte genutzt und vor allem angepasst. Die technologischen Sprünge in der Hubschrauber-Fliegerei waren jahrzehntelang gehemmt und nur am Rande von den Verteidigungsministerien behandelt worden. Weltweit standen Helikopter stets im Kreuzfeuer von Kompetenz- und Zuständigkeitsdisputen innerhalb der militärischen Strukturen. Erst durch die moderne Kampffliegerei der 1980er-Jahre sowie vor allem durch die dringend benötigten Fähigkeiten von Spezialeinheiten, wurde die Hubschrauberentwicklung quasi weltweit und über Nacht einer technologischen Revision unterzogen. Heute sind Hubschrauber weder von den Krisengebieten der Welt, noch aus dem zivilen Alltag der Bürger der meisten Städte der Welt mehr wegzudenken. Hubschrauber sind heutzutage technologisch derart fortentwickelt, dass sie sich bereits an der Schwelle des Übergangs von der bemannten zur unbemannten Fliegerei befinden. Heutige Muster halten Triebwerkschäden und Ausfällen weiterer flugtechnischer Teile relativ gut Stand. Lediglich die Achillesferse – der Rotorkopf und das Getriebe – stellen die Entwickler bis heute auf die Probe. Diese Problematik kritischer Baugruppen wurde durch innovative elektronische Überwachungssysteme auf ein Minimum begrenzt. Spontanes Versagen tritt sehr selten auf.

Hubschrauber für Spezialkräfte

Die Weiterentwicklung der Hubschrauber-Technologie hin zu einem ernstzunehmenden Arbeitsmittel für Nutzer, die sich in einem Umfeld der sicherheitspolitischen Realitäten dieser Zeit bewegen müssen, kam gerade rechtzeitig kurz vor dem Ende des Kalten Kriegs und mit dem Wegfall des Ost-West-Konflikts in die Gänge. Technologien, die dafür bestimmt waren, in einem modernen Konfliktumfeld des Kalten Kriegs zu bestehen und wichtige Aufgaben zu erfüllen, waren mit dem Wegfall der sicherheitspolitischen Bipolarität zwischen der NATO auf der einen und dem Warschauer Pakt auf der anderen Seite sowie dem dadurch ausgelösten Aufkommen regionaler Konflikte, dem Zuwachs organisierter Kriminalität (OK), der vermehrten Terroranschläge bis hin zu den Folgen von »9/11« im globalen Kampf gegen Terrorismus, gerade rechtzeitig zur Auslieferung gebracht worden. Das neue sicherheitspolitische Umfeld seit dem 11. September 2001, welches für westliche militärische Kräfte regionale Low Intensity-Konflikte und Counter Insurgency-Taktiken (COIN) während vieler Auslandseinsätze aufbrachte, veränderte auch die Situation der Zivilgesellschaften der jeweiligen Industriestaaten. Die verschärften innenpolitischen Gefahrensituationen, denen die westlichen Gesellschaften und deren Bürger ausgesetzt sind, steigerten sich kontinuierlich. Sowohl das Militär in seinen Einsätzen im Ausland als auch die heimischen Polizeikräfte stehen weltweit in einem immer undurchsichtiger und gefährlicher werdenden Umfeld und müssen den Schutz der Bürger ihres Landes gewährleisten. So wie auch die Soldaten durch ihr Handeln in Out of Area-Einsätzen den Interessen und dem Wohl ihres Landes dienen. Die Frage nach der Sinnhaftigkeit sowie nach der Legitimation vieler außen- und sicherheitspolitischen Handlungsweisen oder gar über innenpolitische Willensbildungsprozesse zur sinnvollen Ausstattung der Polizei, mit dem Zweck der gesteigerten Effizienz und zum besseren Schutz der Bürger, soll hier nicht weiterverfolgt werden. Eines steht jedoch fest: Obwohl konventionelle Streit- sowie Polizeikräfte in den letzten 30 Jahren kontinuierlich einer Reduzierung unterworfen waren, wurde ein Element immer weiter Aufgebaut und immer sichtbarer: Die Spezialkräfte – sogenannte Special Operations Forces (SOF). Sowohl beim Militär in allen Teilstreitkräften, als auch im Rahmen der Innenministerien, Landespolizeien und Sicherheitskräften der demokratischen Länder waren deutliche Personalzuwüchse zu erkennen. Je weiter die konventionelle (symmetrische) Kriegsbedrohung (Staat gegen Staat/Armee gegen Armee) reduziert wurde, desto größer wurden die Ausbrüche unkonventioneller asymmetrischer Bedrohungen als Ventilfunktion. Diese asymmetrischen Kampfhandlungen, wie etwa Terrorismus oder Aufstände, sind in Bezug auf Raum, Zeit und Intensität schwer vorhersehbar. Die sogenannten Low Intensity-Konflikte führten spätestens seit dem 11. September 2001 zu einer Inflation der SOF-Kräfte weltweit. So auch bei der Ausstattung mit geeigneten Hubschraubern. Spezialkräfte existierten natürlich bereits weit vor dem 21. Jahrhundert. Der permanente Wechsel von SOF-Kräften von strategischen zu taktischen Einsatzmustern verdeutlichte sich erst

Ein AH-6 Little Bird des 160th Special Operations Aviation Regiment (Airborne) des US ARMY Special Operations Command (USASOC) wird in der Nähe seines vorbestimmten Einsatzgebiets aus einer MC-130H Combat Talon II der 15th Special Operations Squadron (SOS) verladen. In der leichten Angriffsrolle kann dieser wendige Kleinhubschrauber eine temporär hohe Waffenwirkung einbringen.

in den letzten 20 Jahren und zeigte sich in den Einsätzen von Afghanistan, Irak bis hin zum Nahen Osten und Afrika bis heute. Vorbild für viele Länder der westlichen Demokratien sind im Hinblick auf eine Bildung von militärischen Spezialeinsatz-Kommandostrukturen sicherlich die US-Streitkräfte gewesen, die mit ihrem System des Special Operations Command (SOCOM) und seinen Unterabteilungen bestehend aus SOF-Elementen aller Teilstreitkräfte bereits in den 1990er-Jahren eine bis heute geltende SOF-Architektur realisiert haben. Für den Bereich der auf SOF-Einsätze spezialisierten Hubschraubereinheiten ist die US Army wohl führend, da sie hierzu ein eigenes Regiment zur Verfügung gestellt hat. Kernbeitrag der US Army zur Ausstattung von SOCOM mit SOF-Hubschraubern – neben dem Großteil der SOF-Einheiten in Form von Soldaten – ist das 160. Special Operations Aviation Regiment (Airborne), SOAR(A). Das 160th SOAR (A) mit dem Siptznamen »Night Stalkers« ist dem US Army Special Operations Command (USASOC, seinerseits dem USSOCOM unterstellt) angehörig und besteht aus einem Regimentshauptquartier, vier Bataillonen sowie jeweils einer Trainings-Kompanie. Das Regimentshauptquartier ist zusammen mit dem 1. und 2. Bataillon sowie dem Special Operations Aviation Training Battalion in Fort Campbell, Kentucky stationiert. Das 3. Bataillon ist auf dem Hunter Army Airfield, Georgia gelegen, während das 4. Bataillon in Fort Lewis, Washington disloziert ist. Jedes Bataillon verfügt über eine strategisch selektierte Zusammensetzung von Hubschrauber-Mustern (leichte, mittelschwere, schwere), welche hochgradig modifiziert für die speziellen Operationen vorgesehen sind. 2007 wurde die Struktur des 160. SOAR(A) zuletzt einer Konsolidierung unterzogen und hat in dieser Form bis heute Bestand: Das erste Bataillon (1st Bn.) verfügt über eine AH-6 Little Bird-Kompanie, einer MH-6 Little Bird-Kompanie sowie über drei MH-60 Black Hawk-Kompanien. Das 2nd Bn. betreibt zwei MH-47 Chinook-Kompanien, während das 3rd und 4th Bn. jeweils über zwei MH-47 Chinook-Kompanien sowie einer MH-60 Black Hawk-Kompanie verfügen. Die Aufstellung eines originären SOF-Helikopter-Regiments erfolgte offiziell 1990. Geprägt von vielen Erfahrungen – vor allem Unzulänglichkeiten offenbarenden – viel die Aufstellung des SOF-Regiments genau in die Zeit zwischen einer im Debakel geendeten Helikopter-Operation »Eagle Claw« (gescheiterter Geiselbefreiungsversuch von US Bürgern in Teheran mit einem missglückten Langstreckeneinsatz von Hubschraubern 1980) sowie der ka

Auch die MH-60L Black Hawks des 160. SOAR (A) sind für ihre Infiltrations- bzw. Insertionsrolle der Truppen mit Bordwaffen ausgestattet. Das 160. Hubschrauberregiment (Spitzname »Night Stalkers«) ist neben den AH-6/MH-6 Little Birds auch mit den großen MH-47 Chinooks ausgestattet, um bei der Spezialkräfteverbringung eine möglichst große Bandbreite an Luftfahrzeugen nutzen zu können.

tastrophalen und verlustreichen Schlacht von Mogadishu 1993 während der Operation »Gothic Serpent« (Stichwort »Black Hawk Down«). Die Faustregel für Journalisten, die sich mit SOF-Themen beschäftigen lautet: ein Spezialeinsatz wird nur deshalb öffentlich bekannt, weil er aus welchen Gründen auch immer gescheitert ist oder kompromittiert wurde – also »aufgeflogen« ist oder von politischer Seite her medienwirksam zelebriet werden sollte (z.B. der Bin Laden-Zugriff durch amerikanische Navy Seals 2011). Anders gestalten sich Übungen, die oftmals dazu dienen, auch der Außenwelt einen kleinen Zwischenstand in Sachen »Professionalität« zu geben und auch ein wenig Image- und Nachwuchswerbung zu betreiben. Personalmangel ist stets ein Problem, dem mit allen Mitteln begegnet werden muss. Die Lehre der US-Streitkräfte aus den 1980er- und 1990er-Jahren haben folglich dazu geführt, die SOF-Kräfte effizient und modern auf die künftigen Herausforderungen vorzubereiten. Erste Ansätze, aber kaum echte Kopien erkennt man mehr und mehr bei westlichen Partnern. Deutschland ist zwar von einem SOF-Geschwader nach US-Vorbild noch weit entfernt, aber dies ist auch politisch so vorgesehen. Die Erfahrungen der US Streitkräfte aber auch anderer befreundeter Armeen flossen selbstverständlich in die deutschen Planungen mit ein. Dies zeigt sich an vielerlei Stellen und auch in der Ausrüstung. Dennoch, in den westlichen Städten gehören maskierte SOF-Kräfte der Polizei und teilweise auch der Armee mittlerweile zum Alltag. Eines fällt dabei besonders auf. Es handelt sich bei den Verbringungsmitteln meist um Hubschraubertypen, die sowohl im Auslandseinsatz als auch im Inland als Träger der SOF-Kräfte dienen. Teils als modifizierte Zivilmaschinen, teils in Standard-Konfiguration und sehr oft als hybride Mischung beider Möglichkeiten. Hubschrauber im permanenten oder temporären Dienst für Spezialeinheiten führen eine ganz besondere Variante der Fliegerei durch, wenn es um den Einsatz mit SOF geht. Hierzu werden spezielle taktische Verfahren zum Einsatz gebracht, welche die Piloten und Crews zu einer Einheit mit den zu verbringenden Spezialkräften werden lässt. Trotz der langsamen Einführung von Kipprotorflüglern für SOF-Kräfte (z.B. Bell-Boeing CV-22 Osprey) stellen die Hubschrauberstaffeln sowohl beim Militär als auch bei der Polizei die wichtigste Plattform für das Gelingen von Sonderoperationen dar. Special Operations Forces (SOF)-Kräfte sind im höchsten Maße abhängig von Hubschraubern. Entweder als Verbringungsmittel, zur Feuerunterstützung oder als Mittel zur schnellen Reaktion auf stattfindende Verbrechen. Die Überwachungs-, Such-, Rettungs- und Aufklärungsrolle der Hubschrauber spielen ebenfalls eine wichtige Rolle. Ausgestattet mit einer Vielzahl neuester Sensorik, einer modernen Avionik sowie teilweise für Kampfeinsätze gepanzert oder gar bewaffnet, sind die SOF-Helikopter meist auf dem neuesten Stand der Technik und verfügen oft über teils geheime Zusatzausstattungen zur Erfüllung ihrer Sonderaufgaben. Piloten derartiger SOF-Staffeln, aber auch die Crews regulärer Einsatzstaffeln mit der erweiterten Befähigung für SOF-Einsätze gehören zu den bestausgebildetsten und couragiertesten Hubschrauberführern. Sie müssen taktische Verfahren beherrschen und Spezialkräfte sicher und gezielt an ihre Einsatzorte bringen. Darüber hinaus müssen sie auch jederzeit mit Flexibilität und Professionalität auf sich verändernde Situationen reagieren können – sogar kämpfen können, wenn es die Umstände erfordern. Das Repertoire reicht von der taktischen Verbringung, der Aufklärung und Überwachung bis hin zur direkten Feuerunterstützung.

Ein MH-6 Little Bird in der leichten Verbringungsrolle beim 160. SOAR. Der geringe Rotordurchmesser sowie die hohe Wendigkeit machen diesen Hubschrauber zu einem wichtigen Transporter von Spezialkräften im urbanen Bereich. Mit zwei Fast Rope-Auslegern ausgerüstet können die Soldaten schnell und an unzugänglichen Stellen abgesetzt werden.

Ein MV-22B Osprey des US Air Force Special Operations Command (AFSOC) im Einsatz. Diese Kipprotorflügler (Tilt Rotor) sind vor allem für Langstreckeneinsätze zuständig. Wie alle SOF-Luftfahrzeuge nutzen auch die Osprey-Besatzungen vor allem die Nacht, um Spezialkräfte in ihre Einsatzgebiete zu infiltrieren. Auch Transport- und Special Mission Flugzeuge (MC-130, AC-130, EC-130 etc.) sind fester Bestandteil des US SOF-Konzepts.

Ein Symbolbild des Spezialkräftespektrums der Bundeswehr. Bei der Zusammenstellung benötigter Task Forces muss auf das gesamte Portfolio der Bundeswehr zurückgegriffen werden. Kern des Verbandes sind die originären Spezialkräfte, welche jedoch durch weitere Kräfte je nach Auftrag ergänzt werden müssen.

Das deutsche SOF-Konzept

Die Bundeswehr verfügt nicht über ein eigenständiges Special Operations Command (SOCOM) nach US-amerikanischem Vorbild als Führungskommando, das zusätzlich noch nach strengen Vorgaben der NATO zertifiziert wurde. Jedoch mangelt es nicht am militärischen, sondern am politischen Willen, eine derartige Struktur einzuführen. Im US-amerikanischen SOF-System wird in der Regel in drei SOF-Lagen unterschieden. Jede Lage wird mit »Tier« bezeichnet. Dieses Konzept ist in Europa weitestgehend unbekannt bzw. wird bei europäischen SOF-Konzepten nicht angewandt. Man orientiert sich in Europa eher an ein Zwei-Lagen-Konzept. Anstatt in Tier-1, Tier-2 und Tier-3, würde man in Europa SOF-Elemente nur in Tier-1 und Tier-2 als SOF-Kategorie aufteilen. Tier-1 wäre die höchste SOF-Einstufung. Wenn man die SOF-Architektur in der amerikanischen Lesart ausdrücken würde, wären das deutsche KSK und das KSM in der höchsten Tier-Kategorie angesiedelt (Tier-1). Als US-Pendant im Tier-1 Segment wären hier das Special Operation Detachement Alpha (»Delta Force«) und die Naval Special Development Group (DEVGRU auch bekannt als »Seal Team 6«) zu nennen. In Frankreich hätte man das 1er RPIMa sowie Commando Hubert oder das Special Air Service (SAS) und Special Boat Service (SBS) in Großbritannien in dieser Tier-1-Kategorie. Während jedoch in den USA in drei Lagen aufgeteilt wird (Tier-1: Delta Force, DEVGRU; Tier-2: Special Forces Green Berets, Navy Seals, MARSOC Raiders; Tier-3: 75th Ranger Regiment), haben Deutschland, Frankreich und Großbritannien keine dritte Lage, sondern schließen jeweils die Lücke zwischen konventionellen Kräften und Spezialkräften mit Elementen, die sich ausbildungsmäßig von der konventionellen Truppe abheben, jedoch kein SOF im Sinne des Tier-1 (oder Tier-2) sind.

Seit dem Jahr 2016 stellt auch die Luftwaffe mit ihren H145M LUH SOF einen festen Bestandteil des inneren Kreises der German Special Operations Forces (G-SOF) dar.

Demnach wären die spezialisierten Fallschirmjäger-Kräfte des Heeres mit erweiterter Grundbefähigung (EGB-Kräfte) die Bindeglieder von Konventionellen Kräften zu SOF (KSK/KSM). Somit wären die deutschen EGB-Kräfte nach US-Lesart in Tier-3 auf Höhe mit den US Army Rangers lokalisiert. SOF-Kräfte führen im Grundsatz dann den Kommandoeinsatz durch, während EGB-Kräfte den äußeren Sicherungsring darstellen und unterstützend mitwirken. Doch dieses Schema ist lediglich vereinfacht und abstrakt anzusehen. Auch bei den Begrifflichkeiten gilt es aufzupassen, denn streng genommen gelten als Special Forces nur die Green Berets der US Army (mehrere weltweit dislozierte Special Forces Groups / SFG) im US-Konzept. Der Rest wird als SOF tituliert, was aber auch für alle Spezialeinsatzkräfte und ihre Untergruppierungen gelten kann. In Deutschland ist dies relativ klar geregelt: SOF sind nur das KSK, das KSM und die Combat Ready Piloten der 4. Staffel HSG 64 der Luftwaffe. Sie bilden den inneren Kreis der SOF-Architektur der Bundeswehr im sogenannten »Specialized Operations Network«. Im äußeren Kreis der SOF-Konzeption befinden sich beispielweise EGB-Soldaten der Fallschirmjäger, Kampfretter der Luftwaffe und darüber hinaus viele weitere flexible Kräfte, die jederzeit synergetisch als taktische Unterstützer hinzustoßen können. Dies zeigt sich dementsprechend auch in der flexibel gehaltenen Struktur der Führungskräfte für den SOF-Bereich. Die Führungsstruktur für die Einsätze deutscher Streitkräfte und seiner Spezialeinsatzkräfte gliedern sich in drei Ebenen: an der Spitze steht die Leitung mit dem Bundesministerium der Verteidigung. Es bildet zusammen mit dem unterstellten Generalinspekteur der Bundeswehr die strategische Ebene. Darunter schließt sich mit dem Einsatzführungskommando der Bundeswehr die operative Ebene an, die den übergeordneten Rahmen vorgibt, an dem sich der militärische Einsatz vor Ort auszurichten hat. Die Einsatzkontingente stellen die taktische Ebene dar. Sie setzen Aufträge, Befehle und Weisungen der operativen Ebene um. Hier ist zugleich der Anknüpfungspunkt für einen zweiten, multinationalen Führungsstrang. Alle Einsätze der Bundeswehr werden grundsätzlich vom Einsatzführungskommando der Bundeswehr in der Henning-von-Tresckow-Kaserne in Geltow bei Potsdam geplant und geführt. Die Aufstellung des Kommandos im Sommer 2001 war zentrales Element der grundlegenden Erneuerung der Bundeswehr durch den Bundesminister der Verteidigung. Dieser Erneuerungsprozess dauert bis in die Gegenwart an.

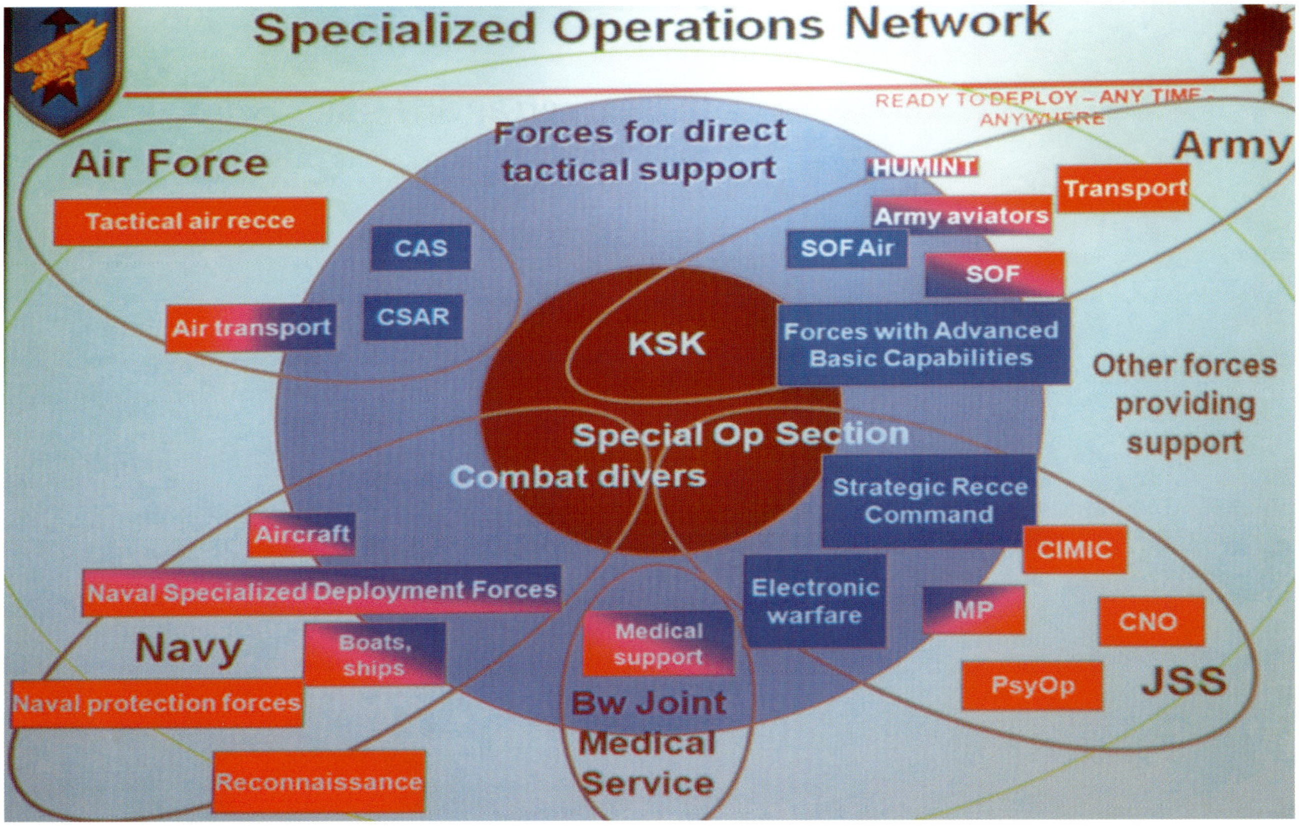

Eine vereinfachte aber dennoch aussagekräftige Skizze der deutschen Spezialkräfte Struktur aus dem Jahr 2011. Diese Struktur ist geprägt von mehreren optional verschiebbaren Unterstützungskräften aus allen Teilstreitkräften.

Die deutsche SOF Triade ist dem Einsatzführungskommando (EFK) unterstellt. Die drei Verbände (KSK, KSM und HSG 64 mit der 4. fliegenden Staffel) sind in diesem Schaubild mit Stärke und Gründungsjahr abgebildet.

Er ermöglicht den Streitkräften die schnelle Anpassung an sich verändernde sicherheits- und militärpolitische Erfordernisse. Es ist damit die operative Führungsebene der Bundeswehr und gibt als einzige Dienststelle nationale Weisungen an die Führer der Kontingente in den Einsatzgebieten. Das Einsatzführungskommando stellt sicher, dass der Einsatz deutscher Kräfte mandatskonform erfolgt und die Rechtsnormen der Bundesrepublik Deutschland nicht verletzt. Der Befehlshaber des Einsatzführungskommandos der Bundeswehr trägt gegenüber dem Generalinspekteur der Bundeswehr die Verantwortung für die Führung der ihm unterstellten Einsatzkräfte. Mit der Beteiligung an Auslandseinsätzen leistet die Bundeswehr einen wesentlichen Beitrag zu weltweiter Sicherheit und Stabilität. Um diesen Beitrag leisten zu können, sind verschiedene Elemente eines breit angelegten außen-, sicherheits-, verteidigungs- und entwicklungspolitischen Instrumentariums erforderlich. Dem Einsatzführungskommando der Bundeswehr kommt in diesem Prozess eine zentrale Rolle zu. Es setzt konkrete politische und militärstrategische Vorgaben der Bundesregierung in militärisches Handeln um, indem es Einsätze der Bundeswehr plant und durch Weisungen und Befehle führt. Zudem trägt es Sorge dafür,

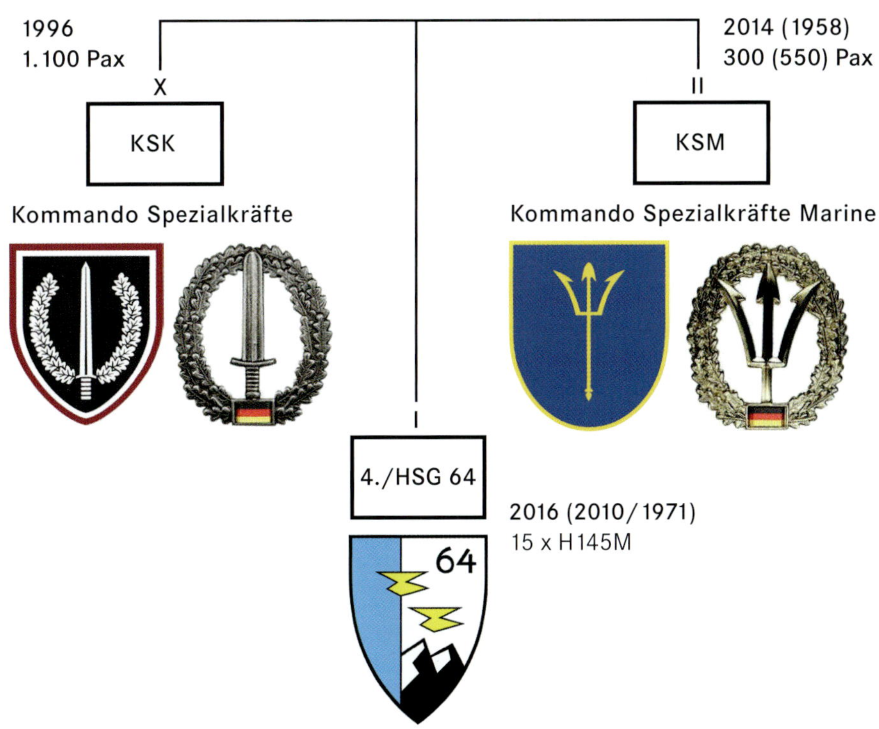

Ein Scharfschütze der Fallschirmjägertruppe im urbanen Gelände. Die sogenannten EGB-Kräfte (Erweiterte Grundbefähigung, EGB) unterstützen bei Bedarf direkt die Spezialkräfte.

dass die Einsätze im Rahmen der internationalen Mandate und der jeweiligen Beschlüsse des Deutschen Bundestages sowie unter Beachtung des Völkerrechts und der deutschen Rechtsordnung durchgeführt werden. Die Einsätze der Bundeswehr erfolgen grundsätzlich im multinationalen Rahmen. Deshalb unterstehen die deutschen Kontingente in der Regel auch einem entsprechenden Hauptquartier der Europäischen Union, der NATO, der Vereinten Nationen oder einer entsprechenden Einrichtung im Falle der Beteiligung an einer Koalition. In Zusammenarbeit mit den truppenstellenden Kommandos von Heer, Luftwaffe, Marine, Zentralem Sanitätsdienst, Cyber- und Informationsraum und der Streitkräftebasis sowie dem Bundesamt für Infrastruktur, Umweltschutz und Dienstleistungen wird von Potsdam aus die personelle und materielle Einsatzbereitschaft der Einsatzkontingente gewährleistet. Die Abteilung J3/5 ist für alle operativen Aspekte der Auslandseinsätze der Bundeswehr verantwortlich. Dabei beschäftigt sich die Abteilung sowohl mit der Planung zukünftiger, in der Fortentwicklung bestehender sowie der Führung laufender Einsätze. Als zentrale Drehscheiben für alle Einsatzfragen sind die Einsatzgruppen anzusehen.

Die Einsatzgruppen führen jeweils die Planung, Führung und Auswertung für »ihre« Einsatzgebiete zusammen. Derzeit sind fünf Einsatzgruppen aktiv:

Einsatzgruppe 1
(enhanced NATO Response Force, eNRF; EU Battlegroups, EUBG).

Einsatzgruppe 2
(Balkan, Counter Daesh; Kurdistan-Irak).

Einsatzgruppe 3
(Resolute Support Afghanistan).

Einsatzgruppe 4
(EUTM Mali, European Training Mission, MINUSMA, Mission multidimensionnelle intégrée des Nations Unies pour la stabilisation au Mali).

Einsatzgruppe 5
(United Nations Interim Force in Lebanon, UNIFIL; »Atalanta«, Horn von Afrika; EU-Operation »Sophia« Mittelmeer; Standing NATO Maritime Group 2, SNMG2 Ägäis).

EGB-Soldaten im Häuserkampf (Close Quarters Battle, CQB). Die spezialisierten EGB-Kräfte sind keine Kommandosoldaten, gehören jedoch zum SOF-Gesamtkonzept der deutschen Spezialkräfte.

Die Abteilung Spezialoperationen im Einsatzführungskommando (EFK) der Bundeswehr

Das Wappen des Einsatzführungskommandos (EFK) der Bundeswehr.

Die Abteilung Spezialoperationen ist die für das KSK, KSM und für die Laupheimer 4. Staffel zuständige Befehlsinstanz. Operationen von Spezialkräften umfassen beispielsweise das Lösen von Geisellagen im Ausland, das Gewinnen von Schlüsselinformationen, die Unterstützung der Streitkräfte von Partnernationen oder das Vorgehen gegen hochwertige Ziele des Gegners. Sie sind in der Regel von strategischer, d.h. politischer Bedeutung und unterliegen somit meist einem großen öffentlichen Interesse und der Beobachtung durch die Medien. Sie erfordern besondere Geheimhaltung, da ihr Erfolg regelmäßig vom Erhalt des Überraschungsmoments abhängt. Entsprechend ist eine flache Hierarchie zwischen den politischen Entscheidern und den eingesetzten Kräften notwendig. Gleichzeitig gilt der Grundsatz, dass Spezialkräfte eine besondere Führungsorganisation erfordern. Der Abteilungsleiter kann somit auf Spezialkräfteexpertise aus allen Führungsgrundgebieten zurückgreifen und hat auch einen Rechtsberater an seiner Seite. Ebenso verfügt er über die entsprechenden nationalen und multinationalen Führungsmittel. Die Abteilung Spezialoperationen arbeitet dabei eng mit den anderen Abteilungen des Einsatzführungskommandos zusammen. Grundsätzlich sollen in jedem Einsatz, in dem gleichzeitig Spezialkräfte und herkömmliche Kräfte eingesetzt sind, Synergieeffekte erzielt werden. So werden zum einen die verfügbaren Mittel optimal genutzt und zum anderen die Wirkungen aufeinander abgestimmt. Aus diesen Gründen ist die integrierte Abteilung Spezialoperationen des Einsatzführungskommandos direkt dem Befehlshaber unterstellt. In seinem Auftrag plant und führt sie Operationen der Spezialkräfte der Bundeswehr ohne ein eigenständiges SOCOM zu sein. Sie unterscheidet sich von anderen Abteilungen dadurch, dass sie über eine eigene Stabsstruktur verfügt, die im Wesentlichen alle erforderlichen Fähigkeiten gesondert abbildet. Die Abteilung Spezialoperationen im EFK unterhält ein Netz von Ansprechpartnern in allen Bereichen der Bundeswehr, bei anderen Behörden des Bundes sowie bei der NATO und befreundeten Nationen. Dies verkürzt die Reaktionszeit und erweitert den Handlungsspielraum der eigenen Kräfte und Mittel.

Kommandosoldaten des KSK sind mit ihrem AGF (Aufklärungs- und Gefechtsfahrzeug) Serval in Stellung gegangen.

Drei H145M LUH SOF der Luftwaffe bei einer übungsmäßigen Kommandotruppen Insertion. Das synchrone und punktgenaue Landen an einem minutiös vorgeplanten Landepunkt gehört zu den Besonderheiten der SOF-Fliegerei.

Zwei Piloten der 4. Staffel (HSG 64) warten zusammen mit Kommandosoldaten auf eine Lagebesprechung. Die Piloten der 4. Staffel HSG 64 sehen nicht nur optisch aus wie Special Operations Forces (SOF) – sie gehören seit 2016 tatsächlich dazu.

Kernelemente deutscher Spezialkräfte

Kommando Spezialkräfte des Heeres (KSK)

Das Verbandswappen des Kommando Spezialkräfte.

Am 20. September 1996 wurde das Kommando Spezialkräfte (KSK) des Heeres in Dienst gestellt. Damit reagierte das Verteidigungsministerium auf die mindestens seit Anfang der 1980er-Jahre offenkundig gewordene Fähigkeitslücke, Evakuierungsmissionen im Ausland durchzuführen oder auf spezielle Krisen zu reagieren. Im April 1994 hatten unter spektakulären Umständen belgische Fernspäher sieben Mitarbeiter der Deutschen Welle (DW) und vier Familienangehörige der Relaisstation des deutschen Auslandssenders in der Hauptstadt Ruandas durch einen Mauerdurchbruch an der Hinterseite des Compounds befreit. Rundum tobte der Völkermord der Tutsis an den Hutus. Elf belgische Commandos eines Mörserzuges wurden parallel dazu von afrikanischen Banden erst entwaffnet, dann ermordet. Schnell kam die Frage auf, warum keine deutschen Fallschirmjäger vor Ort waren und die Operation mindestens hätten unterstützen können. Die Antwort war unbequem. Man hatte es darauf ankommen lassen, um einem Projekt den Anstoß zu geben, das wohl schon lange Jahre zuvor in der Schublade lag: eine eigene Heeres-Spezialeinheit. Zwar gab es Kampfschwimmer bei der Marine sowie Fernspäher und B1-Kommandos der Fallschirmjäger in den Reihen der Bundeswehr, aber eine explizit auf derartige Kommandounternehmen ausgebildete Einheit innerhalb des Heeres gab es nicht. Selbst die Spezialeinheiten der Marine sowie die Fernspäher hätten wohl kaum den nötigen Erfahrungsstand im Umgang mit afrikanischen Krisengebieten und darin zu unternehmende Kommandoaktionen gehabt. Darin waren die Belgier zugegebenermaßen auch aufgrund ihrer Kolonialmachterfahrungen deutlich besser getrimmt. Schon drei Jahre später, 1997, konnte der damalige Verteidigungsminister Volker Rühe die erste öffentliche Übung des seit 1996 aufgestellten KSK besuchen. Brigadegeneral Fred Schult war der erste Kommandeur des KSK. Bis Ende September 1998 kommandierte er die Spezialeinheit. Die Konzepte des KSK befanden sich zur dieser Zeit jedoch noch im Anfangsstadium. Mit der späteren Realität auf dem Balkan, In Afghanistan oder Afrika hatten die ersten Show-Übungen (z.B. »Schneller Adler«) der 1990er-Jahre noch nicht viel gemeinsam. Der damalige Heeresinspekteur Helmut Willmann als starker Befürworter des neuen KSK verglich die Tätigkeit der neuen Einheit mit einem chirurgischen Schnitt. Eine Situation, wie in Ruanda sollte sich von daher nicht mehr wiederholen. Im Grunde entsprang das KSK 1995 aus dem Kommando der Luftlandebrigade 25 in Calw im Schwarzwald. Mit den Ziel- und Planungsvorstellungen des KSK wurde festgehalten, dass sich das KSK bis zum Vorliegen der gewünschten eigenen Erfahrungen, an den amerikanischen und britischen SOF-Einheiten orientieren sollte. Beim Thema Retten und Befreien von Personen stand die GSG-9 der Bundespolizei als Vorbild und Ausbildungspartner zur Stelle. Dies betraf auch die Präzisions- und Scharfschützenausbildung der ersten KSK-Soldaten. Bis 2001, so die damalige Planung, sollte das KSK mit vier Kommandokompanien und Unterstützungskräften komplett sein. Dieser Plan ging nur schleppend voran. Geeignetes Personal, politischer Willen sowie eine Unterfinanzierung durch das BMVG waren unter anderen Gründe für die nur langsame Entwicklung der ersten Jahre. Mit dem 11. September 2001 kam eine gewisse Dynamik hinzu, sodass Spezialkräfte mehr Gewicht bekamen, trotz der permanenten politischen Skepsis. Dennoch wollte man den USA, Briten und Franzosen auf Augenhöhe begegnen, wenn es um das Thema SOF ging. Sabotageaktionen im Hinterland eines militärischen Gegners sind ebenso Aufgabe des KSK, wie die Informationsbeschaffung in einem Konflikt. Hinzukam 1997 die Festnahme von Kriegsverbrechern in Bosnien-Herzegowina und von Schlüsselpersonen der Aufständischen später in Afghanistan. Den Respekt anderer Spezialeinheiten mussten sich das KSK hart verdienen. Die schwersten Verluste des KSK ereigneten sich bei derartigen Aktionen. Das Aufgabenprofil des Verbandes hat sich logischerweise durch die Auslandsmissionen der Bundeswehr insgesamt mitentwickelt. War es auf dem Balkan noch die Suche und Festsetzung von gesuchten Kriegsverbrechern, so wandelte sich das Konzept spätestens in Afghanistan in eine Jagd auf Terroristen und deren Unterstützernetzwerke. Der Schutz der eigenen Truppe sowie die Ausbildung lokaler Sondereinsatzkräfte ergänzten gelegentlich das moderne Konzept.

Die Einsatzaufgaben des KSK sind heute:

- Retten und Befreien deutscher Staatsbürger und/oder anderer Personen aus Gefangenschaft, Geiselnahme oder terroristischer Bedrohung im Ausland (Nationale Risikovorsorge)
- Festsetzen von Zielpersonen im Ausland, auch gegen deren Widerstand
- Spezialaufklärung: Gewinnen von Schlüsselinformationen in Krisen- und Konfliktgebieten für die strategische und operative Führungsebene sowie deren gesicherte, verzugsarme und schwer aufklärbare Übermittlung
- Military Assistance: Zusammenarbeit und Ausbildungsunterstützung bei Sicherheitskräften in Partnerstaaten
- Offensive Maßnahmen zur Abwehr terroristischer Bedrohung und Kampf gegen subversive Kräfte durch frühzeitige Aufklärung und Bekämpfung von Bedrohungspotenzialen vor dem Wirksamwerden
- Schutz eigener Kräfte auf Distanz und Schutz von Personen in besonderer Lage
- Sicherstellung von Material besonderer Bedeutung, auch unter Bedrohung
- Kampfeinsätze, auch Kampf in der Tiefe, gegen Ziele strategischer und/oder operativer Bedeutung, einschließlich der Lähmung oder Zerstörung wichtiger Einrichtungen, Objekte und Führungssysteme
- Verdeckte Operationen im Aufgabenspektrum der Streitkräfte

Das einzigartige und vielfältige Aufgaben- und Einsatzspektrum des KSK erfordert besondere Fähigkeiten, wie die Möglichkeit, jederzeit und weltweit in allen Klimazonen eingesetzt und auf unterschiedlichste Art und Weise verlegt

Kommandotrupps erstürmen ein Gelände nachdem sie von zwei H145M LUH SOF dort abgesetzt wurden. Solche Operationen finden meist im Schutz der Nacht statt.

zu werden. Diese hohen Anforderungen spiegeln sich in der Gliederung des Verbandes wider: Der Stab KSK unterstützt den Kommandeur in den jeweiligen Führungsgrundgebieten bei seiner Führungsaufgabe, u.a. den Bereichen Personalführung, militärische Sicherheit und Nachrichtengewinnung, Planung, Logistik sowie Informationstechnologie. Herzstück des KSK sind die Kommandosoldaten der Kommandokräfte mit vier Kommandokompanien. Sie sind die Hauptakteure der Spezialeinsätze und somit verantwortlich für die unmittelbare Durchführung. Hier werden neben der vielfältigen Tätigkeit des Kommandosoldaten auch die unterschiedlichen Fähigkeitsspektren der Kampfunterstützung (Spezialkommandokompanie) und die Fähigkeiten der Spezialaufklärung (Spezialaufklärungskompanie) abgedeckt. Unverzichtbar für die autarke Einsatzbereitschaft der Kommandokompanie sind die Unterstützungskräfte des Verbandes. Dort sind u.a. die Logistik, die Instandsetzung, das IT- und Fernmeldewesen und die sanitätsdienstliche Versorgung des KSK eingegliedert. Durch diese Kombination von kampfkräftigen Kommandokompanien und spezialisierten, hochflexiblen Unterstützungselementen wird die hohe Durchsetzungs- und Durchhaltefähigkeit im Einsatz sichergestellt. Seit 2017 verfügt das KSK über eine Stabs- und Führungsunterstützungskompanie für ein Special Operations Component Command (SOCC). Diese Kompanie ist für den Aufbau und Betrieb eines Gefechtsstands der NATO für multinationale Einsätze von Spezialkräften verantwortlich. Die Stabs- und

Ein KSK-Trupp vor ihrem AGF Serval-Fahrzeug während einer dynamischen Vorführung 2019.

Führungsunterstützungskompanie SOCC ist in Hardheim (Baden-Württemberg) stationiert. Der Bereich Weiterentwicklung wirkt maßgeblich bei der Entwicklung, Einführung und Beschaffung von Wehrmaterial für das KSK mit. Er beschäftigt sich mit der Entwicklung spezieller Einsatzverfahren oder Vorschriften und Konzepte. Außerdem sichten und testen die dort eingesetzten Soldaten Spezialwaffen, Fahrzeuge und anderes einsatzwichtiges Gerät, um aus diesen Erkenntnissen die bestmögliche und geeignetste Ausrüstung zu identifizieren und zu beschaffen. Im Bereich Weiterentwicklung sind u.a. auch einsatzerfahrene Kommandosoldaten eingesetzt, die über die notwendige Fachexpertise verfügen, die sie sich in den zahlreichen Einsätzen erworben haben. Die Nachwuchsgewinnung stellt heute die wohl größte Herausforderung für eine derart spezialisierte Truppe dar. Dennoch darf keinesfalls an den Fähigkeitsvoraussetzungen geschraubt werden. Dies wäre ein fataler Fehler und würde dem Sinn einer hochprofessionellen Einheit im Tier-1-Segment nicht gerecht werden. Der Zugang für Bewerber wurde vor einiger Zeit dahingehend erleichtert, dass man nun direkt – quasi von der Straße weg – in das Bewerbungsverfahren eintreten kann. Stimmen die Grundvoraussetzungen und werden während des Auswahlverfahrens die Leistungshürden erfolgreich überwunden, steht einer Verwendung für diesen speziellen Beruf nichts im Weg. Dennoch sind die Voraussetzungen für die Einstellung als Kommandofeldwebelanwärterin/-anwärter unverändert selektiv. Das KSK verfügt über eine eigene Personalwerbeorganisation, die junge geeignete Kandidaten identifiziert, für die Teilnahme an einem Eignungs- und Auswahlverfahren motiviert sowie erste grundlegende Aspekte der Bewerbung und des weiteren Werdegangs in diesem Sonderverband erklärt. Die grundlegende Ausbildung vor Ernennung zum Kommandofeldwebel dauert für alle Kandidaten mindestens vier Jahre. Dazu kommt die Bereitschaft, sich für eine Dienstzeit von zwölf Jahren zu verpflichten. Die vorgeschalteten Eignungsfeststellungen für die Laufbahnen der Feldwebel werden in den sogenannten Zentren für Nachwuchsgewinnung (ZNwG) durchgeführt. Diese befinden sich in Berlin (ZNwG OST), München (ZNwG SÜD), Düsseldorf (ZNwG WEST) und Hannover (ZNwG NORD). Die Eignungsfeststellung hat den Zweck, die charakterliche, geistige und körperliche Eignung für die jeweilige Laufbahn zu beurteilen. Aufgrund sich laut BMVg häufender Vorkommnisse u.a. durch einzelne rechts-extremistisch orientierte Mitglieder sowie durch Auffälligkeiten bei der Waffen- und Munitionsbuchführung in der Vergangenheit wurde von Verteidigungsministerin Annegret Kramp-Karrenbauer Mitte 2020 eine grundlegende Umstrukturierung des KSK veranlasst. Die hohe Professionalität und Wichtigkeit sowie die hervorragende Arbeit des überwiegenden Teils des KSK wurde jedoch ebenfalls unterstrichen.

Detailansicht eines in Stellung gegangenen KSK Trooper. Die für SOF-Kräfte typische Ausrüstung ist hochwertig und international einsatzerprobt.

Die KSK Trooper haben sich seit 2016 an ihr neues Verbringungsmittel gewöhnt. Im Gegensatz zum beengten Bo-105 oder dem für SOF-Einsätze überforderten UH-1D ist der H145M LUH SOF eine neue Dimension.

Kommando Spezialkräfte der Marine (KSM)

Das Wappen des Kommando Spezialkräfte der Marine. Die Kampfschwimmer sind die älteste deutsche Spezialeinheit der Bundeswehr.

Mit der Neuaufstellung des Kommandos Spezialkräfte Marine (KSM) 2014 wurde die am längsten existierende Spezialeinheit der Bundeswehr – die Kampfschwimmerkompanie der Marine – in eine dem KSK ähnliche Struktur eingebettet. Die Kampfschwimmerentwicklung reicht in das Jahr 1958 zurück. Damals waren es Veteranen, die im Zweiten Weltkrieg in den Kleinkampfverbänden und den Marine-Einsatzkommandos mit Tauchpionier Alfred von Wurzian gedient hatten. Zuständig für den Aufbau und erster Kommandeur war Korvettenkapitän Günter Heyden, ein ehemaliger Meereskämpfer der Kriegsmarine und hochdekorierter Chef der Einsatzgruppe Heyden. Französische »Nageur de Combat« waren nach dem Zweiten Weltkrieg die ersten Trainingspartner, nachdem bereits 1944 italienische Kampfschwimmer als Disziplinpioniere als Vorbild galten. Die Kampfschwimmer der deutschen Marine bilden heute die maritime Komponente der Spezialkräfte der Bundeswehr. Ihr Aufgabengebiet ist weit gefächert und umfasst vor allem Kommandoeinsätze im Zuge küstennaher Kriegsführung. Dem KSM werden inzwischen 300 Dienstposten zugeschrieben. Laut Marine kann zeitnah die Aufstellung einer zweiten Kampfschwimmerkompanie beginnen. Vom Verteidigungsministerium wurde jüngst ein weiterer Aufwuchs auf 550 Dienstposten bewilligt. Das KSM qualifizierte sich zudem kürzlich als Special Operations Maritime Task Group (SOTG/M) im Rahmen der NATO und zählt zur NATO Response Force (NRF) SOF. Im Kalten Krieg sollten die Kampfschwimmer (KS) Strände und Hafenanlagen aufklären, Schiffe im Unterwassereinsatz angreifen und Kommandoaktionen an Land in Küstennähe durchführen. 1959 fand der erste Lehrgang mit 13 Mann in List auf der Insel Sylt statt, der vier Monate dauerte. Nach Absolvieren der Fallschirmspringer- und Einzelkämpferkurse an der Luftlandeschule (damals LL/LTS) in Altenstadt/Schongau bildeten

Eine Rotte des KSM überwindet eine längere Distanz mit Unterwasserscootern zur Anlandestelle. Das spart Zeit während der Infiltration und schont die Kräfte. Die beiden Kampfschwimmer sind dabei durch eine Sicherungs- und Fangleine verbunden.

Kampfschwimmer sind triphibisch ausgebildet und trainieren weltweit, hier im Jahr 2014 an der US-Küste in tropischen Gewässern.

Die Kampfschwimmer werden für küstennahe Operationen eingesetzt. Immer öfter sind sie jedoch vollständig an Land eingesetzt und führen sogar in Wüstenregionen Einsätze durch, auch wenn das Element Wasser grundsätzlich zum Aufgabenbereich gehört.

diese Soldaten den Ausbildungskader für spätere Lehrgänge. Mitte 1963 wurde der Kampfschwimmerzug als selbständiger Zug der Strandmeisterkompanie angegliedert und bis auf die Ausbildungsbereiche nach Eckernförde verlegt. Ab 1964 wurde die dann bereits gewachsene Kampfschwimmerkompanie als eine elitäre selbständige Einheit der Bundesmarine aufgestellt und behielt diesen Status bis zur Integration in die Waffentauchergruppe 1991. In der Waffentauchergruppe wurden die KS mit der bis dahin ebenfalls selbständigen Minentaucherkompanie und einer neugebildeten Waffentaucherausbildungskompanie zusammengeführt. Sie unterstanden nunmehr der Flottille der Minenstreitkräfte. Seit 2003 erfolgte der Wechsle in die Spezialisierten Einsatzkräfte der Marine (SEK-M), zu denen auch die Minentaucher sowie eine aus den Marinesicherungskräften neugeschaffene Boardingkompanie gehörten. 2014 wurden alle Bereiche weitgehend aufgelöst und ein selbständiges Seebataillon sowie ein Kommando Spezialkräfte Marine (KSM) aufgestellt. Die Kampfschwimmerkompanie verfügt nach zurückliegendem Stärke- und Ausbildungsnachweis über drei Züge zu je 16 Mann. Gemeinsam mit dem KSK des Heeres gehören die KS zu den Spezialkräften der Bundeswehr. Sie sind für triphibische Einsätze, also zu Wasser, aus der Luft und an Land, einsetzbar. Das KSM stellt mit den KS, einschließlich ihrer Unterstützungs- und Führungsteams, Experten für besondere militärische Aufgaben im maritimen Umfeld bereit. Ihre Einsatzgebiete sind also vor allem die offene See, Küstengebiete, Flussmündungen und Binnengewässer. Die Kampfschwimmer sind Taucher, Fallschirmspringer, Speedboot-Lenker, Sprengstoffexperten, Einzelkämpfer und vieles mehr. Im Ernstfall gehen sie als erste in einen Einsatz, und das in gefährlichsten Situationen. Zu ihren Fähigkeiten gehören: das Gewinnen von Schlüsselinformationen in Krisen- und Konfliktgebieten, Geiselbefreiungen, Wiederinbesitznahme von Schiffen, das Festsetzen von Zielpersonen im Ausland, offensive Abwehr terroristischer Bedrohungen, und verdeckte Operationen im gesamten Aufgabenspektrum der Bundeswehr. Unterstützt werden sie von Spezialoperationen-Bootsteams und maritimen beweglichen Arzttrupps. Das KSM kann aus diesen Fähigkeiten Einsatzverbände von Spezialkräften zusammenstellen, die militärische Informationen gewinnen und analysieren, Operationen planen und ausführen – weltweit und unter allen klimatischen Bedingungen. Dieses Expertenwissen teilt das KSM mit Deutschlands Partnern in der Welt: Die Kampfschwimmer beraten und unterstützen verbündete Streitkräfte, auch um zum Aufbau von Stabilität in Krisenregionen beizutragen. Neben den klassischen maritimen Verbringungsmitteln (Schiffe, Boote, U-Boote) greift das KSM bei Lufttransport auf die Verbringungsmittel aller drei Teilstreitkräfte zurück. Eine Zertifizierung auf den neuen SOF-Hubschrauber H145M LUH SOF erfolgte prioritär sehr zeitnah nach Indienststellung bei der Luftwaffe. Ansonsten werden selbstverständlich klassische Modelle wie der Sea Lynx, der Sea King und künftig der Sea Lion genutzt. Das KSM bildet seine Soldaten für anstehende Aufgaben selbst aus und entwickelt seine eigene Ausrüstung selbständig weiter. Zudem betreiben die Kampfschwimmer so wie das KSK des Heeres auch ihre eigene Personalwerbung.

Die Luftwaffe in der deutschen SOF-Architektur seit 2016

Auch die Luftwaffe gehört nun spätestens seit der Weisung zur Umsetzung der Führungsorganisation der Spezialkräfte der Bundeswehr am 11. November 2016 durch den damaligen Generalinspekteur der Bundeswehr Volker Wieker zur Dimension »Spezialkräfte«. Die deutsche SOF-Architektur, in der sich nun seit 2016 auch die Luftwaffe wiederfindet, ähnelt noch kaum einer US-Struktur, wie sie die Amerikaner in Form eines United States Special Operations Command (USSOCOM) ende der 1980er-Jahre konzipiert und bis heute verfeinert haben. Aber für deutsche Verhältnisse sind bereits wichtige Schritte getan worden, um die SOF-Anteile sinnvoll zu konsolidieren. Die Synergieeffekte, die bei der Planung von SOF-Elementen im Einsatzführungskommando entstehen können, zeigen sich bei der Kombination letzterer mit konventionellen Einheiten der Bundeswehr. Deswegen war beim damals noch bevorstehenden Einsatz der Laupheimer H145M LUH SOF zusammen mit den NH-90 der Heeresflieger in Afghanistan, ursprünglich ab 2021 geplant, nicht zwingend mit SOF-Operationen zu rechnen. Im Gegenteil, eine gute Verfügbarkeit, der hohe Klarstand (ca. 90%) sowie die Flugeigenschaften des H145M LUH SOF werden in der »normalen Einsatzfliegerei« – wenn man sie denn als solche bezeichnen kann – sowie in der Rettung und im Transport vor Ort dringend benötigt, wenn die CH-53 im Einsatz wegfallen. Inzwischen wurde jedoch entschieden die in Afghanistan eingesetzten CH-53 ausschließlich durch NH90 zu ersetzen, um die Spezialkräfte der Luftwaffe für andere Aufträge freihalten zu können.

Eine C-160 Transall im Team-Einsatz mit zwei H145M LUH SOF während Rettungsaktion. Auch für die Luftwaffe gilt das Prinzip »Verbund der Waffen«. Für Spezialoperationen müssen alle Verbände teilweise gerüstet sein, um gegebenenfalls Teil einer SOF-Operation werden zu können.

Die Organisation der Luftwaffen SOF-Elemente innerhalb des Einsatzführungskommandos der Bundeswehr macht die 4. Staffel als Mitglied in der SOF-Triade sichtbar. In der US-Lesart finden jedoch keine fliegenden Verbände im Special Forces (SF)-System statt, da die Speerspitze nur von den sogenannten »Tier-1«-Einheiten (DEVGRU, Delta Force) abgebildet wird. Demnach wären das KSK und das KSM das deutsche Tier-1 Pendant. Nachdem die Luftwaffe aber im SOF-Konzept mit den H145M-Piloten nun Seite an Seite mit den Kommando Spezialkräften (Heer/Marine) arbeitet sind sie nicht explizit in der Heeres ORBAT (Order of Battle) der Division Schnelle Kräfte (DSK) gelistet. Das KSK allerdings schon und somit als dessen Mobilitätsgarant auch die 4. Staffel des HSG 64. In der DSK werden nur für den Bereich Heer die Fallschirmjäger, die Hubschrauber der Heeresflieger und das Kommando Spezialkräfte zusammengefasst. Das KSK ist selbstverständlich auch dem Heer zugehörig und fest in der DSK-Struktur verankert. Die CH-53 der Luftwaffe sind bei Bedarf ebenfalls dem DSK zugeordnet. Der strukturelle Umbau bei den Spezialkräften nahm nach einer lebhaften Umstellungsphase hin zur heutigen DSK-Struktur eine neue Form an. Am 17. Dezember 2013 erfolgte in Fritzlar die Außerdienststellung der Luftbeweglichen Brigade 1. Gleichzeitig wurden die verbleibenden Hubschrauberverbände des Heeres, das Transporthubschrauberregiment 10, das Transporthubschrauberregiment 30 sowie das Kampfhubschrauberregiment 36 in Fritzlar, der Division Spezielle Operationen in Stadtallendorf unterstellt. Die Division Spezielle Operationen (DSO) wurde mit Wirkung vom 1. Januar 2014 dann umbenannt und heißt heute Division Schnelle Kräfte (DSK). Der Stab ist weiterhin in Stadtallendorf stationiert. Auch die 11. luftbewegliche Brigade der niederländischen Streitkräfte ist ein Teil der DSK. Die niederländischen Soldatinnen und Soldaten der 11. Luchtmobielen Brigade vertrauen im Kampf auf den Kampfhubschrauber AH-64 Apache und den Transporthubschrauber CH-47 Chinook, während das deutsche Heer mit NH-90, UH Tiger sowie bei Bedarf mit CH-53 und in Verbindung mit dem KSK auch auf den H145M LUH SOF zurückgreifen können. Da der DSK auch der militärische Such- und Rettungsdienst der Bundeswehr (zugleich auch Teil des nationalen SAR-Dienstes der Bundesrepublik Deutschland) zugeordnet ist, sind weitere H145 Hubschrauber im Portfolio. Denn die 7. Staffel des Transporthubschrauberregiments 30 in Niederstetten verfügt seit Ende 2019 über den UH-1D-Nachfolger LUH H145 SAR. Die Luftwaffe findet sich folglich in einer – zumindest auf dem Papier – völlig neugestalteten Zuständigkeiten-Umgebung und betritt sozusagen als Quereinsteiger eine ehemalige Heeresdomäne als neues Mitglied der SOF-Community. Es ist also kein Zufall, dass viele ehemalige Bo-105-Veteranen, die einst unter Heeresfliegerflagge das KSK in vielen Situationen unterstützt hatten, sich unter den ersten H145M LUH SOF-Besatzungen wiederfanden und ihre Erfahrungen mit der taktischen SOF-Fliegerei einbringen und weitergeben konnten. Die Kampfretter, die bei der Luftwaffe ausgebildet wurden und dem SOF-Konzept der Bundewehr grundsätzlich zugeordnet sind, waren bereits vor der Umstrukturierung der Rotary Force in Auslandseinsätzen (vor allem Afghanistan) eingesetzt. Damals zeigte sich der NH-90 in der PR-Rolle als nicht sehr geeignet, wodurch nur dem CH-53 die nötige Kapazität zur PR-Rolle zugesprochen wurde. Seit der Zuweisung aller CH-53-Hubschrauber zur Luftwaffe liegt nun endlich auch die langersehnte Personal Recovery (PR)-Rolle komplett in Luftwaffenhänden. Dies bedeutet jedoch nicht, dass ausschließlich die Kampfretter (KR) der Luftwaffe für Einsätze, die dem Combat Search and Rescue (CSAR) sehr nahekommen, vorgesehen sind. Denn auch die DSK kann durch EGB-Kräfte PR-Situationen lösen. Vor allem die Auslandseinsätze haben dies gezeigt. Zusätzlich sollte noch erwähnt werden, dass die Luftwaffe sich durchaus über die Laupheimer SOF-Elemente ihres wichtigen Beitrags bei Spezialoperationen bewusst war. Nicht nur die altbewährte C-160D Transall, die in der Konfiguration mit erweitertem Selbstschutz (ESS) im LTG 63 am Standort Hohn noch bis 2021 zur Verfügung steht, sondern auch die A400M Atlas, die beim LTG 62 in der seit 2019 bestehenden 3. Staffel (Spezialoperationen) ihren Dienst verrichtet, garantieren das Gelingen für Spezialoperationen. Strategisch wie taktisch müssen die Transporter der Luftwaffe ihren Beitrag auch für SOF-Operationen leisten. Zwar sind diese Einheiten nicht ausdrücklich als SOF-Einheiten deklariert, aber dennoch unverzichtbar. Um den Wegfall der wichtigen C-160 Transall zu kompensieren, ließ man sich im BMVg auf den Aufbau eines gemeinsamen deutsch-französischen Transportverbandes ein. Denn die Außerdienststellung der C-160 Transall bringt ab 2021 eine gewaltige Fähigkeitslücke im taktischen Transport mit sich. Ab 2021 wollen Deutschland und Frankreich insgesamt zehn Lokheed-Martin C-130J Hercules im französischen Évreux gemeinsam betreiben. Vorgesehen sind gemeinsame Cockpitbesatzungen ebenso wie gemischte Teams am Boden. Im Bereich des geschützten, taktischen Lufttransports auch auf Flugplätzen mit wenig oder gar nicht vorhandener Infrastruktur, ist der Nachfolger A400M mitunter zu groß. Gerade im Rahmen von nationalen Einsätzen – etwa um deutsche Staatsbürger retten und evakuieren zu können – oder des taktischen Lufttransports gab es deshalb Handlungsbedarf. Drei der insgesamt sechs geplanten deutschen Maschinen sollen als Tanker-Version (KC-130J), drei weitere als reine Transporter (C-130J) gemeinsam mit den französischen Maschinen gleichen Typs ihren Dienst tun und jederzeit abrufbar sein. Ende der 2020er-Jahre könnte sich folglich auch für die deutsche SOF-Struktur bahnbrechende Veränderungen ergeben, denn die Hercules Maschinen sind vor allem für Spezialoperationen konzipiert und kämen dem amerikanischen SOF-AIR WING-Konzept sehr nahe. Ohne taktischen Transport, können im Grunde keine Spezialoperationen im Ausland stattfinden. Die H145M LUH SOF benötigen aufgrund ihrer begrenzten Reichweite im Ausland vorgeschobene taktische Tank- und Munitionierungsbasen sowie verdeckte oder nicht verdeckte Nachschubwege im vorgeschobenen Bereich. Für die Kommandosoldaten muss es ebenfalls taktische Infrastrukturen geben, die schnell und mobil an jedem Fleck der Erde herankommen, ohne auf ausländische Partner angewiesen zu sein. Diese Entwicklungen deuten die spannenden Aufgaben etwa eines Großverbandes wie dem HSG 64 nicht nur an. Sie sind bereits im Alltag angekommen.

Ein H145M LUH SOF des HSG 64 während einer Extraktion von Sicherungsschützen des KSK. Auch wenn dieses »One Skid Pick-Up«-Verfahren für Außenstehende unkompliziert wirkt, gehören hierzu exzellente Piloten.

Neue Aufgaben und Herausforderungen für das Hubschraubergeschwader 64

Das Geschwaderwappen des Hubschraubergeschwaders 64 (HSG 64). Das Wappen ist in leicht veränderter Form seit 1964 traditionsreich den Luftwaffenhubschraubern gewidmet. Mit dem neuen Wappen ist das Geschwader seit 2010 in Holzdorf erneut als Luftwaffengeschwader aufgestellt worden, nachdem es seit 1994 aufgelöst war.

Das Hubschraubergeschwader 64 (HSG 64) ist der jüngste fliegende Einsatzverband der Luftwaffe. Der Stab, die Fliegende Gruppe und die Technische Gruppe sind im baden-württembergischen Laupheim, die Lufttransportgruppe im brandenburgischen Schönewalde/Holzdorf stationiert. Auch in Diepholz unterhält das Geschwader spezielle Wartungs-Docks für die in Afghanistan eingesetzten CH-53GS. Hauptaufgabe ist der teilstreitkraftübergreifende Lufttransport von Personal und Material im nationalen und multinationalen Bereich. Darüber hinaus ist das HSG 64 für die Planung, Steuerung, Durchführung und Überwachung von der Rettung von Personal (Personnel Recovery / PR) und die Unterstützung von Spezialkräften zuständig. Zum Portfolio zählen auch die medizinische Evakuierung (Medical Evacuation / MedEvac) und militärische Evakuierungsoperationen (Military Evacuation Operation / MilEvacOp) im taktischen, operativen und strategischen Einsatzspektrum. Des Weiteren werden Patiententransporte im Rahmen der Anschlussversorgung von strategischen MedEvac durchgeführt.

Mit dem heutigen Hauptstandort Laupheim sowie der Integration der gesamten CH-53 der Heeresflieger ab 2013 und der 15 neuen H145M LUH SOF seit 2016 avancierte das HSG 64 mit seinen zahlreichen Nebenstandorten zum größten fliegenden Verband der Luftwaffe. Die Aufgabenbereiche spiegeln die Dimension des Geschwaders wider: Transportaufgaben (1. FlgStff), Personnel Recovery (2.FlgStff), Ausbildung (3. FlgStff) sowie Special Operations (4.FlgStff).

»Personen aus gefährlichen Situationen zu retten und rückzuführen« lautet der offizielle Auftrag der Kampfretter, welche ebenfalls Teil des HSG 64 sind. Bei Personnel-Recovery-Einsätzen (PR), sind sie ständige Luftfahrzeugbesatzungsmitglieder auf dem mittleren Transporthubschrauber CH-53GS und werden an Bord oder abgesessen eingesetzt. Das gemeinsame Vorgehen wird auch in Afghanistan regelmäßig geübt, wie hier in Mazar-i Sharif 2019. Die Belastung durch Auslandseinsätze ist beim HSG 64 und zuvor für die CH-53 Teams der Heeresflieger eine seit mehreren Jahrzehnten gewohnte Situation.

Insgesamt ist das Geschwader für die fliegerische Aus- und Weiterbildung sowie die taktische Einsatzausbildung auf den Waffensystemen CH-53 GA/GS (GE und G IFR) und H145M LUH SOF verantwortlich. Noch vor der Übernahme der Heeresfliegermaschinen durch die Luft waffe war bekannt, dass das Thema Spezialkräfteverbringung ein Problemkind war und man dieses Problem nun bei der Luftwaffe von den Heeresfliegern erben würde. Denn bereits bei der Aufstellung des Kommando Spezialkräfte (KSK) in den 1996 zeichnete sich bereits früh ein akuter Mangel an taktischen Verbringungsmitteln für Spezialoperationen ab. Aus allen fliegenden Einheiten der regulären Verbände wurden ad hoc Maschinen herangezogen, die sich nach Beendigung der Interims-Missionen wieder zurück in ihre Geschwader eingliederten. Einige ausgewählte Piloten waren quasi in ihrer Zweitverwendung taktische SOF-Flieger mit besonderer Vergatterung. Vor allem die Hubschrauber waren dringend benötigt, sodass anfangs sowohl CH-53, Bo-105 als auch UH-1D und später NH-90 für KSK-Missionen »zweckentfremdet« wurden. So manche Enthusiasten kennen noch die Bilder von eingeengt kauernden KSK-Troopern an den kleinen Außenlaststationen der beliebten Bo-105P Swooper 1. Anstatt als PAH-1A1 und mit sechs Lenkraketen vom Typ HOT ausgerüstet, waren die altbewährten Bo´s in der Version Bo-105P Swooper 1 mit einem improvisierten Außentragesystem für bis zu 4 Trooper sowie mit einem ebenfalls improvisierten Fast Rope-Gestell ausgestattet worden. Die Tests für den taktischen Swooper auf Basis der Bo-105 wurden bei der ehemaligen Heeresfliegerversuchsstaffel 910 Ende 2006 abgeschlossen. Eine europäische Luftfahrtzulassung (EASA) war von Anfang an fraglich. Die KSK Bo's waren nur als Interims-Lösung geduldet.

Spezialkräfte mussten sich in der Vergangenheit mit dem Material und den Transportmitteln zufriedengeben, die ihnen temporär zugestanden wurden. So machte man auch mit dem UH-1D (oben) sehr gute Erfahrungen.

Auch der beliebte BO-105 (unten) diente in der Übergangszeit als SOF-Assaulter und wurde eigens dafür modifiziert. Jedoch war dies nur eine Interims-Lösung bis die politische Beschaffungsentscheidung für die H145M LUH SOF gefallen war.

Fähigkeitsanforderung und Konzept LUH SOF

Die sich aus dem Aufgabenfeld der Spezialkräfte (KSK, KSM) ableitenden Fähigkeitsanforderungen für einen Spezialkräftehubschrauber wurden ganz offensichtlich: er musste schnell genug sein (mind. 250 Km/h), wendig genug sein und über einen möglichst kleinen Rotordurchmesser verfügen, um im urbanen Umfeld landen zu können und er musste kräftig genug sein, um bei voller Beladung (mind. 8 vollausgestattete Soldaten) ohne Leistungsverlust seine Mission zu erfüllen. Er sollte zwei Triebwerke haben, um notfalls auch mit nur einem weiter zu fliegen. Nachdem sich SOF-Operationen meist in feindlichen oder gefährlichen Einsatzräumen abspielen, ist eine gute Überlebens- sowie eine Nachtflugfähigkeit unabdinglich. Die meisten Einsätze fallen unter die Kategorie »Infiltration« und »Exfiltration«. Das bedeutet, das Überraschungsmoment stets zu nutzen, um Spezialkräfte zu ihrem Einsatzort zu bringen und/oder sie bei ihrer Aufgabe direkt zu unterstützen. Dies gelingt am Besten in der Nacht sowie mit leisen Triebwerken bzw. Rotorgeräuschen. All diese fliegerischen Fähigkeiten sind im Grunde eher im zivilen Bereich des Hubschrauberbaus zu finden, denn die meisten militärischen Hubschraubermodelle arbeiten von der Lärmerzeugung her eher in sehr hohen Dezibel-Bereichen oder sind zu groß dimensioniert, um ihren Truppentransportauftrag maximieren zu können. Kleinhubschrauber (Scouts oder Verbindungshubschrauber) sind bei den regulären Streitkräften schon lange nicht mehr üblich. Fast maßgeschneidert kann man jedoch den H145M aus der berühmten Kawasaki/MBB BK117-Serie bezeichnen. Denn er muss in enge Häuserschluchten oder Dorfkreuzungen passen und ansonsten auch sehr agil im urbanen Gelände operieren können. Hubschrauber im Rettungseinsatz haben es vorgemacht. Man kennt die spektakulären Flugszenen aus den Medien oder hat sie selbst als Augenzeuge einmal erlebt, wenn zivile Hubschrauber im Notarzteinsatz zu einem Unfall eilen und vor Ort oft mit vielen Hindernissen beim Landen zu kämpfen haben. Scheinbar unmöglich erweisen sich so viele Orte für eine Hubschrauberlandung. Dennoch kommen sie mit diesen Bedingungen zurecht.

Ein Hubschrauber, der ausschließlich für die Verbringung von Spezialkräften vorgesehen ist, muss bestimmte Kriterien erfüllen: der H145M war hierfür die wohl beste Wahl.

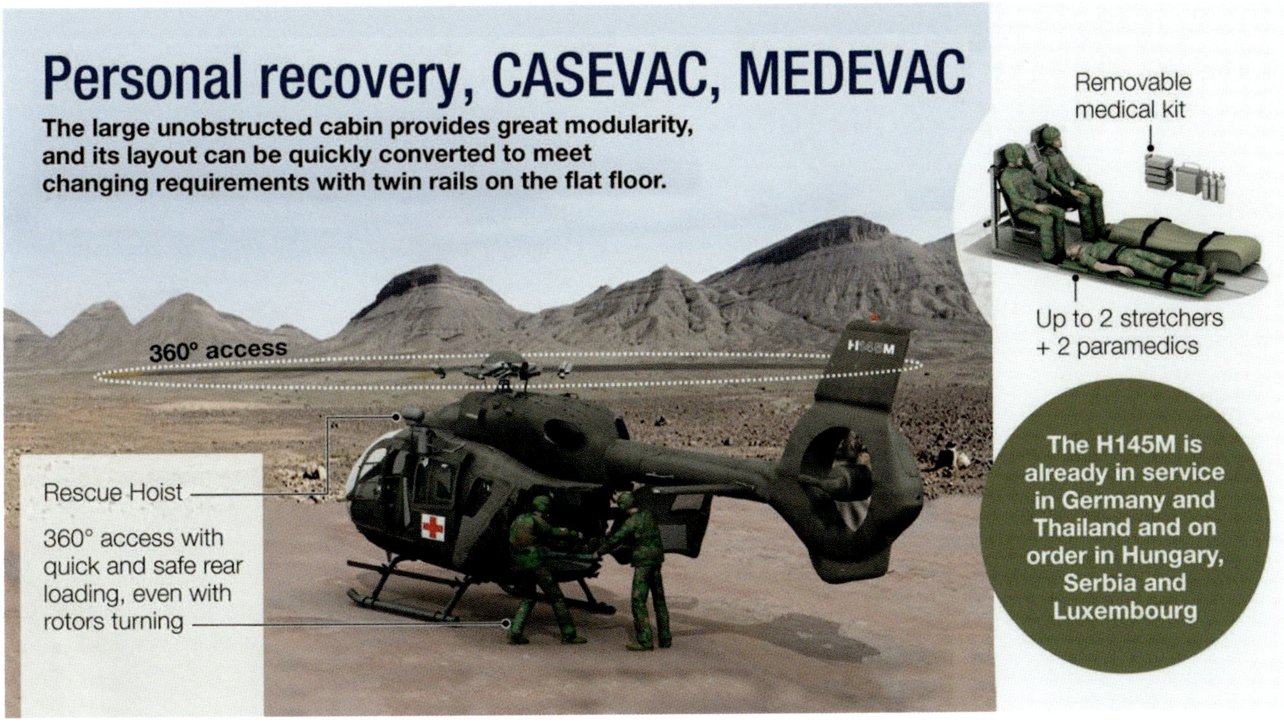

Die unterschiedlichen Einsatzszenarien im Bereich der SOF-Aktivitäten beinhalten auch die Rückführung und medizinische Rückführung der SOF-Kräfte aus dem unmittelbaren Einsatzraum. Im Einsatz ist immer auch mit Verwundeten Soldaten zu rechnen. Ein schneller Abtransport aus der Gefahrenzone ist kann Leben retten und ist meist die einzige Chance für die vor Ort eingesetzten Kommandoeinheiten.

Schematische Darstellung des Aufgabenspektrums eines H145m LUH SOF im Spezialkräfteeinsatz.

Die 4. fliegende Staffel des HSG 64 der Luftwaffe im Bundeswehr SOF-Konzept

Das Staffelwappen der 4. FlgStff HSG 64. Eine Schwert- oder Speerspitze ist in westlichen Armeen das Symbol der Spezialeinheiten.

»Spezialkräfte können aufgrund ihrer besonderen Fähigkeiten bei vergleichsweise geringem Mitteleinsatz Wirkung von strategischer Bedeutung erzielen. Sie sind im bundeswehrgemeinsamen Fähigkeitsverbund ein herausgehobenes Element zur Leistungserbringung im Aufgabenspektrum der Bundeswehr. Spezialkräfte können präzise und skalierbar, reaktionsschnell und weltweit im gesamten Intensitätsspektrum eingesetzt werden. Sie sind besonders zum Einsatz gegen asymmetrisch handelnde Gegner und zum Schutz und zur Sicherheit deutscher Staatsangehöriger in krisenhaften Lagen im Ausland befähigt.« So definiert das BMVg seit dem Erlass der Konzeption der Bundeswehr am 20. Juli 2018 die Wirkung von Spezialkräften für die Bundeswehr. Das bedeutet, dass erstmals Spezialkräfte in einer Linie – jedoch getrennt – von den üblichen Teilstreitkräften betrachtet werden. Denn genauso wie Heer, Luftwaffe, Marine, Cyber- und Informationsraum, Streitkräftebasis und Sanitätsdienst arbeiten Spezialkräfte ebenfalls in einer eigenen Dimension und stellen somit Kräfte in den jeweiligen Dimensionen einsatzbereit zur Verfügung. Eine wichtige Rolle als neues Mitglied in der SOF-Triade aus KSK, KSM und den Luftverbringern mit dem H145M LUH SOF übernimmt die Luftwaffe. Die Aufgaben der neuen Luftwaffen-Spezialkräfte leiten sich im Grunde vom Aufgabenkatalog der SOF-Kerngruppen KSK und KSM ab. Das Laupheimer Geschwader befindet sich geografisch wie strategisch in Deutschlands engmaschigen Netz der SOF-Zentren sowohl der Bundeswehr als auch der US Army Europe mit SOCEUR. In Baden-Württemberg befindet sich ein Netz verschiedenster militärischer Stützpunkte von Spezialkräften: In der jüngst erweiterten und ausgebauten Graf-Zeppelin-Kaserne in Calw ist

Die Combat Ready (CR) Piloten der 4. FlgStff HSG 64 gehören nun zum inneren Kreis der German Special Operations Forces (G-SOF). Ihr Arbeitsgerät: der H145M LUH SOF.

seit 1996 das deutsche Kommando Spezialkräfte (KSK) stationiert. Außerdem gibt es im Raum Stuttgart zahlreiche Stützpunkte US-amerikanischer Spezialkräfte: Das Special Operations Command Europe (SOCEUR) in Vaihingen, das Special Operations Command Africa (SOCAFRICA) in Möhringen auf den Fildern sowie das 1st Bataillon der 10th Special Forces Group, welches in der Panzerkaserne in Böblingen stationiert ist. Außerdem wird der militärische Teil des Stuttgarter Flughafens, das Stuttgart Army Field, vom US Army Special Operations Command betrieben. Mit dem Ausbildungszentrum Spezielle Operationen (AusbZSpezlOp) mit Sitz in der Staufer-Kaserne in Pfullendorf ist eine der Ausbildungseinrichtungen des Heeres und insbesondere für die Ausbildung der Spezialkräfte und spezialisierten Kräfte der Bundeswehr und befreundeter Streitkräfte verortet. Mit den Laupheimer Spezialisten ist der Kreis im Grunde geschlossen. Natürlich haben die verschiedenen SOF-Einrichtungen der US-Streitkräfte nichts mit den denen der Bundeswehr zu tun. Es ist nur auffallend, wie viele SOF-bezogene Standorte in der Region zu finden sind. Seit 2016 stießen die Combat Ready Piloten der 4. Fliegenden Staffel des HSG 64 in die oberste SOF-Kategorie hinzu und bilden heute die SOF-Triade zusammen mit dem KSK und dem KSM. »Wir sind stolz auf unsere Soldatinnen und Soldaten, die jetzt das Schwert im Staffelwappen führen. Die Messlatte liegt allerdings hoch, denn der Einsatz der Spezialkräfte der Bundeswehr ist von einem besonderen Mindset geprägt«, erklärte der Inspekteur der Luftwaffe, Generalleutnant Karl Müllner während der Empfangszeremonie anlässlich der Auslieferung des letzten von 15 H145M LUH SOF 2017. Eine Schwert- oder Speerspitze ist in westlichen Armeen das Symbol der Spezialeinheiten. Trendgebend waren auch hier die britische Spezialeinheit SAS sowie die US Special Forces mit der Messer- und Speerspitzensymbolik. Auch das KSK sowie das KSM verwenden in ihrem Logo diese Symbolik. So auch die 4. Fliegende Staffel des HSG64 der Luftwaffe.

Zwei H145M LUH SOF beim Verlassen der Absetzzone. Die Verfahren müssen immer wieder geübt und weiterentwickelt werden. Präzision und Erfahrung stehen im Vordergrund.

Der erste Mehrzweckhubschrauber BK117 A-1 in Rettungsausführung wurde am 3. Februar 1984 der Rettungsstation »Christoph 1« am Krankenhaus München-Harlaching übergeben. Die Ablösung des BO-105 hat somit begonnen.

Entwicklungsgeschichte – Vom Urmodell BK117A zum H145M LUH SOF

Kaum eine Bestellung komplexer Luftfahrtsysteme ging derart zügig und problemlos vonstatten, wie es im Fall der 15 H145M LUH SOF für die Luftwaffe zu beobachten war. Die Konkretisierung eines SOF-Geschwaders – der Special Operations Forces Rotary Wing – fand vor allem mit der Beschaffung von nagelneuen LUH SOF statt. Dieser hervorragende Hubschrauber ist im Grunde keine komplette Neuentwicklung. Denn bereits in den 1970er-Jahren legten die Unternehmen Messerschmitt-Bölkow-Blohm (MBB) und Kawasaki Heavy Industries den Grundstein für eine höchst erfolgreiche Zusammenarbeit und unterzeichneten einen Kooperationsvertrag zur gemeinsamen Produktion eines zweimotorigen Hubschraubers für acht bis zehn Personen. BK117 hieß die Maschine, wobei das »B« für Bölkow steht und das »K« für Kawasaki. Alles begann damit, dass man bereits Anfang der 1970er-Jahre Marktstudien beobachtet hatte und dass der Weltmarkt neben der bereits etablierten Bo-105 auch ein Hubschrauber mit zwei Triebwerken für acht bis zehn Passagiere aufnehmen würde. Im Hause MBB nannte man das Projekt Bo-107. Aufgrund der Marketing-Zusammenarbeit bei dem Bo-105-Programm in den USA hielt man zunächst Boeing-Vertol als einen geeigneten Partner für das neue Programm. Ein Jahr später besuchte eine Delegation von MBB Kawasaki in Japan und fand durch Zufall heraus, dass Kawasaki ebenfalls an einem Hubschrauberprojekt arbeitete. Das japanische KH-7 Projekt befasste sich sogar mit der gleichen Raumdimension eines 6-7 Sitzers. 1975 kam es sodann zum Gegenbesuch Kawasakis bei MBB, bei dem in

Ein Mock-Up-Modell des BK117 während einer Veranstaltung 1981 in Schliersee. Flugunfähige Vorführmodelle (sog. Mock-Ups) sind in der Industrie schon immer üblich gewesen. Doch gerade in der Luft- und Raumfahrtindustrie sind dies gute Methoden, um auf zukünftige Produkte hinzuweisen.

Der deutsche BK117-Prototyp 2 (P2) im Flug. Der erste flugfähige BK117 hob am 13. Juni 1979 in Ottobrunn bei München ab, während der erste Testflug mit dem BK117 P3 (3. Prototyp) bei KHI erst am 10. August 1979 in Gifu, Japan stattfand.

Ottobrunn die Idee angeregt wurde, das Programm zu dritt, also mit Boeing-Vertol zu realisieren. Nachdem sich jedoch Boeing aus dem Programm zurückzog, liefen die weiteren Besprechungen nur noch zwischen MBB und Kawasaki. Die Aufgaben wurden aufgeteilt, die Kosten kalkuliert, die Vertriebsstrategie definiert sowie Umsatzprognosen erstellt. Noch Ende 1976 konnte ein erster Kooperationsvertrag ausgehandelt und aufgesetzt werden. Im Februar 1977 wurde der Kooperationsvertrag zwischen Messerschmitt Bölkow Blohm (MBB) und Kawasaki Heavy Industries (KHI) zum Bau des BK117 unterzeichnet. Vereinbart wurden zwei Produktionsstätten. Sowohl in Donauwörth als auch in Gifu/Japan sollte jeweils die gleiche Anzahl an Hubschraubern vom Band laufen. Die Produktion in gleich großen Mengen wurde auch um ein Single-Source-Prinzip ergänzt, welches besagte, dass jeder der beiden Partner eigenentwickelte Teile jeweils dem anderen Partner zur Verfügung stellt. Schon im Mai 1977 fand das erste Joint Board Meeting BK117 in Ottobrunn statt. Nachdem der geplante Hubschrauber-Typ internationale Kunden akquirieren sollte, strengte man sich an, die erste Mock-Up-Version bereits 1978 auf Luftfahrtmessen in den USA zu präsentieren, was auch gelang. Der erste Prototyp (BK117 P1) wurde 1978 bei MBB präsentiert. Der P1 wurde jedoch nur für Bodentests in Ottobrunn verwendet. Im Mai 1979 war es dann soweit: der erste flugfähige BK117 P2 (2. Prototyp) war für Testflüge startklar. Am 13. Juni 1979 fand der feierliche Erstflug mit dem BK117 P2 in Ottobrunn bei München statt. Der Flug wurde vom damaligen Cheftestpilot Siegfried Hoffman durchgeführt. Der Hubschrauber war mit zwei Allied Signal Lycoming LTS 101-650B-1 ausgestattet und erfüllte zur Freude aller die Erwartungen. KHI verwendete den BK117 P3 für Testflüge, der als dritte Testmaschine zur Verfügung stand. Der erste Testflug bei KHI fand am 10. August 1979 in Gifu/Japan statt. Im Rahmen der BK117 Musterzulassung durch die FAA/JCAB/LBA und CAA wurden im Januar und Februar 1980 so genannte »Kaltwetter Tests« absolviert. Die Durchführung des Test-Programms oblag KHI mit dem P3. Sowohl die Heizungs- und Belüftungsanlage, der Triebwerkkaltstart, die Schmierstoff-Tieftemperatur als auch die Kraftstoff-Tieftemperatur wurden auf ihre Funktion überprüft. Insgesamt wurden 30 Bodenläufe bzw. Flugversuche bis 15.000 Fuß bei einer Außentemperatur von -42 C erfolgreich durchgeführt. März 1981 war dann die erste Vorserienmaschine BK117 S-01 fertig. Der Erstflug wurde in Ottobrunn bei München am 6. März 1981 absolviert und dauerte 50 Minuten. Der Hubschrauber wurde von Chef-Testpilot Siegfried Hoffmann und Flug-Testingenieur Walter Sinn geflogen. Auf dem berühmten Aérosalon in Le Bourget wurde die BK117-Vorserienmaschine S-01 im Flying Display

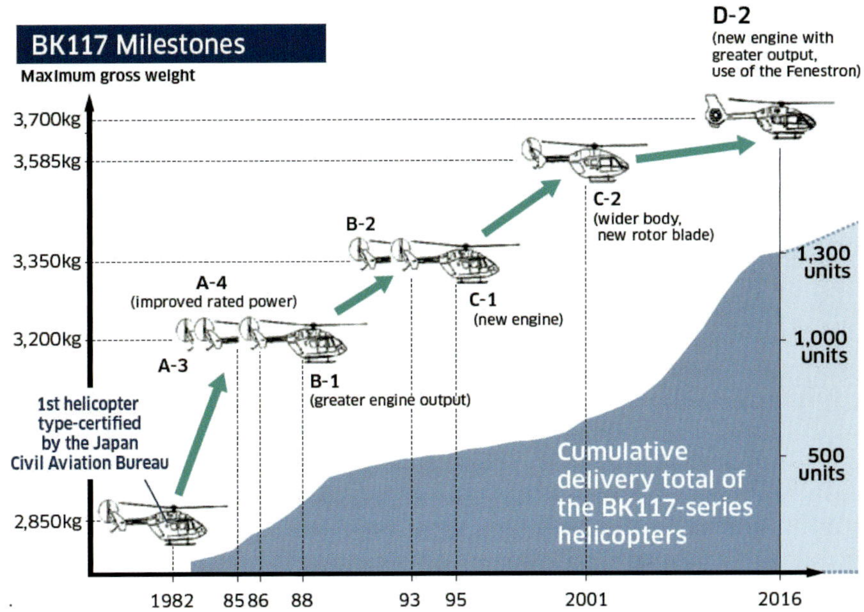

Die schematisch dargestellten Entwicklungsetappen des BK117. Man beachte die kontinuierliche Leistungssteigerung der Baureihen.

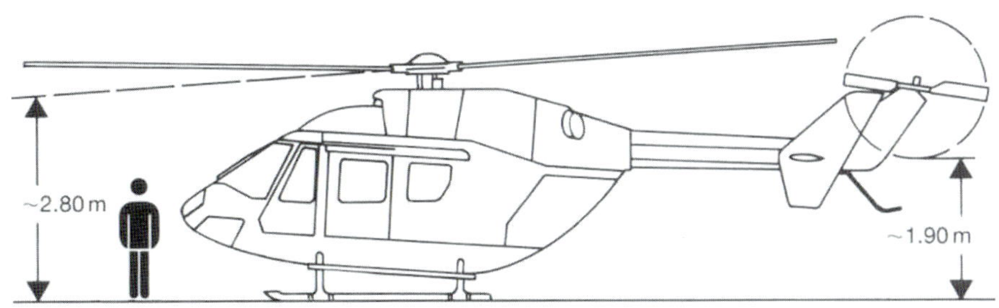

Der hoch angelegte Heckrotor trägt zur Sicherheit (Ground Clearance) bei.

EASA Type Certificate Data Sheet number R.010 at Issue 16, dated 6 March 2019
- Model MBB-BK117 A-3 approved 15 March 1985
- Model MBB-BK117 A-4 approved 29 July 1986
- Model MBB-BK117 B-1 approved 10 December 1987
- Model MBB-BK117 B-2 approved 17 January 1992
- Model MBB-BK117 C-1 approved 2 October 1992
- Model MBB-BK117 C-2 approved 20 December 2000
- Model MBB-BK117 D-2 approved 16 April 2014

Die Chronik der EASA Musterzertifizierungen laut EASA-Protokoll. Die Musterzulassung für das D-3-Modell mit Fünfblattrotor sind hier noch nicht erfasst. (Stand Mai 2020).

am 10. Juni 1981 vorgeführt. Außer der Vorserienmaschine S-01 zeigte MBB auch schon zwei BK117-Mock-Ups im Static Display. Eines der Modelle war als Utility-Version (UH) neben einer Version als Rettungshubschrauber ausgestellt. Man konnte bereits sehen, wohin die Erfolgsreise gehen sollte: leichter Transport, Rettungsfliegerei, Law Enforcement sowie Executive Flights sollten die starken zivilen Felder des BK117 werden. Am 1. und 2. Oktober 1981 organisierte der Allgemeine Deutsche Automobil Club (ADAC) die 7. jährliche Hubschrauber Rettungskonferenz im Kurzentrum in Schliersee. Die herausragenden Themen waren neben der Luftrettung aus brennenden Hochhäusern, die Bergrettung und der Einsatz von Hubschraubern unter schlechten Sicht- und Witterungsbedingungen. MBB beteiligte sich mit einem BK117 Mock-Up Hubschrauber in Bucher-Rettungsausrüstung. Noch im selben Jahr war auch in Japan die Erstflug-Premiere des ersten Serienhubschraubers BK117, SN 1001 der Partner Firma KHI in Gifu/Japan. Anlässlich der 34. Jahrestagung der Helicopter Association International (HAI) vom 18. bis 21. Februar 1982, in Las Vegas, wurde der BK117 allen Kunden und Interessenten in einem Air Display vorgeführt. Besonders imponieren konnte dabei die Einmotor-Flugleistung des BK117. Dass im Jahr 2012 einmal 1.000 verkaufte Modelle der BK117-Serie in den Berichtsheften stehen sollten, konnte man sich in den 1980er-Jahren nur erträumen. Ein großartiger Erfolg für das Projekt BK117. Auch nach der 1.000er Marke in 2012 sollte der Verkaufsboom weitergehen. Mit dem neuesten Modell H145 (BK117 D-2 bzw. D-2m) kam zuletzt seit 2014 erneut eine erfolgreiche Verkaufsdynamik hinzu, nachdem bereits die B- und C-Modelle kräftig für Umsatz sorgten. Die deutsch-japanische BK117-Kooperation gehört zu einem der erfolgreichsten Joint Ventures im Luftfahrtbereich und wurde demensprechend anlässich des 40. Jubiläums 2017 gefeiert.

Serienentwicklung BK117A bis BK117C

Der erste Serienhubschrauber BK117 A-1 (SN 7001) deutscher Produktion, absolvierte am 23. April 1982, in Ottobrunn, seinen Erstflug. MBB Chef-Testpilot Siegfried Hoffmann und Flug-Testingenieur Walter Sinn führte den Flug durch. Im November 1982 konnte auch schon der erste BK117 A-1 (SN 7002) an MBB Helicopter Corporation (MHC) für den amerikanischen Markt ausgeliefert werden. Als BK117 A-1 erhielt der Hubschrauber auch noch im Dezember die LBA – VFR durch das Luftfahrtbundesamt in Braunschweig. Die Zulassung hielt u.a. ein maximales Abfluggewicht von 2,850 kg fest und listete die beiden Allied Signal Lycoming LTS 101-650B-1 Turbinentriebwerke, das Hauptrotorgetriebe KHI KB 03 sowie das berühmte gelenklose Bölkow Rotor System mit Glasfaserblättern darin auf. Das Geheimrezept war spätestens seit der Musterzulassung bekannt: Das hervorragende Getriebe aus Japan von Kawasaki in Kombination mit dem bahnbrechenden deutschen Rotorsystem von MBB waren der Garant für eines der besten Konzepte in der Hubschraubergeschichte. So bestätigte auch das Japanese Civil Aviation Board (JCAB) gerne die japanische Musterzulassung für den Serien-BK117 am 17. Dezember 1982, welche H. Hasegawa, damaliger Präsident von KHI im Verkehrsministerium entgegennahm. Um sicher zu gehen, dass die Hot and High-Fähigkeiten gegeben waren, absolvierte ein Team, bestehend aus MBB und MHC-Mitarbeitern sowie Repräsentanten der amerikanischen FAA vom 24. Februar bis 3. März 1983 vom höchstgelegenen Flugplatz der USA aus (Lake County Airport in Leadville, Colorado) alle noch erforderlichen Nachweisflüge mit dem BK117 A-1 (SN 7002) für die wichtige Höhenerprobung. Die amerikanische Luftfahrtbehörde FAA (Federal Aviation Administration) hat daraufhin am 29. März 1983 die Musterzulassung nach FAR Part 29, Category A, für den BK117 erteilt. C.R. »Tex« Melugin, Direktor der FAA Southwest Region, übergab den Zulassungsschein in einer Feierstunde an C.W. »Wes« Moore, den Präsidenten von MHC. Die umfangreichen Flugversuchs- und Messprogramme wurden in der Zeit vom 1. bis 12. Mai 1983 auf dem Flugplatz in Khartoum/Sudan, der knapp 400 Meter über dem Meeresspiegel liegt, absolviert. Das Erprobungsprogramm unter Außentemperaturen von 44 bis 52 Grad Celsius umfasste Schwebeflüge, Starts und Steigflüge auf über 3.600 m. Die Kälteerprobung wurde 1984 in Cambridge Bay/Kanada, etwa 850 km nördlich Yellowknife, bei einer Außentemperatur von bis – 42° C durchgeführt. Der BK117 A-1 sammelte nach und nach alle Zulassungen, die es damals in der Kategorie gab. Neben der Musterzulassung für Dual-Pilot – IFR durch das LBA, erhielt der BK117 auch die Dual-Pilot – IFR der amerikanischen FAA. Der erste Mehrzweckhubschrauber BK117 A-1 in Rettungsausführung wurde am 3. Februar 1984 der Rettungsstation »Christoph 1« am Krankenhaus München-Harlaching übergeben. Die A-1 Serie läuft auf Hochtouren über die Werkmontage. Aber bereits ein Jahr später fand in Ottobrunn das 7. gemeinsame Board Meeting von MBB und KHI statt, um gemeinsam die Zulassungsdokumente für die BK117 der A-3 Serie zusammenzustellen und der jeweiligen Luftfahrtbehörde zu übergeben.

MBB begann rechtzeitig mit der Vermarktung des BK117. Diese Werbeanzeige aus dem Jahr 1984 konnte man seitdem in vielen Fachmagazinen, die sich mit dem Thema Rettungsdienst und Katastrophenschutz beschäftigten, sehen.

MBB Reklame aus dem Jahr 1986. Mit dem BK117 sollten zunächst die heimischen Behörden und Rettungsdienste zum Kauf animiert werden. Die internationale Marketing-Ausrichtung stand jedoch im Vordergrund.

Serienentwicklung BK117 A-3

Am 15. März 1985 erteilte das LBA die Musterzulassung der BK117 A-3. Die wesentlichen Neuerungen waren ein erhöhtes maximales Abfluggewicht auf 3,200 kg, neue Heckrotorblätter, ein Yaw CSAS Regler sowie ein SPAS-Regler für eine bessere Längsstabilität. Die beiden Allied Signal Lycoming LTS 101-650B-1 Triebwerke wurden weiterhin beibehalten. Im selben Jahr wurde auf dem 36. Internationalen Aérosalon in LeBourget eine militärische Variante des BK117 vorgestellt: der A-3m. Der BK117 A-3m (BK117M). Die Ausstellungsmaschine war mit HOT-2 Euromissile Panzerabwehrraketen, einem Mastvisier sowie einem am Cockpitdach befestigten SFIM A397 Visier, einem unter der Nase montierten Maschinengewehr im Kaliber 12,7 x 99 mm sowie ECM Anlage für elektronische Gegenmaßnahmen zum Selbstschutz gegen Luftbedrohungen ausgestattet. Auch das Kufenwerk wurde erhöht, um in unebenem oder sumpfigem Gelände bestehen zu können.

MBB-BK117 A-3, MBB-BK117 A-4	
MCTOW	3200 kg (7055 lb)
Max. No. of Seats	8 (1 crew, maximum 7 passengers) Standard
	11 (1 crew, maximum 10 passengers) with high density seating kit per Flight Manual Supplement FMS 10-8
Noise Standard	German Noise Prevention Requirement for Aircraft (Lärmschutzforderungen für Luftfahrzeuge LSL) dated 01.08.85 (ICAO Annex 16, Volume 1, Chapter 8)
Engine	Honeywell LTS101-650B-1 Type Certificate: Number E5NW Issued by: Federal Aviaiion Administration

Typenspezifika BK117 A-3 laut EASA-Protokoll.

Ein BK117 A3 der südafrikanischen Streitkräfte in der LUH (Light Utility Helicopter)-Rolle. Die meisten A-Modelle erhielten im Laufe weniger Jahre quasi im laufenden Betrieb neue Upgrades von MBB. Nur das geübte Auge oder der technische Kenner kann einen BK117 A-1 von einem A-3 bzw. später von einem A-4-Modell unterscheiden.

Die BK117 A-3m (BK117M) für den militärischen Markt ab 1985 konnte sich nicht etablieren.

Ein BK117 A-3 VT-2 (SN 7045) als zivile Forschungsmaschine genutzt von der Universität Stuttgart. Forschung und Grundlagenentwicklung waren wichtige Bereiche für die Industrie. Diese Maschine (AWRH All Weather Rescue Helicopter) wurde seit 1989 permanent als Versuchsträger genutzt und an die Universität verliehen, um neue Technologien für eine verbesserte Sicherheit in der Rettungsfliegerei zu testen. 2020 wurde diese BK117 der Universität geschenkt.

Ein BK117 Versuchsträger mit dem innovativen ROSAR (ROSAR ROtating Synthetic Aperture Radar). Diese neue Radartechnologie wurde von Eurocopter entwickelt und getestet, um die Unzulänglichkeiten der traditionellen Radarsysteme in der Rettungsfliegerei zu verbessern. Mit diesem Radar konnte man auch bei schlechten Sichtverhältnissen scharfe Bilder erzeugen.

Serienentwicklung BK117 A-4

Der BK117 A4 von 1986 erhielt ein verstärktes Getriebe, einen 80 kg vergrößerten Tank, ein elektrisches Torque Anzeige-System und erzielte eine bessere Steigrate. In sehr geringer Höhe profitieren die Rotorblätter bekanntlich vom Bodeneffekt. Bei gleicher Rotationsgeschwindigkeit erzeugen sie mehr Auftrieb als in freier Luft. Dadurch benötigt der Schwebeflug in Bodennähe eine geringere Antriebsleistung. Dieser Flugzustand wird Hover In Ground Effect (HIGE) genannt. Ab einer Höhe über Grund von etwa ab dem Rotordurchmesser lässt der Bodeneffekt nach und es wird eine höhere Leistung für das Schweben benötigt. Dies wird Hover Out Of Ground Effect (HOGE) genannt. Das A-4 Modell wies verbesserte HIGE/HOGE-Werte auf. Auch die Flugdauer bzw. die Reichweite erhöhte sich leicht. Alles in Allem aber war der Unterschied zur A-3 Version äußerlich kaum sichtbar.

Serienentwicklung BK117 B-1 / B-2

Erst ab 1987 kam es zu einer sichtbaren Typen-Evolutuion als es erstmals um eine neue B-Version des BK117 in den Board Meetings mit den Japanern ging. Vom 4. bis 6. November 1987 tagte in Ottobrunn das MBB – KHI Joint Board zur Vorbereitung der Unterlagen zur Zulassung des Musters BK117 B-1. Die Dokumentation war die Grundlage für die Zulassung durch das Luftfahrtbundesamt (LBA) und der japanischen Zulassungsbehörde JCAB. Nach insgesamt 3-jähriger Entwicklungszeit hatte MBB die erste Hubschrauberzelle auf Glasfaserverbundwerkstoff hergestellt. Die Zelle wurde am 12. November 1987 an die IABG (Industrie-Anlagen-Gesellschaft) zur Ableistung von intensiven statischen und dynamischen Tests übergeben. Die Ergebnisse dieser Tests flossen im Nachgang auch in die Entwicklung zukünftiger Hubschrauber, wie dem NH 90 ein.

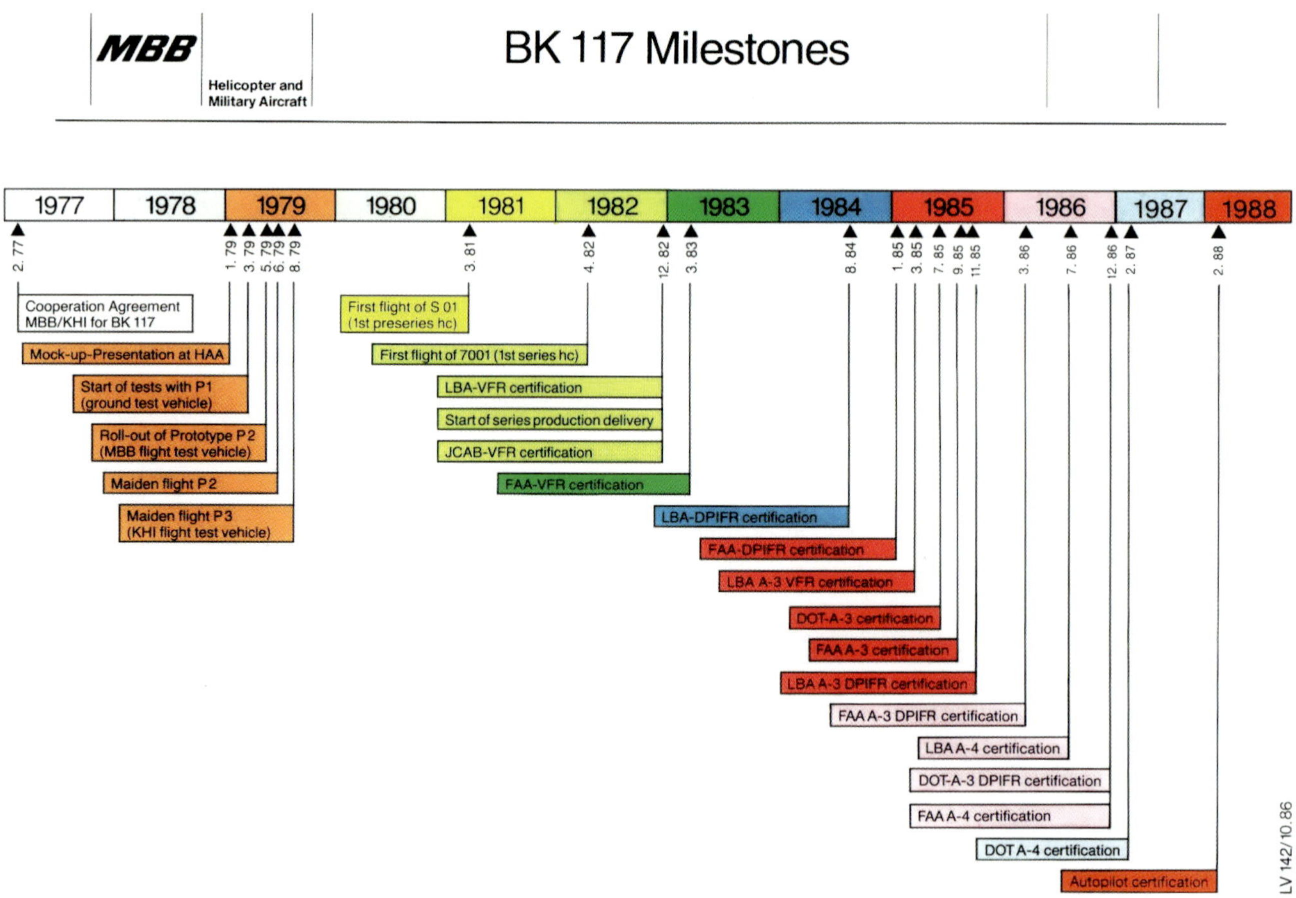

Grafische Originaldarstellung der BK117-Zertifizierungschronik bis zum A-4-Modell.

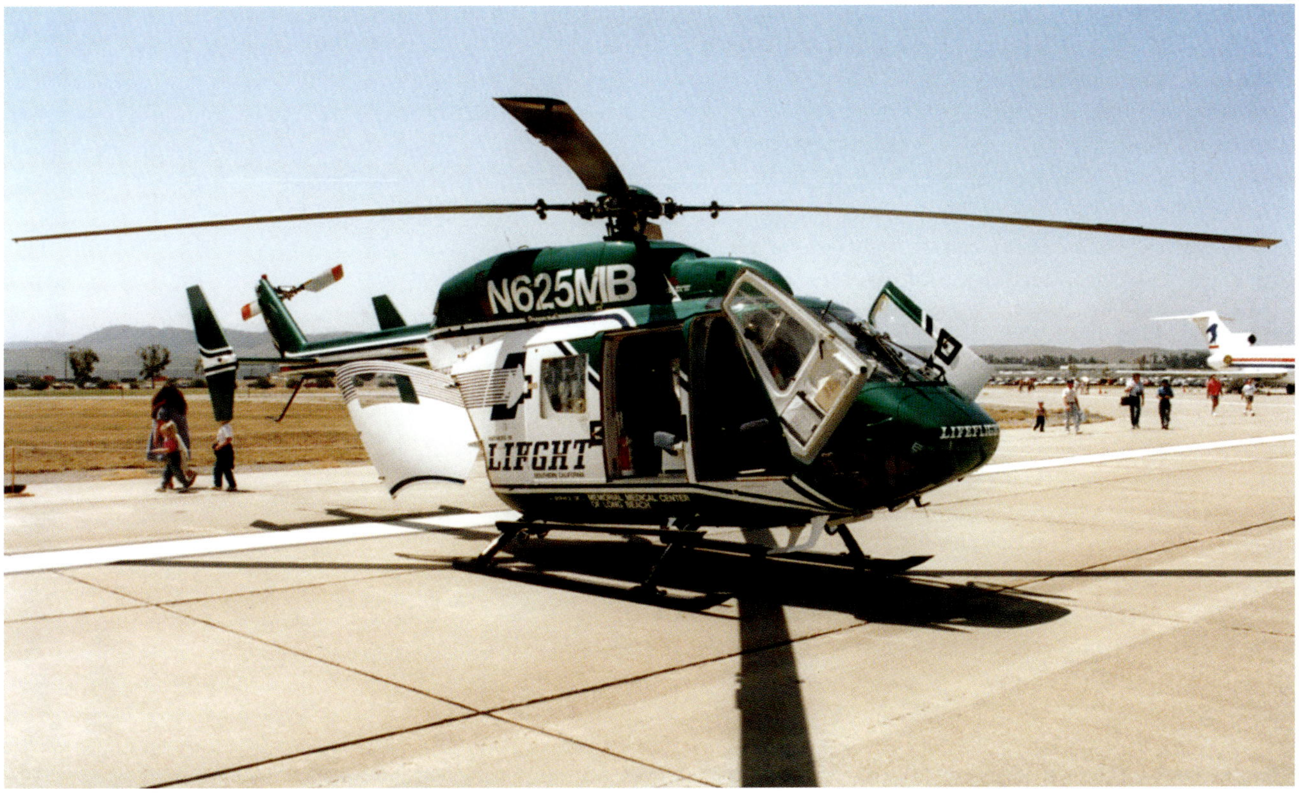

Ein BK 117 A4 der US-Life Flight (Rocky Mountains). Die A-4 Upgrades fanden ohne sichtbare Veränderung statt. Das verstärkte Getriebe sowie der vergrößerte Tank sind allesamt interne Veränderungen.

Ein BK117 B-1 mit den stärkeren Triebwerken von Allied Signal Lycoming (LTS 101-750B-1) mit der Kennung D-HNWL der Landespolizei Nordrhein-Westfalen.

Die Musterzulassung des BK117 B-1 erfolgte im Dezember 1987 mit stärkeren Triebwerken des Typs Allied Signal Lycoming LTS 101-750B-1. Während Flugzeuge dünne Luft im Reiseflug durch entsprechend höhere Geschwindigkeiten kompensieren können, müssen Hubschrauber diesen Effekt durch eine höhere Triebwerksleistung ausgleichen. Auch bei Hubschraubern verringert sich die mögliche Zuladung durch derartige Bedingungen. Außerdem kann der Heckrotor an seine Leistungsgrenze kommen, was einen stationären Schwebeflug ab einer bestimmten Höhe verhindert. Der BK117 B-1 wurde an diese Hot/High-Bedingungen besser angepasst. Auch die HIGE/HOGE-Performance wurde beim B-1-Modell weiter verbessert. Das Fliegen mit nur einem Triebwerk war ein weiteres Sicherheits-Feature, das für den BK-117 B-1 sprach. Gerade bei Rettungsmissionen war es wichtig, einen Triebwerksausfall zu überleben. Allerdings durfte nur eines der beiden Triebwerke ausfallen. Viele BK117 A-Modelle wurden nach der Umrüstung auf den B-Standard BK117 B2 umbenannt. Für die B2-Variante hat die EASA 2012 ein Supplemental Type Certificate (STC) hin zur BK117-850D2 genehmigt. Dies bedeutete, dass grundsätzlich alle BK117 B-2 ein Triebwerks-Upgrade von 750 auf 850 PS Leistung erhalten durften. So konnten viele der HEMS-Flieger, wie beispielsweise in den Ländern Australien oder Neuseeland mit stärkeren Triebwerken ausgestattet werden. Diesem Typ gab man den Namen BK117-850D2 STC.

Typenspezifika BK117 B-1/B-2 laut EASA-Protokoll.

MBB-BK117 B-1, MBB-BK117 B-2	
MCTOW	3200 kg (7055 lb) MBB-BK117 B-1 3350 kg (7385 lb) MBB-BK117 B-2
Max. No. of Seats	8 (1 crew, maximum 7 passengers) Standard 11 (1 crew, maximum 10 passengers) with kit FMS 10-8
Noise Standard	LSL dated August 1st, 1985 – MBB-BK117 B-1 LSL Chapter VIII dated January 1st 1991 – MBB-BK117 B-2 (ICAO Annex 16, Volume 1, Chapter 8))
Engine	Honeywell LTS101-750 B-1 Type Certificate: Number E5NE Issued by: Federal Aviaiton Administration

Viele BK 117 A-Modelle wurden nach der Umrüstung auf den B-Standard BK 117 B2 umbenannt. Der hier abgebildete BK117 B-2 (D-HBRB) wurde 1993 gebaut und versah seinen Dienst als Christoph 6 bei der ADAC Flugrettung in Bremen bis er 2011 von einem EC-135 abgelöst wurde.

Serienentwicklung BK117 C-1

Der Erstflug fand am 6. April 1990 in Pau (Südwest-Frankreich) bei CGTM, einer Turbomeca-Tochterfirma mit umfangreichem Know-How in der Integration von Triebwerken statt. Auf dem Versuchsträger BK117 C-1 (SN 7007) wurden alle maßgeblichen Bereiche des Flugbetriebs, einschließlich Flüge bis 18.000 Fuß Höhe, erprobt und die hervorragenden Leistungswerte der BK117 C-1 mit ARRIEL Triebwerken (Turbomeca Arriel 1E2 mit 516 kW) bestätigt. Am 20. Oktober 1992 erteilte das LBA die Musterzulassung für den BK117 C-1. Das maximale Abfluggewicht konnte auf 3.350 kg erhöht werden. Eurocopter und Helicopters Italia haben 2002 vereinbart, die Montagelinie für den BK117 C-1 von der deutschen Produktionsstätte in Donauwörth nach Trient in Italien zu verlagern. Die Arbeiten wurden von einem neuen Unternehmen - Avionline - durchgeführt, das sich im gemeinsamen Besitz des italienischen Eurocopter-Vertreters Aersud Elicotteri und von Helicopters Italia, dem italienischen Wartungsunternehmen von Eurocopter und Turbomeca, befindet. Eurocopter wird weiterhin den Verkauf, das Marketing und die Auslieferung an Kunden der BK117 C-1 übernehmen, die ein ergänzendes Flugzeug zur kürzlich eingeführten, etwas größeren EC145 ist und einen beträchtlichen Nischenmarkt, insbesondere im EMS-Bereich, bedient. Avionline in Trient produzierte ab 2002 jährlich sieben Hubschrauber vom Typ BK117 C-1. Dieser Schritt ermöglichte es dem Eurocopter-Werk Donauwörth in Deutschland, sich auf die Produktion der EC135 und EC145 zu konzentrieren und zu expandieren, um die Serienproduktion der Militärhubschrauber Tiger und NH90 aufzunehmen. Gleichzeitig wurde die industrielle Partnerschaft zwischen Eurocopter und der italienischen Industrie durch diese neue Vereinbarung weiter gestärkt. Bereits vor 2002 kaufte Eurocopter für die Produktionslinien in Frankreich und Deutschland Ausrüstungen im Wert von rund 20 Millionen Euro pro Jahr von italienischen Unternehmen. Diese Programme umfassten Getriebe von Fiat Avio sowie Kabinen und crashsichere Sitze von Sicamb. Mit der Auslieferung der letzten BK117 C-1 an Transportes Aereos Pegaso / Mexiko wurde nach über 30 Jahren das erfolgreiche Programm der BK117 (A1 bis C1)

Ein BK-117 C-1 (D-HNWQ) Baujahr 2004 der Landespolizei Nordrhein-Westfalen. Dies ist einer der letzten durch Eurocopter gebauten BK-117 C-1, denn seit dem Jahr 2000 wurde bereits die C-2 Versionen gefertigt. Dennoch lief die C-1 Produktion bis Mitte 2004.

Erstflug eines BK117 C-1 (SN 7007) 1990 in Frankreich.

zu Gunsten der moderneren und leistungsfähigeren EC145 (BK117 C-2) eingestellt. Bis dahin wurden bei KHI und MBB 443 BK117 gefertigt. Im September 2006 akkumulierte die BK117 Flotte zwei Millionen Flugstunden. Der BK117 ist bei den Betreibern als zuverlässiger Hubschrauber mit großen Kabinenvolumen besonders im Rettungseinsatz beliebt und begehrt. Er wurde international zu einem großen Erfolg. Die maximale Außenlast des BK117 C-1 beträgt laut Hersteller 1.500kg, was 3,307lb entspricht. Eine große Anzahl von zusätzlichen Ausstattungs-Bestandteilen wie Außenlautsprecher, starke Scheinwerfer oder elektrooptische und gyrostabilisierte Sensoren sind montierbar. Der BK117 war also sowohl für primäre Rettungseinsätze im Notfall-Rettungsdienst als auch für Einsätze der Sekundärluftrettung (interklinische Patientenverlegungsflüge) geeignet. Das macht den BK117 zu einem gefragten Einsatzmittel. Erst recht in den neuesten Varianten. Gerade die Option, den primären und sekundären Indikationsbereich gleichermaßen abdecken zu können, ist heute gefragt. Hintergrund hierfür ist meist die gewünschte möglichst sinnvolle Investition der immer knapper werdenden Finanzmittel. Darüber hinaus erfüllt der BK117 auch die Vorschriften der EU-weit gültigen Luftfahrtnormen (JAR-OPS 3). Die Joint Aviation Authorities (JAA), die bis dahin zuständig waren, wurden zum 30. Juni 2009 aufgelöst, wobei die meisten ihrer Aufgaben von der Europäischen Agentur für Flugsicherheit (EASA) in Köln übernommen wurden. JAR (Joint Aviation Requirements) OPS 3 regeln die Voraussetzungen und Betriebsvorschriften für den gewerblichen Verkehr mit Hubschraubern. Sie fordern von Hubschraubern der Luftrettung gegenüber den bisherigen gesetzlichen Regelungen unter anderem erhöhte Leistungsreserven für den Notfall. Für einige Muster bedeuteten dies das Aus. Da der BK117 diese Forderungen erfüllte, durfte er im Gegensatz zum BO105 auch über 2009 hinaus in der JAR OPS 3-Rolle betrieben werden. So ist zu erwarten, dass auch scharfe Sicherheitsvorschriften der Erfolgsgeschichte BK117 nicht abträglich sind. Unzählige ehemalige Notfallpatienten verdanken den Crews und diesem Hubschraubertyp ihr Leben. Eine Erfolgsstory, die sich sehen lassen kann – und ein Hubschrauber, der noch lange an Deutschlands Himmel zu sehen sein sollte.

MBB-BK117 C-1	
MCTOW	3350 kg (7385 lb)
Max. No. of Seats	8 (1 crew, maximum 7 passengers) Standard 11 (1 crew, maximum 10 passengers) with kit FMS 10-8
Noise Standard	LSL Chapter VIII dated January 1st 1991 (ICAO Annex 16, Volume 1, Chapter 8))
Engine	Turboméca Arriél 1E2 Type Certificate: Number E.073 Issued by: European Aviation Safety Agency

Serienentwicklung B117 C-2 (EC145, EC645, UH-72A)

Am 12. Juni 1999 fand auf dem Werksgelände von Eurocopter Deutschland in Donauwörth der Erstflug des EC145 statt. Der Flug wurde durchgeführt durch Testpilot Helmut Rückert und Flugtestingenieur Hubert Müller. Er dauerte etwa eineinhalb Stunden. Es handelte sich dabei um einen von Eurocopter gefertigten Prototyp mit der Kennung D-HMBK. Auch KHI in Japan hatte einen flugfähigen Prototyp zur Verfügung, der als zweites EC145-Exemplar zum Erstflug am 15. März 2000 startete. Die Geräuschsignatur des EC145 (BK117 C-2) lag etwa 60% unter der des BK117 C-1. Nachdem die Firma Eurocopter ihr Hubschrauber-Erfolgsmodell EC135 mehrere Jahre produziert hatte, entwarf die Firma Mitte der Neunzigerjahre ein Baumuster, welches die Charakteristika und Vorteile von BK117 und EC135 in sich vereinen sollte. Wesentliche Elemente des EC145 spiegeln die Mischung aus dem EC135 und dem BK117 wider. Unter dem Namen EC145 wurde das Produkt bekannt. Im Prinzip handelt es sich jedoch noch um eine Version des BK117, auch wenn der EC145 ein an sich neues Baumuster darstellt. Das Produkt als eine Variante des BK117 zu führen, hat jedoch Vorteile in Bezug auf die Baumusterzulassung und die Piloten-Ratings. Die Musterzulassung für den EC145 wurde sodann im Dezember 2000 vom deutschen Luftfahrt-Bundesamt und dem japanischen Amt für Zivilluftfahrt ausgestellt und von der Federal Aviation Administration (FAA) der Vereinigten Staaten Anfang 2002 bestätigt. Eurocopter und Kawasaki hatten dazu eine Vereinbarung getroffen, wonach beide Firmen die Hubschrauber unabhängig voneinander herstellen und vermarkten, während sie gemeinsam an der Entwicklung und Aktualisierung arbeiten sollten. Dies war nach der alten 50-50 Regelung eine neue Entscheidung und gab Eurocopter die größere Produktionsbeteiligung von 60%. Die Haupt- und Heckrotoren, Zwischen- und Heckgetriebe, Steuersysteme, die Cockpit- und Heckstruktur sowie das Fahrwerk oblagen in der deutschen Verantwortung. Kawasakis 40%-Beteiligung bezog sich auf Rumpfstruktur, Haupt-

Der Prototyp des BK117 C-2 im Flug 1999 und mit dem Eurocopter-Vermarktungsnamen EC-145. Während das Cockpit und wesentliche Elemente der modernen Technik der EC 135 entstammen, wurden viele Konstruktionsbestandteile wie etwa der Heckausleger samt dem freiliegenden Heckrotor von den BK117 A bis C-1 übernommen.

Ein Rettungshubschrauber EC-145 (BK117 C-2) der Schweizer Rettungsflugwacht REGA. Die Maschine wurde im Oktober 2019 aus dem Schweizer Luftfahrzeugregister gestrichen und von REGA nach Marokko verkauft.

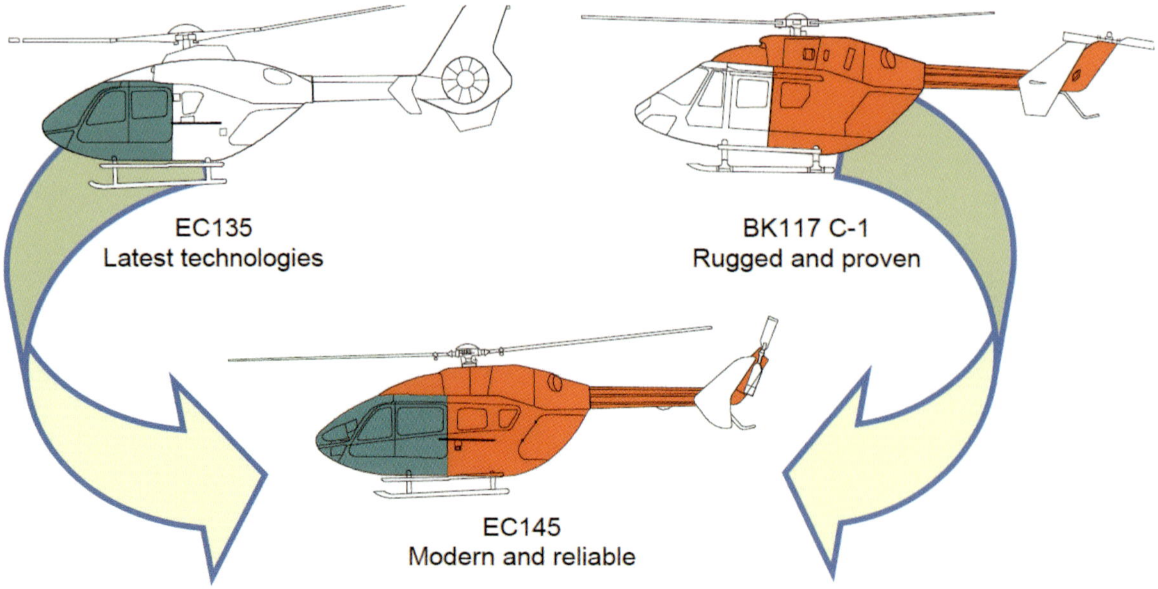

Das EC-145 (BK117 C-2)-Konzept vereinfacht skizziert.

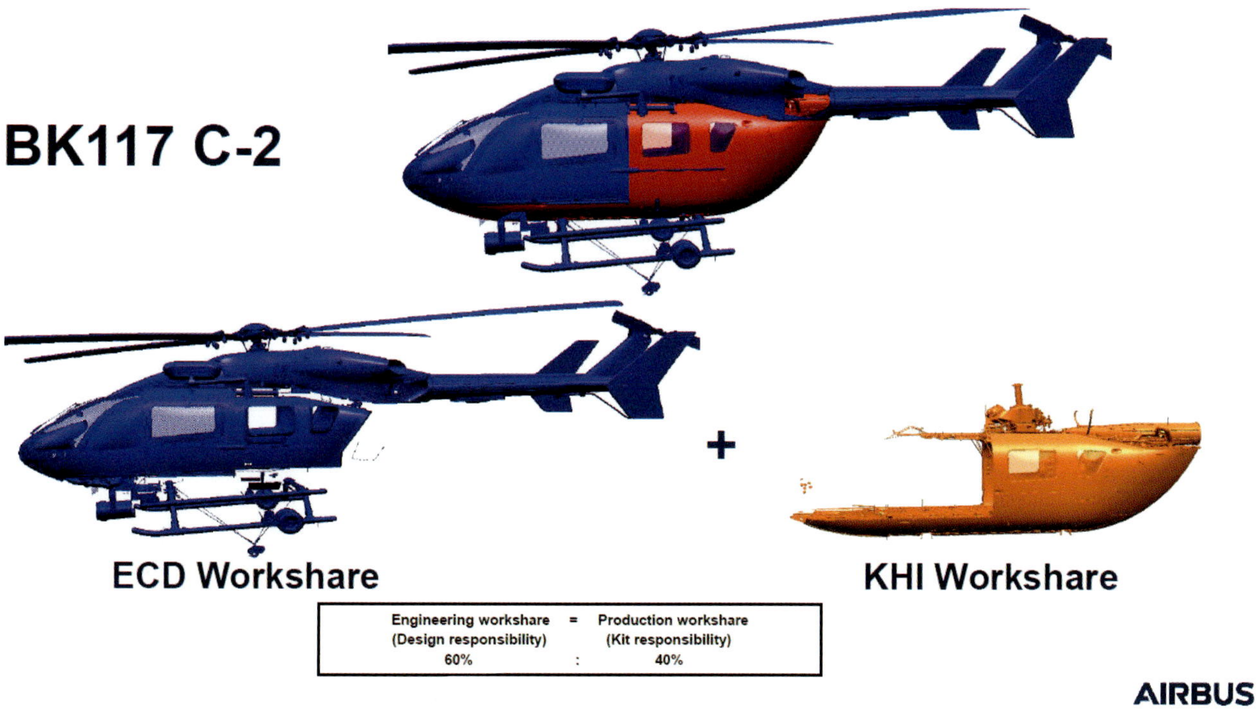

Industrielle Arbeitsteilung beim C-2-Modell der deutsch-japanischen Kooperationspartner AIRBUS Helicopters und Kawasaki Heavy Industries.

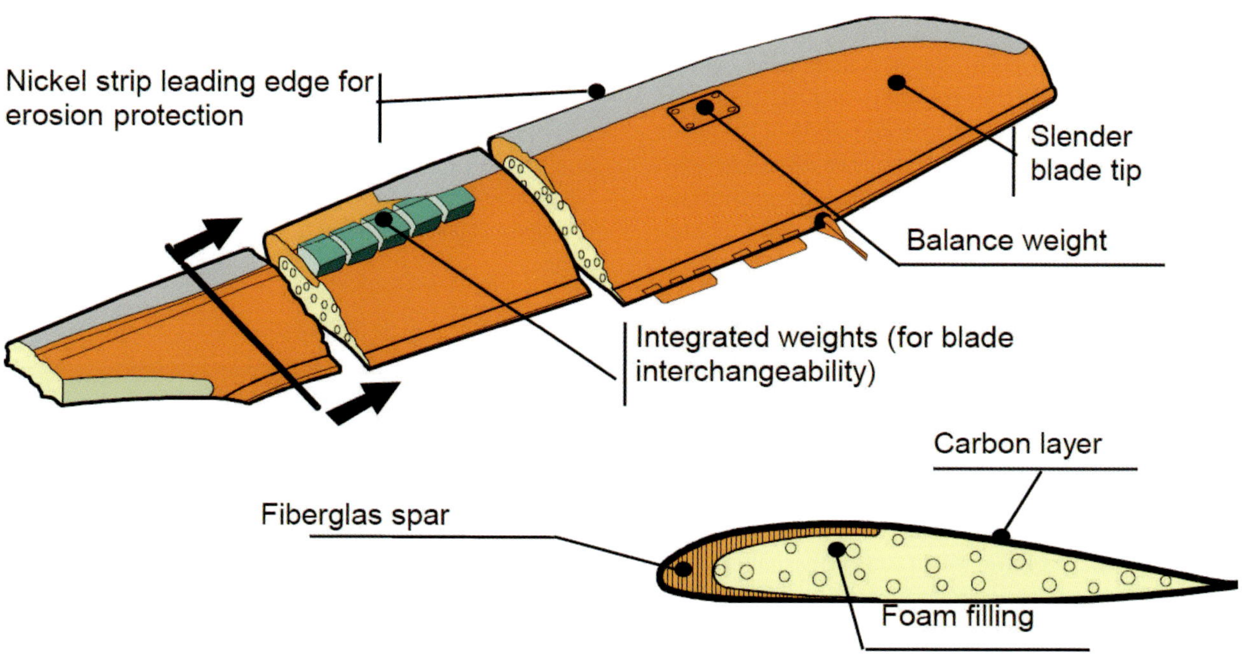

Die Composite-Struktur des Rotors in einer grafischen Darstellung.

getriebe, Elektrik und Kraftstoffsysteme. Gemeinhin wurden die Leistungsmerkmale des EC145 in Bezug auf die im Standardbetrieb nutzbaren Reserven noch etwas kritisch gesehen. Der Vorwurf der Untermotorisiertheit lag im Raum. Eurocopter ließ sich hier jedoch nicht lange etwas nachsagen und arbeitete stetig an Verbesserungen. Die Reichweite des EC145 gegenüber dem Vorgänger BK117 C-1 ist um 25 Prozent gesteigert worden. Die verbesserte Reichweite wurde durch windschnittigere Aerodynamik der Hauptzelle erreicht. Die Treibstofftanks befinden sich unterhalb der Kabine. Es handelt sich dabei um flexible Kerosintanks mit einer Aufnahmekapazität von je knapp 750 Litern, was in etwa maximal 600 kg Treibstoff entsprachen. Der EC145 nutzte einen Zweiblatt-Heckrotor und einen Vierblatt-Hauptrotor. Erfahrungen aus dem EC135 flossen mit ein. Es entstand jedoch ein spezieller Rotorblatt-Typ, welcher »Advanced Technology Main Rotor Blade« (ATR) genannt wurde. Die Rotorblätter sind mit einer Art Schaumstoff befüllt, welcher von Carbon und Fiberglas umhüllt wurde. Durch Gewichte innerhalb der Rotorblätter, ähnlich einer Wuchtung, wurde ein schwingungsarmer, leiser Betrieb möglich, der die ICAO-Dezibelgrenze deutlich unterschritt. Ein dritter EC145 Prototyp ging im April 2000 in Donauwörth in den Himmel. Er trug die Kennung D-HMBL. Der vierte Prototyp mit der Kennung D-HMBM folgte im Oktober 2000. Etwa 700 Flugstunden hatten die Prototypen zu diesem Zeitpunkt schon gesammelt, als die französischen Luftfahrtbehörden im Juni 2001 ihre Genehmigungen für den Betrieb des EC145 erteilten. Dementsprechend konnte im Juni 2001 während der Paris Air Show das Baumuster auf den Markt gebracht werden. Der französische Zivilschutz und die Gendarmerie hatten bereits im Jahr 2000 Verträge für den Ankauf von insgesamt 40 Exemplaren unterschrieben und waren neben der Schweizer Rettungsflugwacht REGA und der deutschen ADAC Luftrettung die ersten Großkunden des EC145. Aufgrund der späteren Musterzulassung in den USA, konnte Eurocopter den EC145 erst 2002 auf der Heli-Expo präsentieren. 2002 wurde auch die erste Serienmaschine an die Polizeifliegerstaffel Hessen ausgeliefert. Neben der hessischen Polizei mit drei EC145, bestellte auch Thüringen zwei Modelle. Der erste EC145 der Sécurité Civile wurde in Nîmes am 24. April 2002 ihrem Käufer übergeben. Die französische Gendarmerie erhielt ihr erstes Exemplar im Dezember des gleichen Jahres. Die Schweizer Rettungsflugwacht REGA übernahm schon früh ihre ersten EC145-Hubschrauber. An vier Stationen flog REGA mit diesem Typ, der dort die Agusta A109 K als Vorgänger ablöste. Angeblich aufgrund unzureichender Leistungsreserven setzte REGA die EC145 jedoch nur an ihren Basen im Schweizer Flachland ein. Ab 2016 stiegt REGA auf die neueren H145 / BK117 D-2 (EC145 T2) um. Zwei EC145 der ADAC-Luftrettung wurden im Juni 2003 offiziell übernommen und in Oberschleißheim eingeweiht (D-HWVS und D-HLRG). Die Kombination von Innen- und Außenabmessungen, Leistungsdaten, Reichweite und weiteren Parametern hatten zur Folge, dass der EC145 genauso wie der BK117 sowohl in der primären Notfallrettung als Notarzt-Zubringer als auch im Bereich der sekundären Patienten-Intensivtransporte von Klinik zu Klinik eingesetzt werden konnte. Doch die beiden ADAC EC145 standen 2018 zum Verkauf an, um auch dort Platz für den neuen H145 / BK117 D-2 (EC145 T2) zu machen. Ein weiterer EC145 wurde von der Deutschen Rettungsflugwacht e.V. (DRF) bestellt. Die Maschine wurde im August 2003 in Nürnberg erstmals der Öffentlichkeit vorgestellt. Bereits bei Markteinführung gingen viele Beobachter der Szene davon aus, dass der EC145 die Konkurrenten, wie den Bell 412 HP und den Vorgänger BK117 B und C-1 in Zukunft auf dem Markt der deutschen Luftrettung ersetzen könnte. Eine Flottenverkleinerung und ökonomisch günstige Wartungskosten waren im Trend. Der EC145 als Nachfolger für mehrere ältere Hubschraubermuster hatte somit sehr gute Chancen auf dem Markt. Seit 2004 war auch in den USA das EC145-Modell stark im Kommen. Vor allem im Emergency Medical Service (EMS) eingesetzt, wurde das Modell immer beliebter. Allein die DRF kaufte im Verlauf 17 EC145. Der ADAC erwarb insgesamt 14 Maschinen. Bis zur Einführung des zivilen T2-Modells im Jahre 2011 sollte sich der Trend so weiterentwickeln. Für den EC145 wurde es durch die T2-Variante etwas schwieriger auf dem Markt, doch eine positive Entwicklung aus ökonomischer Sicht bahnte sich schließlich für Eurocopter an: die Erschließung des militärischen Markts mit dem EC145/BK117 C-2 durch den Großkunden US Army.

Typenspezifika EC-145 / BK117 C-2 laut EASA-Protokoll.

MBB-BK117 C-2	
MCTOW	3585 kg (7904 lb)
Max. No. of Seats	10 (1 crew, maximum 9 passengers) Standard 11 (1 crew, maximum 10 passengers) with kit FMS 9.2-27
Noise Standard	LSL Chapter VIII dated January 1st 1991 (ICAO Annex 16, Volume 1, Chapter 8))
Engine	Turboméca Arriél 1E2 Type Certificate: Number E.073 Issued by: European Aviation Safety Agency

Serienentwicklung EC645 / UH-72A Lakota

Die USA und Kanada können aus entscheidenden Gründen von Airbus Helicopters als wichtiger Absatzmarkt betrachtet werden: Zunächst ist Nordamerika weltweit der ausgereifteste und – was die jährlichen Flugstunden aller dort verkauften Hubschrauber angeht – auch der aktivste Markt. Umso wichtiger und wertvoller war es für Airbus (damals EADS North America), einen historischen Sieg bei einer großen Ausschreibung für einen neuen Light Utility Helicopter (LUH) für die US Army zu erringen. Heute unterhält Airbus drei Hauptwerke in Nordamerika mit über 1.000 Mitarbeitern. Eine zivile und militärische Nutzer-Flotte mit mehr als 3.000 Hubschraubern werden durch Airbus als Marktführer dort betreut. Allein rund 500 Menschen arbeiten am Hauptsitz in Grand Prairie, Texas. Der UH-72A Lakota ist ein leichter Mehrzweckhubschrauber, der speziell für die Anforderungen der US-Armee entwickelt wurde. Die UH-72A wurden angeschafft, um die überalterten UH-1H Iroquois und OH-58 A/C Kiowa-Hubschrauber zu ersetzen. Im Grunde als EC645 (militärische Variante des EC145 / BK117 C-2) bereits einige Jahre schon wieder als »älteres« Muster durch den H145 im Portfolio ersetzt, konnte noch ein gigantischer Großauftrag mit dem EC645 erzielt werden, der bis heute noch seine Umsätze abwirft. Der UH-72A dient der US-Army hauptsächlich bei Logistik- und Unterstützungseinsätze innerhalb der USA. Er wird auch von der Nationalgarde der Army und der Katastrophenhilfe sowie für medizinische Evakuierungen eingesetzt. Man kann den UH-72A auch über den Übungsplätzen der US Army Trainings-Center in den USA und auch in Deutschland (Grafenwöhr bzw. Hohenfels Training Area des 7th Army Training Command) oft sehen. Airbus Helicopters übergab bis März 2018 423 UH-72A Lakota an die US Army, die US Navy und die National Guard. Bis 2022 werden es insgesamt 470 Lakotas sein. Während der Ausschreibungsphase 2005/2006 verwendete die damalige EADS North America die Bezeichnung UH-145 für die Einführung des leichten Mehrzweckhubschraubers. Die Lakotas werden bei Airbus Helicopters im Produktions-

Ein UH-72A Lakota der D Company 1-376th Aviation Battalion von der Nebraska Army National Guard während der Übung PATRIOT North 2016 auf der Volk Field Air National Guard Base in Wisconsin, USA.

Ein UH-72A der Platzmeisterei der 7th Army über dem US ARMY Joint Multinational Readiness Center (JMRC) auf dem Truppenübungsplatz Hohenfels 2019.

Eine schöne Weitwinkelaufnahme aus einem UH-72A Lakota der South Carolina National Guard aus dem Jahr 2015.

zentrum des Unternehmens in Columbus, Mississippi, hergestellt. Das Kompensationsgeschäft sah die Fertigung in den USA vor und wurde auch von Sikorski (Lockheed Martin) unterstützt. Cockpit und Kabine des UH-72A Lakota werden demenstprechend von der Nordam Group in Tulsa, Oklahoma, geliefert. Die Cockpitsitze vom Typ Simula werden von BAE Systems Mobility and Protection Systems (ehemals Armor Holdings Aerospace and Defense Group) in Phoenix, Arizona hergestellt. Selbst die Produktion der Meghas Avionik-Suite wurde von Europa in eine neue Thales-Produktionsstätte nach Irvine, Kalifornien, verlagert. Das automatische Flugsteuerungssystem des Hubschraubers wird von Sagem Avionics, Inc. geliefert und teilweise in der Produktionsstätte des Unternehmens in Grand Prairie, Texas, hergestellt. Das taktische Kommunikationssystem des UH-72A umfasst einen RT-5000-Breitband-Transceiver, der bei 29MHz bis 960MHz arbeitet, und zwei taktische P-2000-Kommunikationstransceiver. Wulfsberg Electronics liefert auch Navigations- und Kommunikationssysteme für EC145-Hubschrauber, die in zivilen und im Bereich »Special Mission« eingesetzt werden. Die Liste der amerikanischen Zulieferer ist lang und endet schließlich bei der elektrischen Rettungswinde Serie 44301 von Goodrich. Anbieter der UH-72A als Hauptvertragspartner der US-Army war die damalige EADS North America Defense, ein Teilkonzern von der damaligen EADS North America, deren hundertprozentige Tochter American Eurocopter den Hubschrauber in Columbus (US-Bundesstaat Mississippi) dann in die sogenannte »final assembly« brachte. Der Kampf um den Auftrag war nicht einfach, da mit Bell Boeing (Bell 210 und 412), MD Helicopters (MD 902 Explorer) und Agusta Westland (heute Leonardo AW139) starke Gegner antraten. Nach dem Sieg durch Airbus gab es die üblichen juristischen Unannehmlichkeiten durch die Verlierer, welche aber bald verstummten, als sie sahen, dass mit dem UH-72A lediglich Zubringerdienste und heimische Rettungseinsätze in Non-Combat Zones verrichtet werden sollten. Mit weit über 400 gelieferten Lakotas konnte Airbus den Vorgänger des H145M noch gewinnbringend am Markt platzieren.

Ein UH-72A Lakota der Nebraska Army National Guard (1-376th Aviation Battalion) beim Einsatz mit einem Rettungskorb 2019.

Exkurs: Von EC zu H

Airbus Helicopters benutzte bis Anfang 2015 für die Bezeichnung seiner Modelle einen einheitlichen Code, der sich aus drei Ziffern zusammensetzt. Diese Bezeichnungen haben sich auch durch die Umbenennung des Unternehmens von Eurocopter zu Airbus Helicopters Anfang 2014 nicht geändert. Das Benennungssystem kann folgendermaßen aufgeschlüsselt werden: Die erste Ziffer zeigt das Einsatzgebiet des Hubschraubers auf, wobei »1« für eine zivile, »6« für eine militärische Variante steht. Die zweite Ziffer steht für die Gewichtsklasse (Maximum Takeoff Weight, MTOW) und wird jeweils auf die nächstgrößere Tonne aufgerundet. Übersteigt sie 10 t, wird die Zehnerstelle zur ersten Ziffer addiert (z.B. H225). Die dritte Ziffer steht für die Anzahl der Triebwerke, wobei »0« für Hubschrauber mit einem und »5« für Hubschrauber mit zwei Triebwerken definiert werden. Beispiel: EC145, zivile Variante eines 3,7t-Hubschrauber mit zwei Triebwerken. Dieser Code gilt nicht oder nur teilweise für ältere Muster, also MBB BK117 A bis C-1 oder SA, AS). Denn letztere Bezeichnungen stammen aus der alten Konsolidierungsvorgeschichte von einst (Aérospatiale, Société Nationale Industrielle Aérospatiale ou SNIAS, Sud-Aviation, Société Nationale de Constructions Aéronautiques du Sud-Est, Messerschmitt-Bölkow-Blohm (MBB) und natürlich Messerschmitt-Bölkow-Blohm-Kawasaki (BK). Seit 2015 wird diese Logik – ersichtlich durch die Änderung des Präfixes »EC« in »H« – für neu entwickelte Modelle (erstmals mit der H160) nicht weitergeführt. Um den exakten Modelltypen zu erfahren, muss man genauer in das Typen-Zertifikat hineinsehen. Erst im Type Certificate – also auf der Typen-Plakette am jeweiligen Hubschrauber oder in den Musterzulassungspapieren der EASA – kann man genauere Informationen erhalten. Bereits bestehende Modelle, die jedoch weiterentwickelt werden, erhalten auch das »H«, während die älteren Typen nach wie vor »EC« heißen. Beispiel: Nur die neuen Versionen der EC145 ab dem Typ T2 / BK117 D-2 heißen H145. Bis zur Version EC145 / BK117 C-2 bleibt es bei der alten Bezeichnung bzw. bei ihren militärischen Lizenznamen (z.B. UH-72 / EC645). Für den neuen H145M gab es ebenfalls eine Eurocopter-Bezeichnung bis 2015 (EC645 T2), doch nach der Konsolidierung des Airbus Marketing-Portfolios wird nur noch vom »H145M« gesprochen, dessen Plakette jedoch das Type Certificate »BK117 D2m« anzeigt.

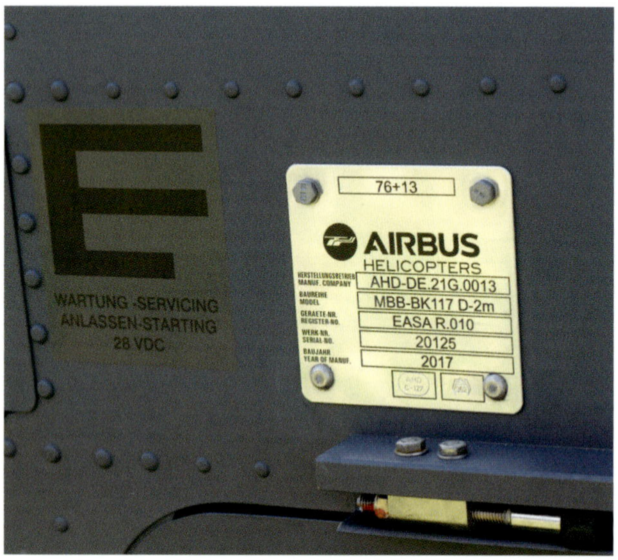

Auch wenn sich der H145 erst seit 2014 in der Produktion befindet gehört er dennoch zur BK117-Reihe. Diese Plakette zeigt die offizielle Werksbezeichnung (MBB BK117 D-2m) eines H145M LUH SOF der Luftwaffe und weist das Baujahr 2017 aus.

Die BK117-Musterübersicht verdeutlicht die beeindruckende Evolution und Entwicklungsgeschichte dieser äußerst erfolgreichen Baureihe.

Musterübersicht BK117

Zivil/Militärisch	Airbus Helicopters Vermarktungsname seit 2015	Eurocopter Vermarktungsname bis 2014	MBB Grundmodell/Werksmodell (intern)	Varianten
Zivil			BK 117 Prototypen	
Zivil			BK 117 A-1	
Zivil			BK 117 A-3	
Militärisch			BK 117 A-3m	
Zivil			BK 117 A-4	
Zivil			BK 117 B-1	
Zivil			BK 117 B-2	
Zivil			BK 117 C-1	
Zivil	EC145	EC145	BK 117 C-2	
Militärisch	UH-72A (AIRBUS USA)	EC645, UH-145	BK 117 C-2	UH-72A, H-72A (USA)
Zivil	H145	EC145 T2	BK 117 D-2	
Militärisch	H145M	EC645 T2 LUH	BK 117 D-2m	
Militärisch	H145M LUH SOF		BK 117 D-2m	
Zivil	H145 LUH SAR		BK 117 D-2	
Zivil	H145		BK 117 D-3 Fünfblattrotor	
Militärisch	H145M		BK 117 D3m Fünfblattrotor	

Serienentwicklung H145 (BK117 D-2, EC145 T2)

Im Jahr 2011 brachte Eurocopter mit der Bezeichnung EC145 T2 ein verbessertes EC145-Modell auf den Markt, mit dem der neue Typ auf der Heli Expo 2011 vorgestellt wurde. Der EC145 T2 stellt eine leistungsstärkere Variante des EC145 dar. Erstmals ist in der BK117-Serie auch ein Fenestron-Heckrotorsystem sowie ein verbessertes Hauptrotorgetriebe verbaut. Bei dem neuen Modell griff Eurocopter auf die Turbomeca Arriel2E-Serie zurück, welche sich durch eine Leistungssteigerung von 25 Prozent auszeichneten und wartungsfreundlicher waren als die bei der EC145 verwendeten Arriel 1E2. Die Zelle ähnelt äußerlich dem Vorgängermodell. Alle für den Piloten relevanten Informationen werden auf drei großen Displays abgebildet, die individuell je nach momentaner Anforderung konfiguriert werden können. Dabei handelt es sich um das von Airbus Helicopters entwickelte und sehr innovative Helionix-System. Zu den Charakteristika der Steuerung zählt auch die Regelung der Triebwerke, welche über die FADEC-Zweikanal-Technik erfolgt. Ein Vier-Achsen-Autopilot stellt eine weitere, nützliche Neuerung dar, die vor allem bei längeren Flügen eine erhebliche Entlastung des Piloten bedeutet. Mit dem ummantelten Fenestron-Heckrotor setzte Airbus Helicopters auch beim H145 auf die Technik, die sich bereits vor allem beim EC135 bewährt hatte. Das große Fenestron stellt somit das äußerlich größte Unterscheidungsmerkmal der neuen H145-Serie (EC145 T2 / BK 117 D-2) dar. So sorgt das Heckrotorsystem für Sicherheit bei Außenlandungen bei gleichzeitig geringem Lärmpegel. Der EC145 T2 (später H145 umgetauft) besitzt wie der EC135 nur noch horizontale Stabilisatoren am Heckausleger, da der große Heckrotor für genügend Richtungsstabilität sorgt. Die typischen BK117-Finnen fallen weg. Im April 2014 wurde die EASA-Musterzulassung für den EC145 T2 erteilt, im Oktober 2014 erfolgte die FAA-Zertifizierung. Die Hauptfertigungsstätte für den H145 befindet sich in Donauwörth. Airbus Helicopters gab 2014 bekannt, dass 2015 50 EC145 T2 hergestellt werden sollen. Mit der Einführung des H145 wollte Airbus Helicopters seine Monopolstellung in der Luftrettung erhalten, die vor allem dem Verkaufsschlager EC135 und natürlich zuvor dem BK117 zu verdanken war.

Der erste H145, damals noch als EC-145 T2 benannt flog 2010 erstmals. Das Fenestron ist das Hauptmerkmal der neuen BK117 D-2-Serie.

Charakteristische Innovationen des BK117 D-2 im Überblick.

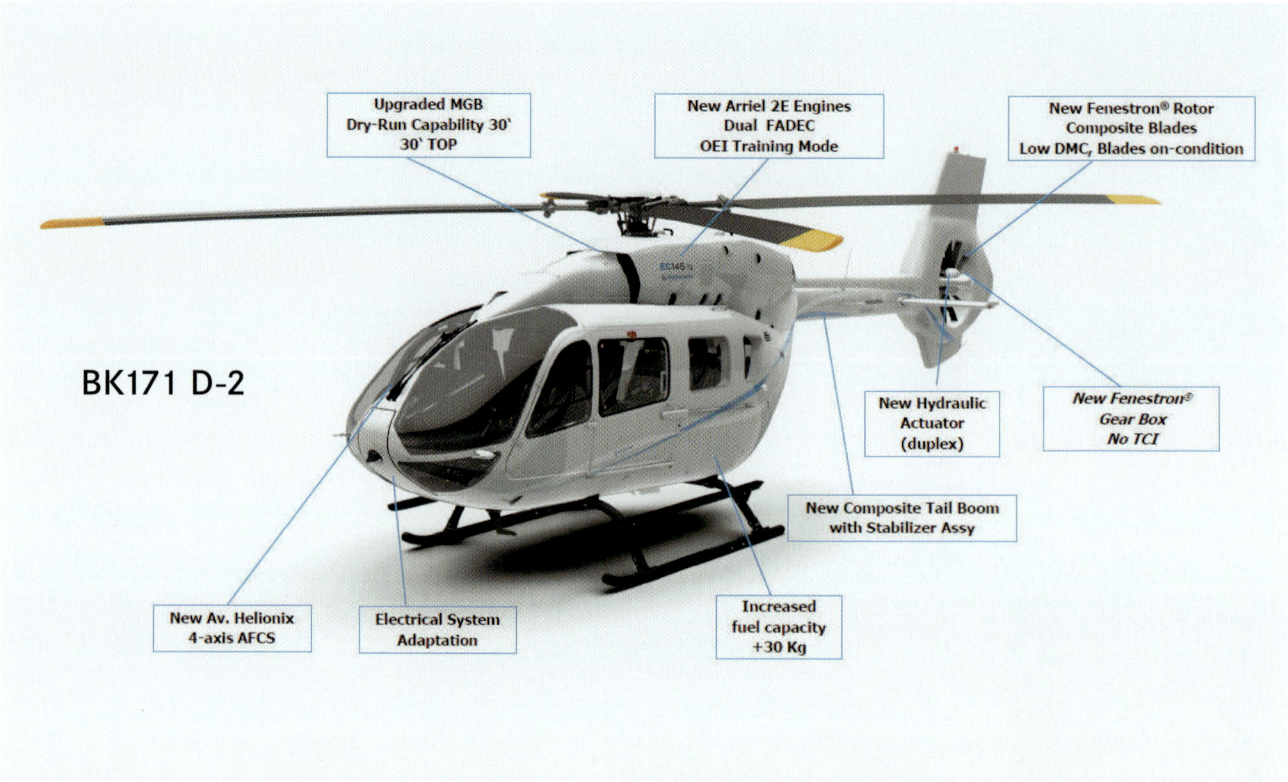

Grafik zur industriellen Arbeitsteilung zwischen AIRBUS Helicopters und Kawasaki Heavy Industries im BK117 D-2-Projekt.

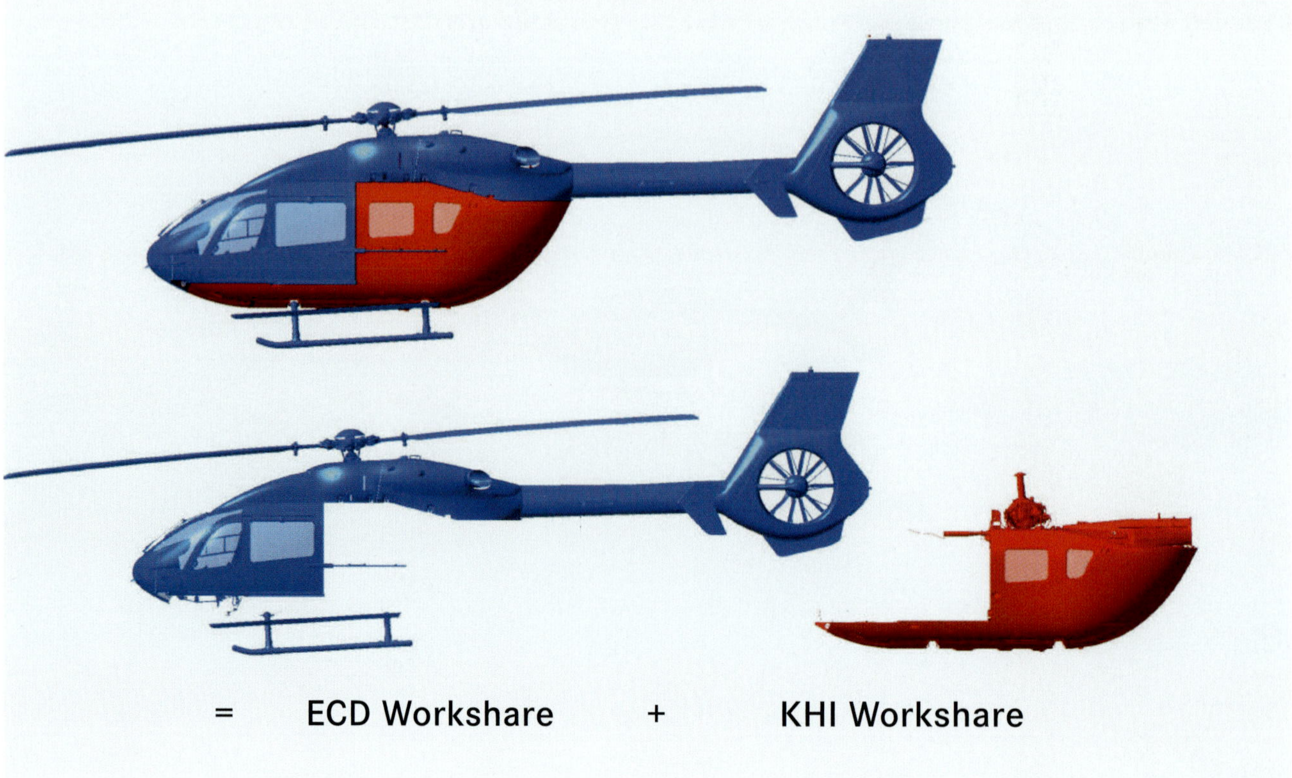

Die typischen BK117-Finnen waren anfangs noch beibehalten worden.. Im April 2014 wurde die EASA-Musterzulassung für den H145/EC145 T2 (BK117 D-2) erteilt, im Oktober 2014 erfolgte die FAA-Zertifizierung.

Der H145 Law Enforcement-Prototyp noch mit BK117-Finnen ausgestattet. Mit der Einführung des H145 wollte Airbus Helicopters seine Monopolstellung in der Luftrettung erhalten, die vor allem dem Verkaufsschlager EC135 und natürlich zuvor dem BK117 zu verdanken war. Aber auch der sogenannte Law Enforcement-Bereich wurde mit dem neuen Modell avisiert.

Ein H145 verbringt Beamte des Spezialeinsatzkommandos (SEK) während der Übung BWTEX 2019 (Baden-Württemberg Terrorismusabwehr Exercise). Seit 2016 sind sechs H145 im Dienst der Landespolizei Baden-Württemberg. Auch der Freistaat Bayern hat den Kauf von H145 angekündigt, um die überforderten EC-135 zu ersetzen.

Für den Polizei- und Anti-Terror-Einsatz wurde der H145 in der Zivilvariante in einer eigenen Vermarktungskampagne weltweit auf dem Behördenmarkt platziert – mit sehr großem Erfolg.

Die Nachteile des EC145 im Bereich Leistung und Sicherheit wollte man komplett neu überdenken. Das Fenestron ist nicht nur aufgrund der Verbesserung der Sicherheit attraktiv für die Luftrettung, sondern auch die dadurch erzielte Lärmreduktion, die vor allem an 24h-Stationen in stark besiedelten Gebieten zu einer Entlastung der Anwohner führt. Für das Militär spielt der Faktor Sicherheit auch eine immer größere Rolle, waren vormals oft nur die Funktion und Leistung im Vordergrund. Bereits im Vorfeld hatten die beiden größten Luftrettungsbetreiber in Deutschland, die ADAC Luftrettung gGmbH und die DRF Luftrettung gAG ihr Interesse am neuen Hubschraubermodell bekundet. Dies wurde durch einen Kaufvertrag der DRF Luftrettung mit einer signifikanten Stückzahl von 25 H145 gefestigt, die ADAC Luftrettung gGmbH orderte 14 Maschinen. Am 11. Februar 2015 hatte die »D-HDSF« der DRF Luftrettung ihren Jungfernflug als erster Rettungshubschrauber des Typs H145 in der deutschen Luftrettung und führte unter dem Funkrufnamen »Christoph München« eine Intensivverlegung durch. Der H145 erhielt in der Zwischenzeit Anfang Februar 2016 die Zulassung auch durch die japanische Luftfahrtbehörde. Während Kawasaki von den Vorgängermodellen des H145 eigene Baumuster für den japanischen Markt zertifizieren ließ, wurde der neue H145 nun Anfang Februar 2016 in Airbus Helicopters Version für Japan zugelassen. Kawasaki hat einen H145 erworben, der als Versuchsträger eingesetzt wurde, um darauf STC (Supplemental Type Certificate) – Ausrüstung aus Kawasaki-Herstellung testen und zulassen zu können. Im März 2016 trat mit der Umstellung in Murnau der nächste H145 in das deutsche Luftrettungsgeschäft ein, dabei handelte es sich um das erste Modell mit Rettungswinde unter der Kennung »D-HEMS«. Sukzessive wurden und werden immer mehr deutsche Luftrettungsstandorte, an denen ein BK117 oder ein EC145 zum Einsatz kamen, mit dem modernen H145 ausgestattet. Somit wird sich der H145 in naher Zukunft zusammen mit dem H135 zu einem der wenigen Standardtypen der Rettungshubschrauber in der Bundesrepublik etablieren. Im Dezember 2016 wurden auch die ersten UKMFTS H135 Juno und H145 Jupiter nach Großbritannien geliefert. Mit dem H145 Jupiter und dem H135 Juno sind die ersten beiden Hubschrauber von 32 in die Flotte von UK Military Training System (UKMFTS) aufgenommen worden. Sie markierten den Beginn einer neuen Ära in der militärischen Flugausbildung mit Hubschraubern in Großbritannien. Juno und Jupiter werden es den britischen Streitkräften ermöglichen, die Erstausbildung an einem zweimotorigen Vollglas-Cockpit Helikopter durchzuführen. Im Jahr 2019 wurden bereits 257 H145 an 90 Nutzer aus 35 Ländern verkauft. Die akkumulierte Flugstundenzahl der genutzten H145 Modelle kam bereits 2019 auf knapp 200.000 Stunden. Es kommen jedoch verschiedene Ausführungen zum Einsatz. So werden bei der DRF-Luftrettung ausschließlich Maschinen mit Wetterradar und ohne Rettungswinde vorgehalten. Sie befinden sich momentan bei 24h-Standorten wie München, Regensburg, Nürnberg, München und Berlin im Einsatz. Auch alle im Einsatz befindlichen H145 der ADAC-Luftrettung sind mittlerweile mit einem Wetterradar ausgestattet, welches von der ADAC Luftfahrttechnik eigenständig nachgerüstet wurde. Darüber hinaus befinden sich auch Maschinen mit Rettungswinde in der Flotte der ADAC-Luftrettung. An den Standorten in Sande, München, Murnau und Bautzen ist bereits je ein H145 mit Rettungswinde stationiert. Der am küstennahen Standort Sande diensthabende H145 der ADAC Luftrettung verfügt als erster regulärer Rettungshubschrauber in der öffentlich-rechtlichen Luftrettung über eine Notschwimmeranlage für Notwasserungen. Die Flottenmodernisierung der bedeutenden Luftrettungsbetreiber in Deutschland schritten seit 2014 weiter voran. Im Rahmen einer Feierstunde wurde am 24. Januar 2020 in Freiburg durch die DRF Luftrettung der neue Rettungshubschrauber vom Typ H145 offiziell eingeweiht. In der autonomen Provinz Südtirol hat der vierte Rettungshubschrauber 2020 seinen Betrieb aufgenommen. Neben den beiden bestehenden »Pelikan« 1 und 2 sowie dem »Aiut Alpin« wird nun »Pelikan 3« in einer zunächst dreijährigen Erprobungsphase zeigen, inwiefern er die notfallmedizinische Versorgung im Vinschgau verbessern kann. Geflogen wird der H145 in der Rettungsrolle oft mit einer Viermann-Crew (Pilot, Windenoperator, Flugretter, Notarzt), die bei Bedarf sogar noch um weitere Spezialkräfte (Bergretter, Fachärzte, Intensivpfleger, Hundeführer bei Lawineneinsätzen, etc.) ergänzt werden kann. Der H145 hat sich etabliert und gehört zu den Leistungsträgern der zivilen Rettungsfliegerei. Auch das Militär ist von den Vorzügen der hervorragenden Eigenschaften des H145 begeistert, was sich vor allem in der Entscheidung zeigte, den SAR-Dienst künftig mit dem H145 zu bestreiten.

MBB-BK117 D-2	
MCTOW	3650 kg (8047 lb) 3700 kg (8157 lb) – with Major Change E-3811 3800 kg (8377 lb) – with Major Change E-4449
Max. No. of Seats	10 (1 crew, maximum 9 passengers)
Noise Standard	CS36 Amendment 1 ICAO Annex 16, Volume 1, Chapter 8
Engine	Turboméca Arriél 2E Type Certificate: Number E.001 Issued by: European Aviation Safety Agency

H145 LUH SAR (EC145 T2 / BK117 D-2) bei der Bundeswehr

Das Wappen der SAR-Leitstelle Münster. Die Bundeswehr stellt den SAR-Dienst für die Zivilluftfahrt im Auftrag des Bundesverkehrsministeriums, gleichzeitig ist dieser Dienst für die militärische Luftfahrt zuständig.

Noch im Jahr 2019 hat Airbus Helicopters den ersten H145 LUH SAR (Light Utility Helicopter Search and Rescue) für den Such-und Rettungsdienst der Bundeswehr an das Bundesamt für Ausrüstung, Informationstechnik und Nutzung der Bundeswehr (BAAINBw) übergeben. Insgesamt wurden sieben Hubschrauber dieses Typs bestellt. Sie werden die in die Jahre gekommenen Such-und Rettungshubschrauber vom Typ Bell UH-1D ersetzen. Die bereits bei der Bundeswehr im Einsatz befindlichen Maschinen der H145-Familie haben sich gerade auch durch die sehr hohe Einsatzverfügbarkeit bewährt. Für das flexible und zuverlässige Muster werden bei der Bundeswehr wesentlich mehr Möglichkeiten für eine breite Palette von Aufgaben in allen Teilstreitkräften gesehen. Da die Bundeswehr auch für Such-und Rettungseinsätze (Search and Rescue, SAR) bei Flugunfällen auf deutschem Staatsgebiet zuständig ist, hält sie dafür eine Hubschrauberflotte in permanenter Einsatzbereitschaft. Zusätzlich stehen diese Hubschrauber für den nationalen Katastrophenschutz zur Verfügung. Die neuen Maschinen sollen an den Standorten Niederstetten, Holzdorf und Nörvenich stationiert werden. Airbus Helicopters ist auch für die Wartung, Instandsetzung und logistische Betreuung der Hubschrauber zuständig. Die Hubschrauber verfügen unter anderem über Hochleistungskameras, Suchscheinwerfer, Ortungssysteme für Notsender, eine vollwertige medizinische Ausrüstung, Rettungswinden sowie Lasthaken, die beispielweise für den Einsatz von Feuerlöschbehältern genutzt werden können. Erkennbar sind sie an der charakteristischen Lackierung der Türen in grellem Orange mit blauer Aufschrift »SAR«. Denn Staaten müssen laut internationalen Vorschriften einen Such- und Rettungsdienst (Search and Rescue – SAR) für Luft- und Seenotfälle vorhalten. Die Bundeswehr stellt den SAR-Dienst für die Zivilluftfahrt im Auftrag des Bundesverkehrsministeriums, gleichzeitig ist dieser Dienst für die militärische Luftfahrt zuständig. Für den SAR-Dienst auf See ist die Deutsche

Übergabe der ersten H145 LUH SAR in Donauwörth am 10. Dezember 2019.

Ein Markenzeichen des SAR-Flieger: Leuchtorangefarbene Schiebetüren. Die SAR-Leitstellen alarmieren grundsätzlich nur auf Hilfeersuchen der zivil tätigen Behörden. Verlässt der Einsatzbefehl die Leitstelle, sind die Hubschrauberbesatzungen der Kommandos, Nörvenich, Niederstetten oder Holzdorf in 15 Minuten in der Luft.

Die H145 LUH SAR verfügen unter anderem über Hochleistungskameras, Suchscheinwerfer, Ortungssysteme für Notsender, eine vollwertige medizinische Ausrüstung, Rettungswinden sowie Lasthaken, die beispielweise für den Einsatz von Feuerlöschbehältern genutzt werden können.

Insgesamt wurden sieben H145 LUH SAR bestellt. Sie ersetzten seit Ende 2019 die in die Jahre gekommenen Such- und Rettungshubschrauber vom Typ Bell UH-1D, die zuletzt noch von der 7. Staffel des Transporthubschrauberregiments 30 in Niederstetten eingesetzt wurden.

Gesellschaft zur Rettung Schiffbrüchiger (DGzRS) gemeinsam mit der Marine zuständig, die Hubschrauber für die Seenotrettung stellt. Für die Rettung über Land sorgen die Heeresflieger mit drei SAR-Kommandos in Nörvenich (NRW), Holzdorf (Brandenburg) und Niederstetten (Baden-Württemberg), die von der SAR-Leitstelle Münster gesteuert werden und deren Hubschrauber aus Niederstetten kommen. Sowohl SAR-Einsätze im Rahmen der nationalen militärischen Luftrettung (Bundeswehrpersonal) als auch Einsätze in der dringenden Eilhilfe zur Unterstützung des zivilen Rettungsdienstes gehören zum Alltag. Seit dem 1. Januar 2013 wechselte die Verantwortung über die Hubschrauber vom Typ Bell UH-1D von der Luftwaffe zum Heer. Dies alles Im Zuge der Neuausrichtung der Bundeswehr. Die von der Luftwaffe betriebenen »Hueys« wurden allesamt an das Heer abgegeben. Der damalige Befehlshaber des Luftwaffenführungskommandos, Generalleutnant Peter Schelzig übergab Ende 2012 in Landsberg am Lech (LTG 61) im Rahmen eines feierlichen Appells die Hubschrauber vom Typ Bell UH-1D und den SAR-Einsatzauftrag an die damalige Division Luftbewegliche Operationen (heute Division Schnelle Kräfte) und somit an das Transporthubschrauberregiment 30 in Niederstetten (Baden-Württemberg). Für die Luftwaffe endete somit die Nutzung des Waffensystems Bell/Dornier UH-1D als auch die über 50-jährige Geschichte des Luftwaffen-SAR-Dienstes mit einem feierlichen Fly Out der »Teppichklopfer«. Durch die Übernahme des SAR-Auftrags ab 2014 untersteht der SAR-Bereich auch der Division Schnelle Kräfte (DSK) in Stadtallendorf und wurde in Niederstetten beim Transporthubschrauberregiment 30 als 7. Staffel aufgestellt (7./TrspHubschrRgt 30), um den Auftrag SAR (Land) der Einsatzgruppe UH-1D SAR ab dem 01.01.2017 wahrzunehmen. Bis 2006 war die Bundeswehr auch im klassischen Luftrettungsdienst engagiert, die Hubschrauber mit Notärzten an Bord flogen. Nachdem aber die SAR-Retter mit ihren letzten noch verbliebenen etwa 30 (von vormals 350 Maschinen) dennoch regulär nach militärischen und nicht nach zivilen Regularien fliegen (Nachtflug und/oder Schlechtwetter), werden sie oft gerufen. Von den bundesweit etwa 120 zivilen Rettungshubschraubern verfügt im Grunde nur eine Handvoll (acht bis zwölf Maschinen) über die Nachtflugfähigkeit. Rettungswinden gehören ebenfalls nicht zur Standardausstattung allzu vieler ziviler Maschinen. Die Huey-Veteranen des SAR-Dienstes gehörten zu den letzten noch analog fliegenden Besatzungen. Auch die Kameraden von der Marine (SAR-Leitstelle Wasser) sind mit dem ebenfalls sehr zuverlässigen »Sea King« stolze Betreiber eines nostalgischen Oldtimers bis die Nachfolgemuster einsatzklar sind. Mit dem H145 LUH SAR hat die militärische Luftrettung im Inland sicherlich einen Quantensprung vollzogen, auch wenn die »Insider« nostalgisch an die alten Zeiten des »analogen« Fliegens zurückblicken. Die H145 LUH SAR-Maschinen sind jedoch keine M-Varianten, wie sie bereits bei der Luftwaffe als H145M LUH SOF (EC645 T2 / BK117 D-2m) eingeführt wurden, sondern gehören zur zivilen Line H145 (EC145 T2 / BK117 D-2). Die sieben Airbus H145 LUH SAR tragen die taktischen Kennungen 77+01 bis 77+07.

Serienentwicklung H145M (BK117 D-2m, EC645 T2)

In der Militärversion M in der Ausführung LUH SOF für die Luftwaffe wurden in rekordverdächtiger Manier 15 Modelle für die Luftwaffe gefertigt und geliefert. Bis heute sind aus der deutsch-japanischen Kooperation rund 1.400 Hubschrauber hervorgegangen, über 50 allein in der H145M-Version, die zusammen über fünf Millionen Flugstunden absolviert haben. Die Europäische Agentur für Flugsicherheit EASA hat den H145M im Mai 2015 zertifiziert und freigegeben. Damit war der Weg frei für die militärische Zulassung und die Auslieferung der ersten beiden Exemplare des militärischen Mehrzweckhubschraubers noch vor Jahresende 2015. Erstkunde war die Bundeswehr, genauer gesagt die Luftwaffe, die 15 Maschinen für die Spezialkräfteverbringung bestellt hat. Die Lieferungen der H145M für den zweiten Kunden, die thailändische Marine, liefen 2016 an. Neben der Bundeswehr und den thailändischen Streitkräften haben auch Serbien, Ungarn und Luxemburg das M-Modell bestellt. Kaum eine Bestellung komplexer Luftfahrtsysteme ging derart zügig und problemlos über die Bühne, wie es im Fall der 15 H145M LUH SOF für die Luftwaffe zu beobachten war. Alle Luftwaffen-Maschinen wurden zwischen 2015 und 2017 ausgeliefert, so dass zeitnah mit den umfassenden Truppentests begonnen wurde und die Maschinen noch im Jahr 2017 ihre Einsatzreife erhielten. Das HSG 64 kann seitdem das volle Repertoire seiner 4. Staffel abrufen und das KSK sowie das KSM auch im Ausland sowohl mit CH-53 als auch mit H145 unterstützen. Im April 2016 fand parallel zur Luftwaffen-Bestellung und Auslieferung die erfolgreiche technische Abnahme der beiden H145M in Donauwörth der Royal Thai Navy statt. Gleichzeitig übergab Airbus Helicopters die beiden H145M Hubschrauber an die Royal Thai Navy. Diese beiden H145M Hubschrauber blieben jedoch in Deutschland für das Pilotentraining bei der Airbus Helicopter Training Academy.

Eine H145M Werksmaschine bei Waffenerprobungen 2018. Das AIRBUS-Vorgängerunternehmer EADS bereitete 2009 den damals noch unter der Bezeichnung EC645 bekannten Hubschrauber als Armed Scout 645 für den Wettbewerb um den Armed Reconnaissance Helicopter (ARH) der US-Army vor. Das Resultat war die militärische Version des EC145T2 – heute H145M genannt.

Einer der ersten H145M Demonstratoren mit seitlichen Rohrwaffen auf dem AIRBUS-Gelände in Donauwörth. Die Modelle H145M gehören offiziell zur Baureihe BK117 D-2 und tragen die Kennung D-2m.

Der H145M ist für ein breites Spektrum militärischer Aufgaben vorgesehen, darunter Transport, Aufklärung, Such- und Rettungseinsätze, Feuerunterstützung und die Evakuierung von Verletzten.

Der H145M kann für seine Einsätze unter anderem mit einem drehbaren Bordmaschinengewehr an den Seitentüren sowie mit Mehrzweck-Halterungen für weitere Außenwaffen ausgestattet werden. Elektrooptische und Infrarot-Sensoren für die Zielerfassung und Aufklärung gehören ebenso zum Ausrüstungspaket wie militärische Bordavionik für Kommunikation, Navigation und Flugsteuerung.

Grafik der unterschiedlichen Einsatzoptionen: der H145M kann kundenspezifisch angepasst werden. Nach der Bundeswehr 2016 wurden unter anderem Thailand, Serbien, Ungarn und Luxemburg erste Kunden des H145M. Die Modelle sind nicht ausnahmslos identisch, sondern beinhalten unterschiedliche Ausrüstungen.

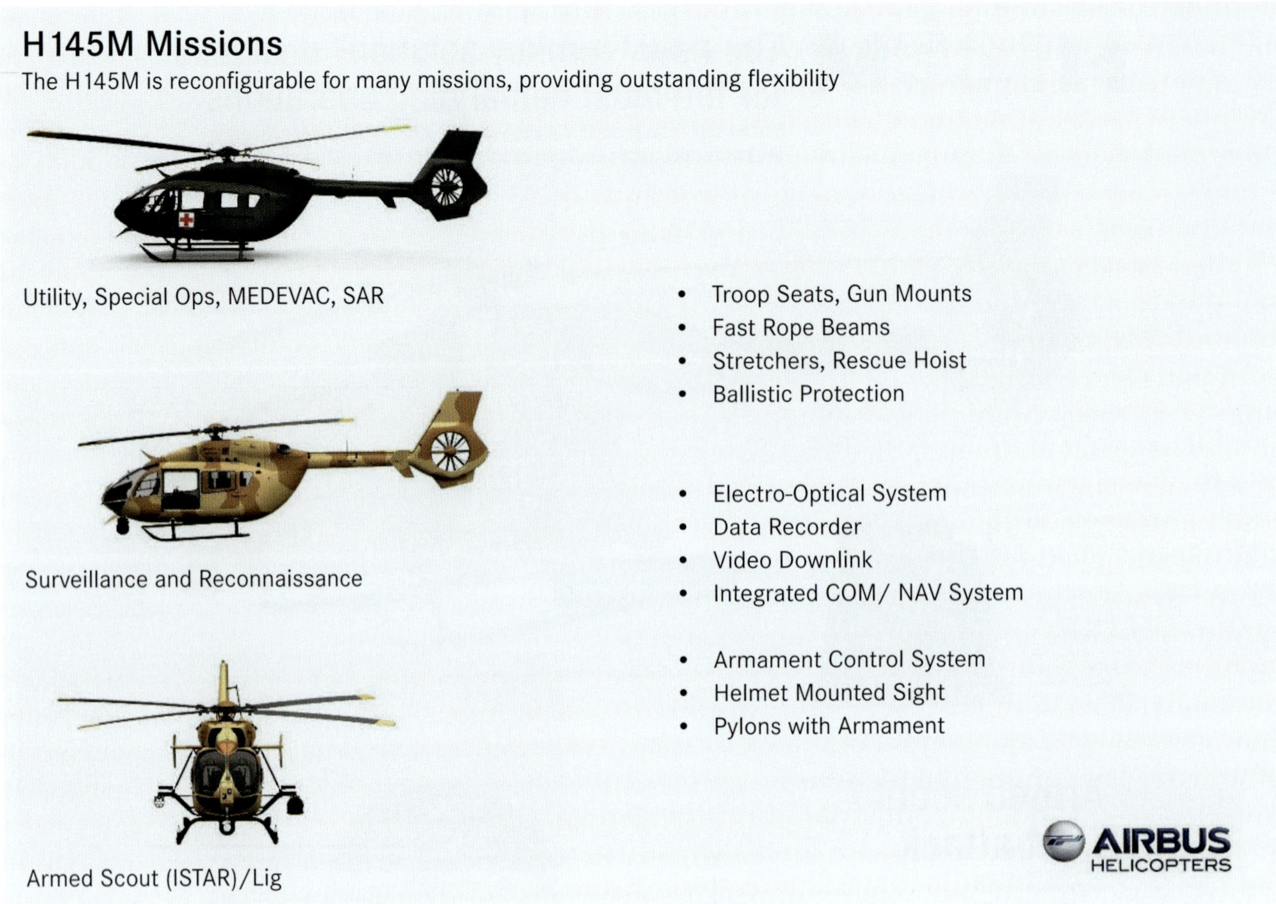

Optische Unterschiede zwischen der zivilen und militärischen Variante gibt es ohne Bewaffnung nur wenige: neben militärtypischen Tarnfarben, fallen vor allem die Kabelschneider, die Sensoren sowie die Flare/Chaff-Dispenser zuerst auf.

Rechts: Die technischen Daten des H145M (BK117 D-2m) entsprechen dem zivilen Modell (BK117 D-2).

H145
(Civil Version)

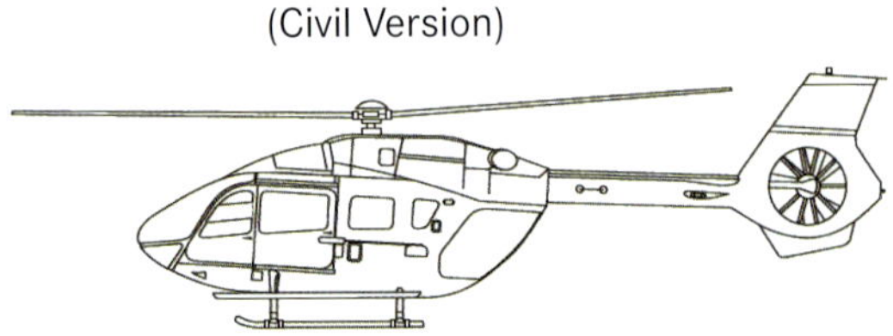

H145M
(Military Version)

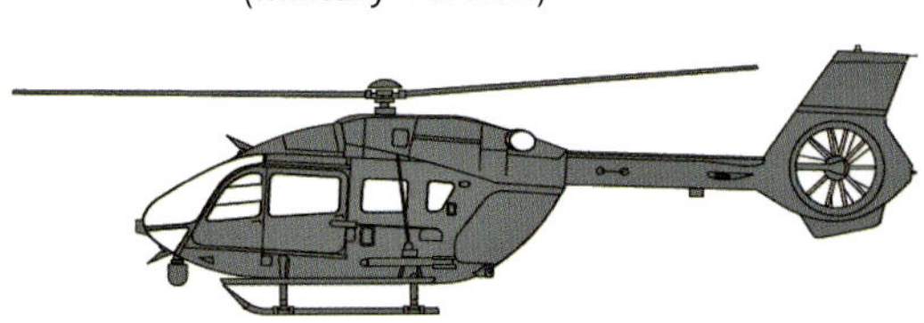

Tech Data

Capacity	Engine	Fast cruise speed	Max. range
1-2 pilots + up to 10 troops	2 Turbomeca ARRIEL 2E turboshaft Dual channel FADEC	240 km/h - 129 kts	638km - 345 NM

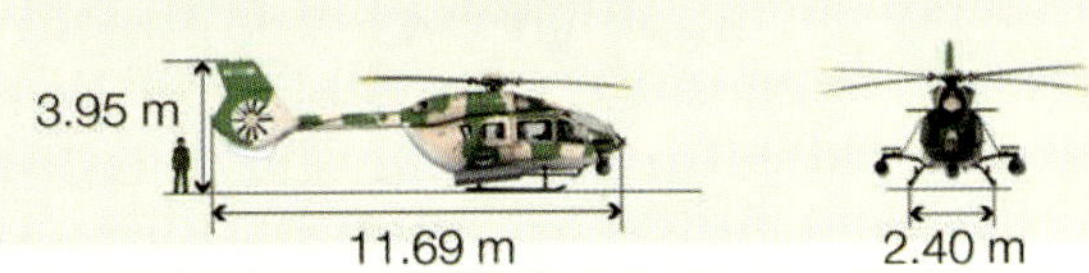

Ein H145M der serbischen Armee. Die serbischen H145M übernehmen sowohl Rettungs- als auch Überwachungsaufgaben und sind ebenfalls für die Verbringung von Spezialkräften zuständig.

Ein H145M der ungarischen Luftwaffe im Hangar auf der Szolnok Air Base. Die ungarischen H145M übernehmen sowohl den Einsatz mit Spezialkräften als auch die Rolle eines leichten Kampfhubschraubers, um die veraltete Mi-24 Hind-Flotte zu entlasten.

Serienentwicklung H145 (BK117 D-3) Fünfblattrotor

Airbus Helicopters stellte auf der Heli-Expo 2019 in Atlanta eine neue Version des Erfolgsmodells H145 vor. Das am Airbus-Stand präsentierte neueste Modell des leichten zweimotorigen Multimissions-Hubschraubers ist mit einem innovativen Fünfblattrotor ausgestattet. Damit kann der H145 150 kg mehr an Last aufnehmen. Zugleich erschließen sich neue Dimensionen bei Komfort, Wartungsfreundlichkeit und Konnektivität. Durch den neuen Fünfblattrotor konnte die Gesamtleistung beträchtlich gesteigert werden. Das maximale Startgewicht des H145 beträgt nun 3.800 kg und die Nutzlast entspricht dem Leergewicht des Hubschraubers. Die einfache Konstruktion des neuen lagerlosen Hauptrotors wird künftig Wartungsarbeiten erleichtern und die beispielhafte Einsatzfähigkeit und Zuverlässigkeit des H145 weiter verbessern. Neu dabei ist, dass die Rotorblätter ohne weitere Gelenke direkt am Hauptrotormast angeschlossen sind. Zugleich wird der Flug für Passagiere und Besatzung noch angenehmer. Durch den geringeren Rotordurchmesser kann der H145 in einem stärker beengten Umfeld eingesetzt werden als bislang. Der neue H145 erschließt Kunden und Betreibern durch die Integration des drahtlosen Airborne Communication System (wACS) eine neue Dimension der Konnektivität und ermöglicht die nahtlose, sichere Echtzeitübermittlung der vom Hubschrauber generierten Daten, auch während des Flugs. Im Juni 2020 erhielt das D3 Modell von der EASA die Musterzulassung. Die Zertifizierung umfasst auch die Single-Pilot IFR Operation sowie die Single Engine Operation (Cat.A/VTOL). Die ersten Auslieferungen folgten noch im selben Jahr. Das Upgrade wird auch den aktuellen H145-Kunden als Nachrüstoption angeboten, damit sie ebenfalls von den Verbesserungen bei Nutzlast, Wartung und Komfort profitieren können. Die Bundeswehr-Maschinen sind jedoch bis dato mit dem Vierblattrotor ausgestattet. Eine Umrüstung ist unwahrscheinlich. Ab dem vierten Quartal 2020 rüstete hinghegen die DRF Luftrettung als Großkunde ihre H 145 von vier auf fünf Rotorblätter um. Hierzu wurden die sogenannten SB Retrofit-Kits an den Luftrettungsbetreiber geliefert. Die Luftrettungsorganisation stellt ihre gesamte H145-Flotte auf das Fünfblatt-System um und unterzeichnete im Januar 2020 einen Kaufvertrag über 15 weitere H145 (BK117 D-3), sodass insgesmat 35 H145 betrieben werden können.

Den mit einem Fünfblattrotor leistungsgesteigerten H145 (BK117 D-3) hat AIRBUS Helicopters auf der Heli-Expo 2019 in Atlanta erstmals der Öffentlichkeit vorgestellt.

Airbus führte den Fünfblatt-H145 der europäischen Zulassungsbehörde EASA Anfang 2020 zur Zertifizierung vor. Man kann das D-3-Modell neu kaufen oder als Bestandskunde in Form eines Upgrade-Kits für vorhandene Maschinen zur Nachrüstung einsetzen.

Ein H145 (BK117 D-3) mit Fünfblattrotor ist am 25. September 2019 bei einem Höhenerprobungsflug auf dem Gipfel des 6961 m hohen Aconcagua in Argentinen gelandet.

H145M (BK117 D-3m) Fünfblattrotor

Für den militärischen H145 mit dem Fünfblattrotor arbeitet Airbus Helicopters seit 2019 an einem Konzept, den H145M mit einem Tarnsystem (Obscuring System) auf Basis eines »Nebelwerfers« auszurüsten, um bei kritischen Gefechtsfeldoperationen einen zusätzlichen Schutz zu bieten. Diese Art von System wird bereits zum Schutz von Gefechtsfahrzeugen eingesetzt, aber soweit bekannt ist, ist Airbus der erste Anbieter, der dieses System für Hubschrauber in Erwägung gezogen hat. Auch der Freistaat Bayern hat den Kauf von H145 angekündigt, um die überforderten EC-135 zu ersetzen., das bereits Machbarkeitstests durchlaufen hat, wurde Ende 2019 bei einem Mediengespräch in Donauwörth vorgestellt. Das System wird von bestehenden oder zusätzlich anzubringenden Dispensern aus eingesetzt, die um den Hubschrauber herum verteilt sind, wodurch schnell eine »Nebelwolke« um den Hubschrauber entsteht. Der Nebel verdeckt nicht nur die Sicht auf den H145M, sondern hat auch infrarotabschirmende Eigenschaften. Das System soll zusätzlichen Schutz beim Verbringen von Spezialkräften in umkämpften Lande- oder Absetzzonen (Hot Landing Zones) bieten. Die Verwendung des Systems würde auch die Sicht der Hubschrauberbesatzung verdecken und könnte nur dann sicher eingesetzt werden, wenn die Besatzung über ausreichend verbesserte synthetische Sichtsysteme verfügt. Das marktverfügbare Rosy_L – (Rapid Obscuring System_Land) von der Firma Rheinmetall Defence bietet militärischen und zivilen Fahrzeugen Schutz vor unerwarteten Angriffen bei Erkundungs- oder Konvoifahrten und wurde erstmals auf fligenden Plattformen getestet. Im Gegensatz zu herkömmlichen Nebelschutzsystemen erzeugt Rosy_L neben der spontanen, großflächigen und multispektralen Sichtlinienunterbrechung auch dynamische Nebelwände und schützt somit auch fahrende Objekte langanhaltend. Durch die IR Jamming- und Decoying Effekte können fast alle Arten gelenkter Waffen wirksam abgewehrt werden. Das Tarnsystem ist eine von mehreren Verbesserungen, die für den H145M in Betracht gezogen werden. andere umfassen die Hinzufügung von Radarwarnempfängern zu den derzeitigen Raketenwarnsensoren, um die Verteidigungsanlage elektronisch zu schützen. Auch an Hitze abweisenden Triebwerksauslässen wird gearbeitet,

Airbus Helicopters und Schiebel haben mit der H145-Plattform und dem unbemannten Hubschrauber CAMCOPTER® S-100 erfolgreich den Verbundeinsatz bemannter und unbemannter Luftfahrzeuge (Manned-Unmanned Teaming, MUM-T) getestet. Dabei haben sie für diese Technologie als erste europäische Hubschrauberhersteller die höchste Interoperabilitätsstufe LOI5 erreicht.

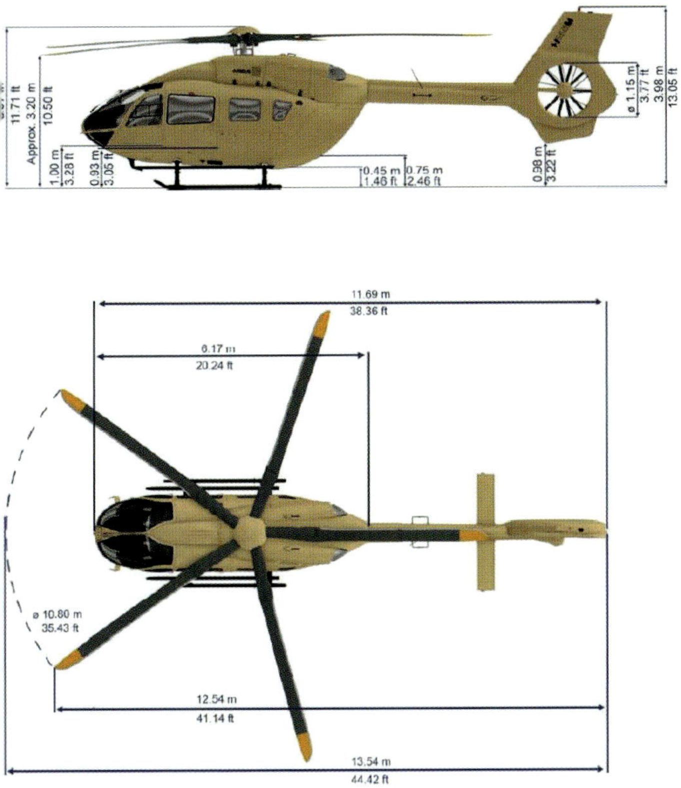

Grafische Ansicht des neuen H145M (BK117 D-3m) mit Fünfblattrotor.

um die Infrarotsignatur des Hubschraubers weiter zu reduzieren. Das Unternehmen hat auch MUM-T (Manned Unmanned Teaming) Versuche, die einem Schiebel S-100 Camcopter mit einbezogen mit einem H145M erfolgreich durchgeführt. Piloten des H145M könnten mit dem MUM-T-Verfahren künftig jederzeit die Kontrolle über in der Nähe befindliche Drohnen übernehmen und erhalten Zugriff auf deren Sensoren, Live-Kamera-Streams und Waffen. Ein Drohnenschwarmangriff ist ebenfalls möglich. Mit MUM-T wird die Reichweite des H145M deutlich erhöht. Die Piloten können nun bereits lange vor dem Anflug ins Zielgebiet mit den Drohnen ihre Ziele in weiter und sicherer Entfernung auskundschaften und diese problemlos im Blick behalten, auch wenn die Ziele sich schnell bewegen. Bereits 2018 haben Airbus Helicopters und Schiebel mit der H145-Plattform und dem unbemannten Hubschrauber CAMCOPTER® S-100 erfolgreich den Verbundeinsatz getestet. Dabei haben sie für diese Technologie als erste europäische Hubschrauberhersteller die höchste Interoperabilitätsstufe LOI5 erreicht. Bei den Testflügen haben die beiden Unternehmen mit dem österreichischen Amt für Rüstungs- und Wehrtechnik zusammengearbeitet. Die beiden Luftfahrzeuge absolvierten verschiedene Einsatzszenarien und spürten unter anderem versteckte Objekte an Orten auf, die für klassische Hubschrauber unzugänglich sind. Der S-100 wurde von einem Bediener an Bord des H145 geführt. Während der Flüge übergab der Pilot die Steuerung des unbemannten Hubschraubers zeitweise an eine Bodenstation, um einen Tankstopp des bemannten Hubschraubers zu simulieren. Bei den Tests erreichten Airbus Helicopters und Schiebel die gemäß MUM-T-Einstufung höchste Interoperabilitätsstufe LOI5. Gemäß dieser kann die bemannte Plattform die unbemannte sogar in der Start- und Landephase kontrollieren und steuern. Die niedrigste Stufe, LOI1, beschränkt sich auf den indirekten Empfang und/oder die Übertragung von Sensordaten des S-100 an die bemannte Maschine. Die MUM-T Technologie ist längst keine utopische Zukunftsmusik mehr. Die Neuerungen des D-3-Modells des H145M wird auch MUM-T immer konkreter werden lassen. Airbus wird mit einer Zertifizierung der Fünfblattrotor-Nachrüstung für den militärischen H145 (BK117 D-3m) ab dem Jahr 2021 rechnen können und künftige Bestellungen werden alle diese Konfigurationen aufweisen, wenn gewünscht.

H145M Exportausstattung: HForce – Airbus Generic Weapon System (GWS)

Seit Ende der Zertifizierungsphase des H145M 2018 machte man sich nicht nur auf Seiten der Streitkräfte Gedanken um die Erweiterung des Verbringungsmittels mit wirkungsvollen Waffensystemen und Wirkmitteln, sondern vor allem auch der Hersteller Airbus tüftelte bereits Jahre zuvor an neuen Bewaffnungs-Paketen für die militärischen Hubschrauberserien. Das Ergebnis war das HForce-Projekt. Das Airbus-Managementsystem für Waffen, genannt HForce Generic Weapon System (GWS), ist ein innovatives, integrativ-modulares Waffen-Paket, das sich adaptiv und einheitlich für die Hubschraubervarianten H125M, H145M sowie H225M einrüsten lässt. HForce ist quasi eine Waffensystemplattform, die in mehreren Versionen missionsbezogen eingerüstet werden. Die Luftwaffe entschied sich zwar nicht für die Standard-H Force Pakete aus den Jahren 2017, jedoch werden weiterhin adäquate Bewaffnungsoptionen seitens der Luftwaffe im Auge behalten. Das MG6 gehört nicht zur H Force-Familie und zeigt daher die individuellen Anforderungen der Luftwaffe.

Ein mit der HForce-Waffenplattform ausgestatteter H145M bei der Werkserprobung durch Airbus Helicopters.

Eine Airbus Werksmaschine stößt während der Waffen- und Sensorentests des HForce-Systems Hitzefackeln (Flares) aus, nachdem die EWS-Anlage eine Luftbedrohung festgestellt hat.

Denn auch das HMP400 als koaxiale und starre Bewaffnung wurde für die Spezialkräfte als ungeeignet eingestuft. SOF-Hubschrauber anderer Länder nutzen zwar koaxial und nach vorne gerichtete Waffen – wenn auch eher selten und nur in der Direct Action Penetrator (DAP)-Rolle (z. B. AH-6 »Little Bird« oder der MH-60 DAP des 160th SOAR/A). Als leichter Mehrzweckhubschrauber zur Verbringung von Spezialkräften ist der H145M LUH SOF auf die Bedürfnisse des KSK und KSM maßgeschneidert. Doch die Bedürfnisse der Speerspitze der deutschen Streitkräfte lassen sich nicht nur auf aviatische Fertigkeiten des Hubschraubers reduzieren, sondern verlangen in der Gesamtheit der Performance eines SOF-Hubschraubers natürlich auch Missionsspezifika, die dem aktuellen Geist der Bundeswehr zunächst nicht gefallen, jedoch – die Zeichen der Zeit erkennend – unverzichtbar sein werden. Die Rede ist von offensiven Optionen im Rahmen der Auftragserfüllung. Die Kabelvorbereitungen für das HForce-System werden bereits bei der Herstellung der Hubschrauber berücksichtigt. Im Grunde auch, wenn der Käufer keine Sonderwünsche geäußert hat. Bereits im Sommer 2017 hat Airbus in Ungarn auf der Pápa Airbase Systeme, wie FN Herstal HMP400, Thales FZ23, Nexter NC621 auf dem H145M in Verbindung mit dem elektrooptischen Zielerfassungs-System MX15 und dem neuen HMSD (Helmet Mounted Sight Display) getestet. Nach Abschluss der Ungarn-Tests ging es dann im Dezember 2017 nach Älvdalen zum Testzentrum des schwedischen Verteidigungsministeriums. Dort wurden Systeme, wie die lasergelenkten 70 mm-Raketen der Thales-Tochter Forges de Zeebrugge FZ275 LGR in Verbindung mit dem MX-15D-Zielerfasser erfolgreich getestet. Die zur Flugerprobung verwendeten H145M können mit einem 12,7 x 99 mm-Maschinengewehr (.50 cal) des Typs FN HMP400 Pod des belgischen Konzerns FN Herstal sowie einer 20 mm-Kanone des Typs NC-621 des französischen Herstellers Nexter ausgestattet werden.

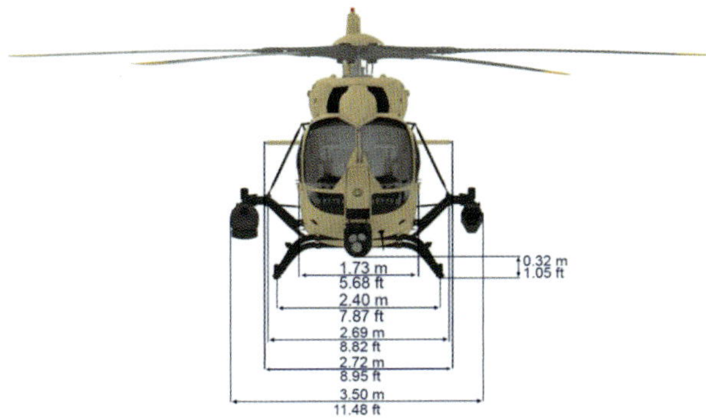

Grafische Frontalansicht eines H145M mit den systemtypischen seitlichen Waffenträgern sowie dem elektro-optischen Sensorbehälter (MX-15Di) unter der Bugnase. Zusammen mit dem MX-15Di e/o-Behälter von L3 Wescam und dem Thales Scorpion Helmet Mounted Sight Display (HMSD) sowie natürlich den dementsprechenden Waffen-Bedienelementen im Cockpit wird das HForce Generic Weapon System (GWS) am H145M angewandt.

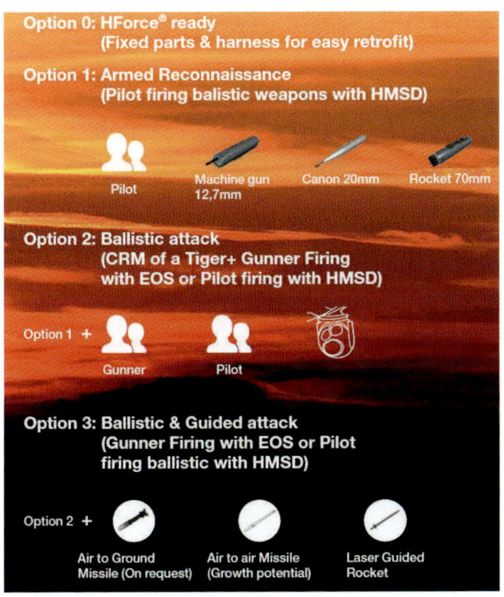

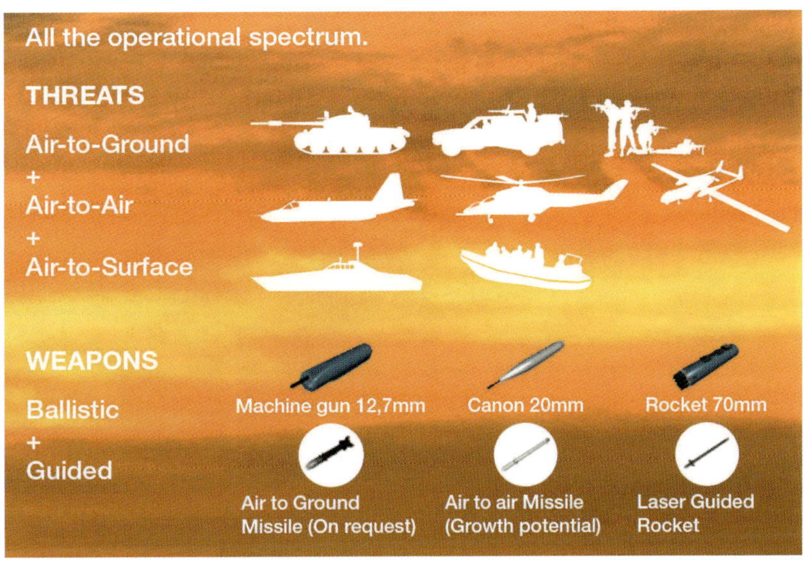

Links: Die Einsatzoptionen des HForce-Systems für die Plattform H145M laut Hersteller.

Rechts: Das operative HForce-Einsatzspektrum in einer grafischen Darstellung des Herstellers. Im Gesamtkonzept des bewaffneten H145M LUH SOF ist ein Zentralrechner von Rockwell Collins Deutschland (FMC-4212 inkl. Mehrkernprozessor sowie TV-Fähigkeit) Teil des HForce-Pakets.

Ein FN HMP400 Pod mit dem 12,7 x 99 mm-Maschinengewehr (.50 cal) an einem Kampfhubschrauber »Tiger« des Heeres.

Die zur Flugerprobung verwendeten H145M wurden sowohl mit dem FN HMP400 (Vordergrund) des belgischen Konzerns FN Herstal als auch mit einer 20 mm-Kanone des Typs NC-621 (Hintergrund) des französischen Herstellers Nexter getestet. Nutzerstatten können aber auch Waffen russischer oder osteuropäischer Hersteller in das HForce-Paket integrieren.

Abschuss lasergelenkter 70 mm-Raketen der Thales-Tochter Forges de Zeebrugge FZ275 LGR in Verbindung mit dem MX-15D-Zielerfasser während der HForce Waffentests am H145M.

Die klassischen 70 mm-Raketen (z.B. Hydra 70 / 2.75 Zoll mit M261 Startgerät am AH-64 Apache) sind jahrzehntelang als ungelenkte Luftartillerie bei westlichen Luftfahrzeugen im Einsatz gestanden. Die Nutzung der Abschussvorrichtung für gelenkte Waffen dieser kleinen Kaliber ist eine innovative Neuerung. Hierfür wird allerdings ein kleinerer 12-fach-Werfer am H145M genutzt.

Die frisch ausgelieferten H145M LUH SOF der Luftwaffe wurden anlässlich des Minister-Empfangs zur finalen Auslieferung der letzten der insgesamt 15 Modelle in einer Reihe aufgestellt. Bereits am 8. Dezember 2015, nicht mal zweieinhalb Jahre nach der Vertragsunterzeichnung, hat Airbus Helicopters die ersten beiden Hubschrauber an die Luftwaffe übergeben. 2017 war die Auslieferung dann abgeschlossen.

Beschaffung und Zertifizierung für die Luftwaffe

Beschaffung

Im Bundestag wurde bereits 2012 von der Regierung bekanntgegeben, dass zur Schließung der Fähigkeitslücke »Verbringung von Spezialkräften der Bundeswehr (SpezKrBw) bei Nacht und unter Bedrohung« beabsichtigt wurde, einen Leichten Unterstützungshubschrauber (LUH) Special Operations Forces (SOF) zu beschaffen. Die notwendigen Phasendokumente zur Beschaffung von 15 LUH befanden sich damals bereits in der Finalisierung auch wenn eine endgültige Festlegung auf ein Hubschraubermuster zu diesem Zeitpunkt noch nicht erfolgt war. Fest stand jedoch, dass die schnellstmögliche Schließung der Fähigkeitslücke absehbar zu einer Einsatzbereitschaft dieses Elementes nicht vor 2016 führen würde. Dies ist durch den Zulauf der Hubschrauber, die Ausbildung/Qualifikation der Techniker und die Umschulung/Zertifizierung des fliegenden Personals begründet, ferner durch notwendige Einsatzprüfungen sowie das Erproben von Einsatzverfahren. Selten war ein Beschaffungsprojekt dermaßen vorbildlich von der Ankündigung bis zu Umsetzung abgelaufen, wie der des schließlich an Airbus Helicopters vergebenen Auftrags über 15 H145 LUH SOF. Denn letzteres Fluggerät war der Grund, warum ein Luftwaffengeschwader mit Teilen seiner fliegenden Abteilungen in den Status »Spezialkräfte« versetzt wurde. Ein absolutes Novum für die Luftwaffe. Das LUH SOF Programm war eine echte Punktlandung. Die vereinbarten

Leistungen wurden im festgelegten Zeit- und Budgetrahmen geliefert. Bei diesem Programm kam Airbus Helicopters Deutschland nicht nur die konstruktive Zusammenarbeit mit Bundeswehr und Behörden zugute. Auch die Tatsache, dass es sich beim H145M um die milltärische Version des bewährten Zivilhubschraubers H145 handelt, war ein wesentlicher Faktor. Der Ansatz, erprobte zivile Muster zu militarisieren, hat sich bewährt. Ein Hubschrauber, der In hohen Stückzahlen produziert wird und seine operationelle Robustheit bewiesen hat, sowie eine eingespielte Fertigungslinie und Versorgungskette sind wesentliche Erfolgsfaktoren für eine reibungslose Einführung bei der Truppe. Hohe Verfügbarkeit und Zuverlässigkeit sind das Resultat. Airbus Helicopters hat den 15. und letzten leichten Mehrzweckhubschrauber vom Typ H145M LUH SOF im Juni 2017 an die Bundeswehr übergeben. Die Bundeswehr hatte im Jahr 2013 als Erstkunde insgesamt 15 Maschinen des leistungsfähigen Modells bestellt und Ende 2015 die ersten Hubschrauber in Empfang genommen. Mit dieser letzten Auslieferung hat Airbus Helicopters das gesamte Programm im vorgegebenen Zeit- und Kostenrahmen umgesetzt. Die 15 Airbus H145M LUH SOF für Spezialeinsatzkräfte tragen die taktischen Kennungen 76+01 bis 76+15. Die damalige Bundesministerin der Verteidigung, Ursula von der Leyen, sowie der damalige Inspekteur der Luftwaffe, Generalleutnant Karl Müllner, und rund 100 Gäste aus Politik, Wirtschaft und Militär verfolgten gebannt den Anflug der letzten ausgeliefgerten Maschine. Das Projekt H145M LUH SOF war für die Mitglieder des Laupheimer Gesxchwaders eine einmalige Chance, an den Konzeptpapieren mitzuarbeiten und die Strukturen mitzugestalten. Dafür wurde in Laupheim bereits zu Beginn eine Planungszelle aufgestellt, in der Experten aus der gesamten Luftwaffe ihre Ideen und Erfahrungen einbrachten. Der neue Hubschrauber wurde genau für die Bedürfnisse der Spezialkräfte entwickelt. Personal aus allen Bereichen der Bundeswehr hatte sich für dieses zukunftsträchtige Projekt beworben.

Mit der Übergabe der letzten Maschine an das HSG 64 im Juni 2017 in Laupheim war die fristgerechte und reibungslose Beschaffung vollbracht. Es ist in der Bundeswehr-Geschichte selten vorgekommen, dass eine militärische Beschaffung derart zügig und ohne Verzögerung stattgefunden hat.

Die damalige Bundesministerin für Verteidigung Ursula von der Leyen übernahm im Beisein des CEO von Airbus Helicopters Deutschland, Wolfgang Schoder, sowie des damaligen Kommodores des HSG 64, Oberst Stefan Demps, die letzte Maschine feierlich.

Luftwaffe
Luftwaffe

Das HSG 64 unterzog im Februar 2017 den H145M LUH SOF im Norden Schwedens harten Kältetests.

Zertifizierung Klimazonen

Arktischer Winter

Im Winter 2017 war das Hubschraubergeschwader 64 drei Wochen lang mit zwei H145M im schwedischen Vidsel, um den LUH unter extremen Kältebedingungen zu testen. Auf der Vorhaben-Liste für den H145M LUH SOF standen neben den Schneelandungen (White Out) unter anderen Nachtflüge, Operationen mit der Seilwinde und verschiedene Tests von Material und Ausrüstung. Diese Kälteübungen verhalfen den Crews auch im Nachgang im Umgang mit Schneeflügen als 2019 ein H145M des HSG 64 im bayerischen Reit im Winkl und Ruhpolding mehrere unkonventionelle Einsätze flog. Da Bäume am Rande der Bundesstraße B305 umzustürzen drohten, flog der Hubschrauber in Baumwipfelhöhe über die bedrohten Bäume und befreite sie mit seinem Rotor-Abwind erfolgreich vom Schnee. Damit war die unmittelbare Gefahr des Schneebruchs gebannt. Außerdem flog der Hubschrauber einen Heeresbergführer als Lawinen-Experten zu lawinengefährdeten Hängen, bei denen die Lawinen durch gezielte Sprengungen ausgelöst wurden. In Schweden 2017 konnten auch die Mechaniker verschiedene Kleidungsstücke testen, die beim Arbeiten vor der Kälte schützen sollten. Für die TacOps war ebenfalls für geeignete Kleidung gesorgt, da sie in den meisten Fällen mit offenen Türen operieren. Unter anderen wurden die Schneelandehilfen angebaut, die zum Airbus-Paket dazugehören. Das nächtliche Abstellen des H145M LUH SOF auf dem Vorfeld in der arktischen Kälte gehörte ebenfalls zum Härtetest. Dabei testeten die Mechaniker spezielle Abdeckungen für den Hubschrauber. Nach einer Landung in enormer Kälte sollen diese ein schnelles Abkühlen der Turbinen verhindern. Die Schutzhülle für den Hubschrauber ist dafür gedacht, die Temperatur der Maschine bis zu 24 Stunden über dem Nullpunkt zu halten. So können die Triebwerke schonender gestartet werden.

Das HSG64 testete bei rauem Wetter seinen neuen Hubschrauber H145M LUH SOF im Norden Schwedens im Februar 2017.

Die Kälteerprobung fand mit voller maritimer Ausstattung am H145M LUH SOF statt, um gerade auch Rettungsmissionen bei Kälte und Schnee zu üben. Im Hover bei offenen Türen und unter Einsatz der Winde wurden Mensch und Maschine ans Limit geführt.

Die Zellenstruktur sowie alle elektronischen Bauelemente mussten die Kältetests unbeschadet überstehen. Dies taten sie auch.

Die Bundeswehr unterstützte im Januar 2019 bei der Lawinensprengung mit dem Hubschrauber H145M LUH SOF (76+15) in Bad Reichenhall/Bayern nachdem der militärische Katastrophenalarm (milKATAL) ausgelöst wurde

Wüsten und Savannen

Das Gegenstück zu den Wintertests in Schweden nahe des Polarkreises war die Wüsten- und Savannen-Zertifizierung in Jordanien 2017. Das Fliegen und Operieren unter trocken-heißer Bedingung war der ultimative Test. Hier bewahrheitete sich die von der Industrie zugesicherte Überlebens- und Funktionsfähigkeit des Systems. Die Staub- und Hitzebelastung für Mensch und Maschine (Avionik, Mechanik, Triebwerke, Sensoren) – vor allem bei fehlenden Türen – ist immens. Der Betrieb mit oder ohne Cockpit-Türen oder mit geöffneten oder geschlossenen Seitenschiebetüren hängt immer von der jeweiligen Einsatzsituation ab. Meist sind die Piloten-Türen jedoch montiert, stehen jedoch dennoch einen Spalt breit offen, da sie im sogenannten »Spoiler«-Modus arretiert werden. Diese leicht geöffneten Cockpit-Türen sind oft zu beobachten. In dieser Stellung leiten die Türen den Zugluftverlauf und die Verwirbelungen in günstige Bahnen am Rumpf vorbei, sodass keine Beeinträchtigungen für die fliegende Besatzung entsteht, wenn auch die Schiebetüren offen stehen. Aber auch das Landen unter widrigen Sichtverhältnissen (Brown Out) mit und ohne Autopilot-Assistenz wurde intensiv erprobt. Der Autopilot und die manuelle Handhabung bei schlechter Sicht stellen an die Besatzung, Soldaten und den Helikopter hohe Anforderungen. Der H145M LUH SOF war einsatzklar.

Ein leichter Mehrzweckhubschrauber H145M LUH SOF vom HSG 64 fliegt über die jordanische Wüste im Rahmen der Hitzeerprobung in Al Jafr/Jordanien 2017.

Start eines H145M LUH SOF in Al Jafr/Jordanien 2017 zu einer neuen Hitzeerprobungsmission.

Ein H145M LUH SOF vom HSG 64 landet in der Wüste im Rahmen der Hitzeerprobung in Al Jafr/Jordanien im August 2017.

Ein H145M LUH SOF im bodennahen Scharfschützen-Einsatz (Sniper Interdiction) mit dem KSK 2019.

Ausstattung und Performance H145M LUH SOF

Performance H145M LUH SOF

Der H145M LUH SOF gehört zur 3,7 Tonnen-Klasse und kann bis zu 1.700 kg Last transportieren (am Lasthaken max. 1.500 kg). Er ist knapp 14 m lang, wobei der Hauptrotor einen Durchmesser von 11 m aufweist. Mit etwa 260 km/h Höchstgeschwindigkeit liegt der H145M LUH SOF über dem Durchschnitt im Vergleich zu anderen Hubschraubern in ähnlicher Klasse. Die Marschgeschwindigkeit beträgt 244 km/h bei einer Reichweite von über 600 km. Der H145M verfügt über zwei Kraftstofftanks, die sich unter dem Kabinenboden (Sitzbereich) befinden und aus schlagfesten Gummiblasen gefertigt sind. Der Kraftstofftankstutzen befindet sich auf der linken Seite hinter der Frachtschiebetür. Die internen Tanks umfassen 916 Liter Kerosin (733 kg). Ein zusätzlicher Kraftstofftank (220 Liter) kann über einen Zusatztank (Auxiliary Fuel Tank) im hinteren Laderaum mitgeführt werden. Die Hot/High-Fähigkeit ist definitiv gegeben. Die Schwebemaximalhöhe beträgt 2.700 m. Zudem wurde der Hubschrauber für den Tag- und Nachtflug, sowie für das Fliegen in widrigem Wetter und herausfordernder Umgebung entwickelt. Der Unterschied zwischen der zivilen und der militärischen Variante des H145 liegt im Grunde nur in der Zusatzausstattung und einigen äußeren Anbauten und Antennen in der M-Version. Die markanten Warnempfänger samt den Flare/Chaff-Dispensern sowie die Befestigungsvorrichtung am Rumpf für Waffen-

Der H145M nutzt zwei Kraftstofftanks, die sich unter dem Kabinenboden (Sitzbereich) befinden und aus schlagfesten Gummiblasen gefertigt sind. Ein zusätzlicher Kraftstofftank (220 Liter) kann über einen Zusatztank (Auxiliary Fuel Tank) im hinteren Laderaum mitgeführt werden.

pylone (HForce-Modus) und die Abseilausstattung (Winde oder EAD03) sowie die matte blau-graue Lackierung sind die äußeren Merkmale. Hinzu kommen noch die für Militärhubschrauber typischen Kabelschneider oberhalb und unterhalb des vorderen Rumpfs. Im Innenraum machen eigentlich nur die militärischen Komponente im Cockpit, wie zum Beispiel die Warnempfänger-Displays, militärische Kommunikationspanels, die Bedieneinheit für die EWS-Anlage sowie das Trennsystem des Fast Rope-Seils aber auch die ballistischen Schutzelemente für Piloten und Frachtraum den Unterschied aus. Zusätzlich sind die LUHs mit Bärentatzen (Bearpaws) ausgestattet. Sie verhindern, dass die Kufen mit dem hinteren Bereich beim Landen auf weichem Untergrund zu tief einsinken und somit eine Beschädigung des Heckauslegers mit dem Fenestron durch Bodenkontakt (Tail Strike) verursacht werden kann. Ähnlich funtionieren die Schneelandehilfen, die 2/3 der Kufenlänge verbreitern, um ein Einsinken im Schnee oder auch im Sand zu verhindern. Auch die adaptive Maritim-Ausstattung mit 4 Notschwimmern und dazugehöriger Druckfüllflasche am Unterrumpf gehören zur optionalen und von der Bundeswehr für einige Maschinen beschafften Ausstattung. Die Druckfüllflasche ist mit Helium gefüllt

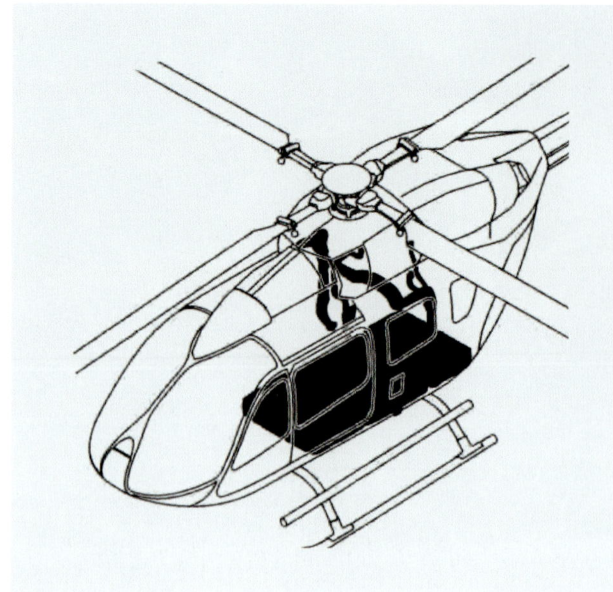

(ca. 250 Bar) und kann die vier Notschwimmer im Fall einer Notwasserung in Sekunden aufblasen. Dadurch wird der Besatzung die nötige Zeit auf der Wasseroberfläche gegeben, um sicher aus dem Hubschrauber zu gelangen.

Der Einsatz mit Spezialkräften erfordert eine maximale Flexibilität und eine hohe Performance des Verbringungsmittels Hubschrauber. Der H145M LUH SOF verfügt über eine Reihe von Sonderausstattungen und kann je nach Einsatzart und Auftrag in kürzester Zeit vom Personal des HSG 64 umgerüstet werden.

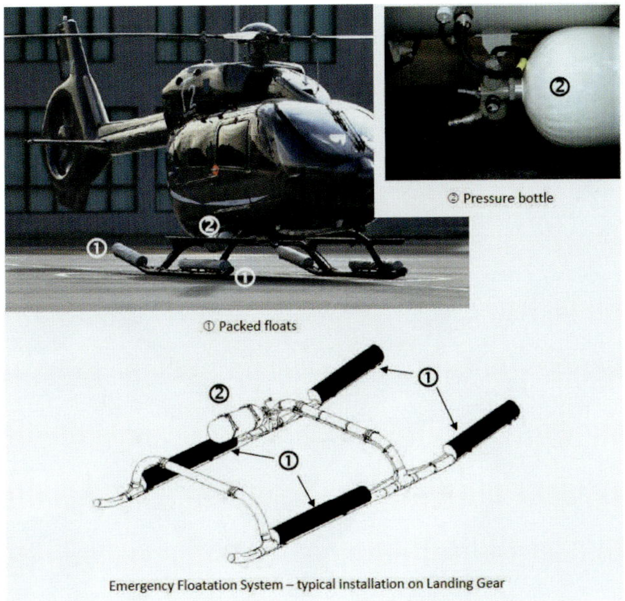

Auch die adaptive Maritim-Ausstattung mit 4 Notschwimmern und dazugehöriger Druckfüllflasche am Unterrumpf gehören zur optionalen und von der Bundeswehr für einige Maschinen beschafften Ausstattung.

Die Druckfüllflasche ist mit Helium gefüllt (ca. 250 Bar) und kann die vier Notschwimmer im Fall einer Notwasserung in Sekunden aufblasen.

Die vier Notschwimmer am H145 in aufgeblasenem Zustand bei einem Flugtest.

Zusätzlich sind die LUHs optional mit Bärentatzen (»Bear Paws«) ausgestattet. Sie verhindern, dass die Kufen mit dem hinteren Bereich beim Landen auf weichem Untergrund zu tief einsinken

Bei Schnee- , Sumpf- oder Sandlandungen können auch die langen Schneelandehilfen moniert werden, um mehr Bodenstabilität zu erzeugen.

Nutzlast

Die Gesamtzuladung muss wie bei allen Luftfahrzeugen streng eingehalten und bereits vor dem Flug genau geprüft werden. Ob nun Treibstoff, Besatzung, Waffen oder Einsatzkräfte in die Kalkulationen integriert werden müssen, hängt jeweils von der Mission ab. Maximal 3.650 Kg (daher aufgerundet die 3,7t-Klasse) darf der H145M LUH SOF knapp wiegen, um abzuheben. Davon ist etwa die Hälfte sein Leergewicht. Prinzipiell können Spezialkräfte jedoch in einer geräumigen Kabine mit zwei großen seitlichen Schiebetüren sowie einer Hecktür (Clam Shell) transportiert werden. Die Hecktüren sind auch im militärischen Model beibehalten worden, da die Hecktüren des H145M LUH SOF beim Einsatz als taktischer Kleintransporter für Nachschubgüter oder auch als Verwundeten-Transporter (MedEvac) sehr praktisch sind. Neben den beiden Piloten finden bis zu neun weitere Personen in der Zelle Platz, darunter ein Tactical Operator (TacOp), der für die Bedienung der militärischen Zusatzausstattung und der Bewaffnung zuständig ist. Für die Einsatzkräfte lassen sich in der Kabine bis zu neun Sitze installieren. Ohne Sitze und nur am Innenraumboden (Personal Security Line, PSL) und an den Sicherungsösen an der Bordwand gesichert können mehr Soldaten Platz nehmen. Theoretisch können auch vier Soldaten an Rappelling-Seilen außerhalb auf den Kufen transportiert werden, sodass der Innenraum der 3,12m langen, 1,70m breiten und 1,27 m hohen Kabine frei für weitere Soldaten bliebe, wenn das sonstige Gewicht samt Treib stoff und Piloten nicht überschritten wird. Als sogenannte »Sling Load« (zweiteiliger Transporthaken am Unterrumpf) sind 1.600 Kg eingetragen. Diese müssen jedoch dem max. Startgewicht Rechnung tragen.

Die großzügig gestaltete Kabine des H145 mit ihren beiden hinteren »Clamshell«-Türen ist auch für das Militär eine große Hilfe bei vielen Missionen. Über die Hecktüren können im Notfall zwei Krankentragen und eine bis zu dreiköpfige medizinische Besatzung aufgenommen werden.

Die großen seitlichen Schiebetüren stellen die Hauptzugänge für Truppen am H145M LUH SOF dar. Acht Personen können bequem Platz nehmen, zehn in Truppenanordnung und vier bis sechs in VIP-Konfiguration.

Kommandosoldaten des KSK werden meist ohne Sitze befördert. Sie müssen den Innenraum flexibel nutzen können und sichern sich meist nur über die Karabinerhaken an der Personal Security Line (PSL).

Triebwerke

Der Antrieb erfolgt über zwei Safran (ehem. Turbomeca) Arriel 2E Gasturbinen, die über das FADEC-System (Full Authority Digital Engine Control) gesteuert werden können. Diese autonome, volldigitale Triebwerksregelung lässt einen klassischen Flugingenieur überflüssig werden. Die Piloten können in jeder Situation den Schub selbst regeln, und zwar ohne dass abrupte oder unüberlegte Befehle das Triebwerk beschädigen oder die Flugsicherheit gefährdet wird. Der im Januar 2013 von der Europäischen Agentur für Flugsicherheit (EASA) zertifizierte Turbinen-Typ Arriel 2E ist eine Gasturbine mit 894 PS, die über 20 Prozent mehr Leistung als das ursprünglich im EC145 (BK 117 C-2) eingebaute Arriel 1E2 liefert. Das Arriell 2E profitiert von einem neuen Axialverdichter und neuen Turbinenschaufeln, die die Leistung verbessern und den Treibstoffverbrauch senken. Es verfügt über eine 30-minütige Notstrombelastbarkeit. Ein neuer Motordatenschreiber verlagert den Schwerpunkt weiter von der traditionellen auf die vorbeugende Wartung. Solche Innovationen mit verbesserten Tools zur Fehlerbehebung und Überwachung reduzieren auch ungeplante Wartungesarbeiten drastisch und verbessern den Klarstand erheblich. Die erhöhte Leistungsabgabe des Ariell 2E in Verbindung mit seinen neu konstruierten Komponenten gewährleistet, dass das Arriel 2E der zuverlässigste Motor seiner Klasse bleibt. Seit 1977 hat Turbomeca über 11.000 Arriel-Motoren in 28 Varianten produziert. Diese haben während ihres Einsatzes bei 1.300 Kunden in 110 Ländern 40 Millionen Flugstunden absolviert. Ein modulares Design, kombiniert mit einem höheren TBO (Time Between Overhaul) von 4.000 Stunden bei der Inbetriebnahme, dann bis zu 6.000 Stunden bei der Ausreifung, vereinfacht die Wartung und reduziert die direkten Wartungskosten um etwa zehn Prozent. Die besonders niedrigen Geräuschemissionen der Arriel 2E Turbinen machen den H145M LUH SOF zum leisesten Hubschrauber seiner Klasse. Die erzeugten ca. 85 Dezibel kommen lediglich einem vorbeifahrenden LKW gleich. Zum Vergleich dazu bringt es ein startender Tornado-Jagdbomber auf mindestens 130 Dezibel. Gleich zu Beginn der Auslieferung hat Airbus Helicopters mit der Bundeswehr einen umfassenden, kooperativen Full-Service Vertrag über eine Dauer von sieben Jahren geschlossen. Zu den Pflichten von Airbus zählen die Organisation und Durchführung von Wartungs- und Reparaturarbeiten, die Versorgung mit Ersatzteilen und die Sicherung der Flugfähigkeit. Diese kooperative Servicevereinbarung ist eine moderne Lösung, um die Forderung der Streitkräfte nach optimaler Verfügbarkeit, Verlässlichkeit und Einsatzbereitschaft der Hubschrauberflotte bestmöglich zu gewährleisten. Damit wird nicht nur die Eigenständigkeit der Spezialkräfte in Krisen- und Kriegseinsätzen sichergestellt, sondern auch die im zivilen Bereich vielfach bewährten Methoden für optimalen Service bei geringen Kosten gewählt.

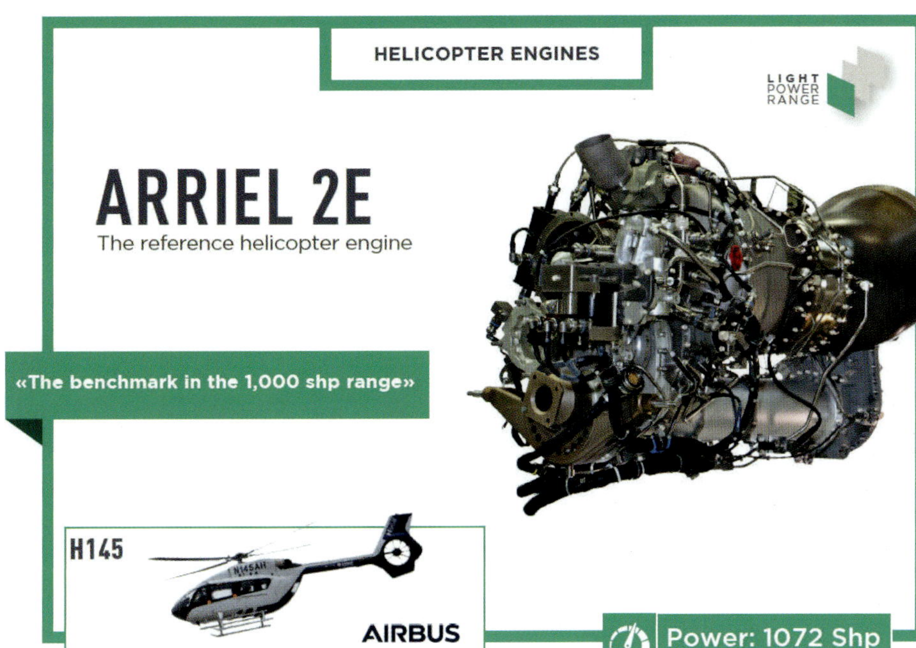

Herstelleransicht des Arriel 2E-Triebwerks.

Ansicht eines Arriel 2E-Triebwerks während der Wartung bei Helibras.

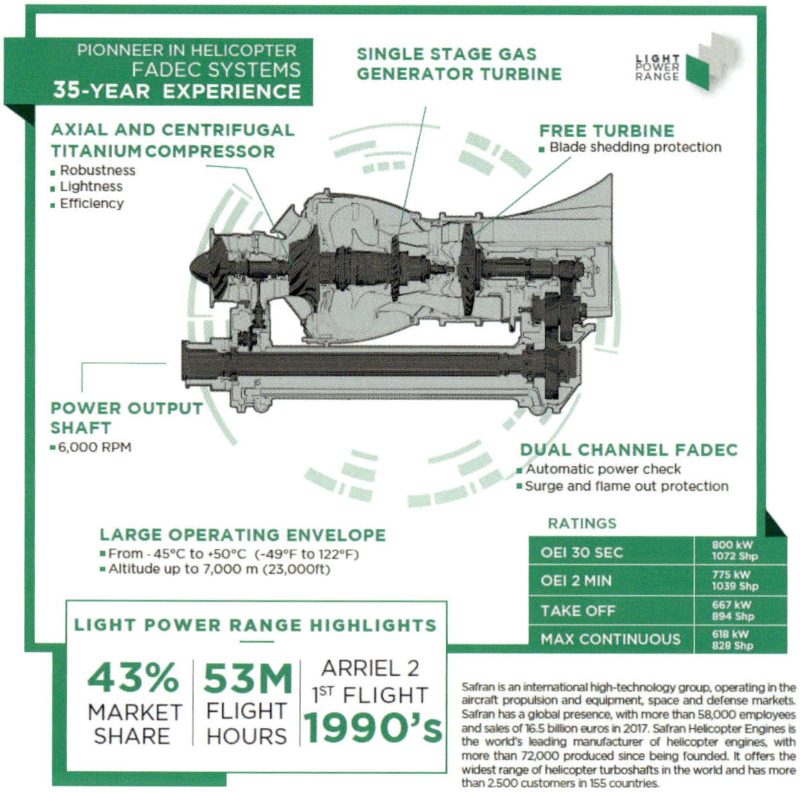

Grafische Darstellung der Kerndaten laut Hersteller Safran.

Offene Triebwerk-Wartungsklappen an einem H145M LUH SOF der Luftwaffe während der Testphase bei der WTD61 in Manching.

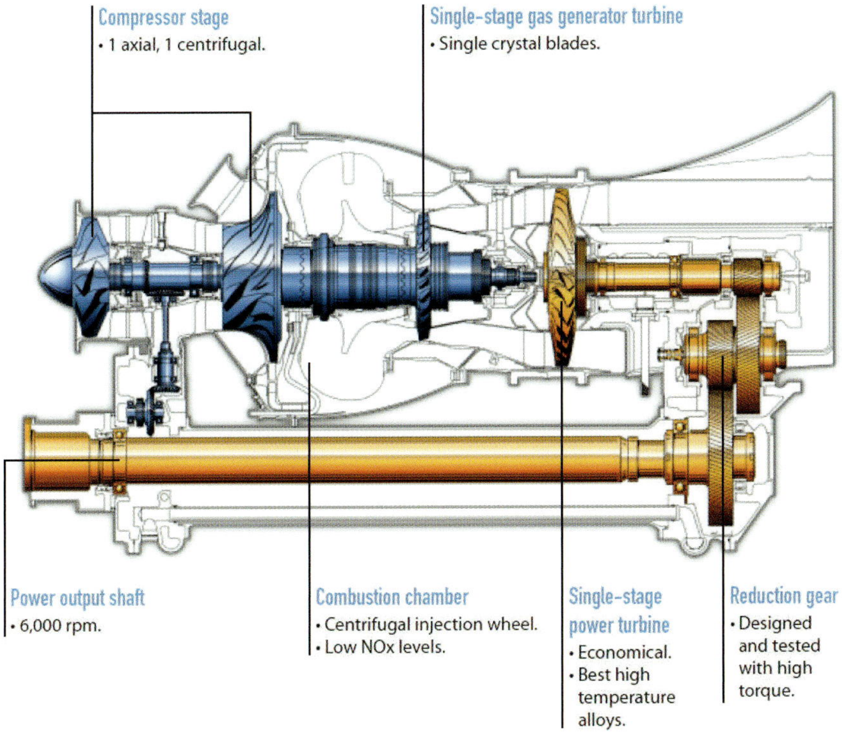

Technische Grafik zur Triebwerksfunktion laut Hersteller Safran. Man beachte die zwei getrennten Wellen sowie den aus einem zweistufigen Verdichter (1. Stufe axial / 2. Stufe radial) bestehenden Gasgenerator. Die Abtriebsdrehzahl beträgt 600 rpm und wird durch ein Getriebe untersetzt.

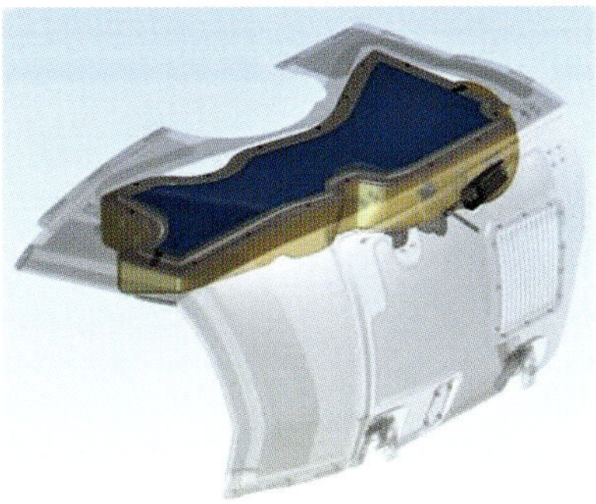

Grafische Ansicht der beiden verbauten Inlet Barrier Filter. Diese hochwertigen Filter können optional eingesetzt werden, um das Triebwerk vor Sand, Staub und weiteren Partikel zu schützen. Die Luft für die Triebwerke wird oberhalb des Gehäuses angesaugt, obwohl das Design den Laien leicht täuschen kann.

Hubschrauberbord-elektronik-System Helionix®

Neben ihrer Robustheit, niedrigen Betriebskosten und hohen operationellen Verfügbarkeit, durch die sich die H145-Familie auszeichnet, ist auch der H145M LUH SOF mit der digitalen Avioniksuite Helionix® mit 4-Achsen-Autopilot ausgestattet. Helionix® ist das derzeit modernste Hubschrauberbordelektronik-System auf dem Weltmarkt. Es bietet den Piloten erhebliche Unterstützung während ihrer Einsätze, indem es die richtige Information zum passenden Zeitpunkt anzeigt und damit einen großen Teil der Arbeitslast übernimmt. Der Hubschrauber wird nur von einem Piloten geflogen, auch wenn ein Co-Pilot bei der Luftwaffe obligatorisch dabei sein muss. Der Pilot sitzt rechts vorne, während der Co-Pilot auch als Aerial Sensor Operator (ASO) je nach Konfiguration des H145M LUH SOF fingieren kann. Ist die Maschine mit dem gyro-stabilisierten elektro-optischen Ausstattung im Einsatz, kann er links vorne sitzend an einem zusätzlichen Display, und Steuerungsgerät arbeiten. Auch als sogenannte Aerial Remote Sensing Data Acquisition Specialist oder als Aerial Payload Operator im Fall eine HForce-Konfiguration oder gar ähnlich einem Police Tactical Flight Officer. Auch die Funktion des Tactical Coordinator kann so übernommen werden. Dennoch ist die Flugsteuerung doppelt konzipiert, sodass die beiden Piloten die Hubschrauberführung jederzeit untereinander »übergeben« können. Je nach Operation oder Konfiguration (Assault-Transporter, Aufklärer, als C2 (Command and Control) Hubschrauber, im Rettungsmodus oder als Gunship mit seitlicher Rohrbewaffnung) kann weiteres Funktionspersonal an Bord tätig sein. Sogar ein modularer Arbeitsplatz ist im Frachtraum einrüstbar, wenn die Maschine im sogenannten C4i-Modus arbeiten muss (Command, Control, Communications, Computers, and Intelligence) und die Rolle eines alles überwachenden Gefechtsstands einnimmt. Dabei sitzt dann ein zusätzlicher Operator an einem Sensor- und Kommunikations-Modul im Frachtraum, wie es auch bei den zivilen Polizeihubschraubern oft der Fall ist. All diese Arbeiten finden jedoch meist im Frachtraum statt, denn das Cockpit ist nur den Piloten der 4. Staffel des HSG64

Cockpitaufnahme eines H145M LUH SOF während während einer Übungspause in Pfullendorf 2019.

Cockpitaufnahme eines H145M LUH SOF von der WTD61 bei laufender Stromzufuhr.

Links: Nahaufnahme eines Cyclic Sticks des H145M LUH SOF.

Rechts: Vereinfachte grafische Darstellung des AFCS.

vorbehalten. Bei dem Personal im Frachtraum kann es sich durchaus auch um die zu zu verbringenden Truppen an Bord begleitenden Koordinatoren oder Ausbilder handeln. Beispielsweise kann ein Scharfschützentrupp des KSK samt seinem Ausbilder oder Führer an Bord sein, der die Flugmanöver nach vorne zu den Piloten koordiniert. Die Standard-Crew besteht jedoch aus zwei Piloten und einem ebenfalls zum Staffelpersonal gehörendem TacOp (Tactical Operator). Das Helionix-System fasst die relevanten Flugdaten für intuitives Flugmanagement auf wenigen Displays zusammen und erhöht damit Missionsübersicht und Flugsicherheit, welche gerade bei konzertierten Aktionen zwischen Spezialkräften im Frachtraum und den Piloten sehr wichtig sind. Die Airbus Hubschrauberfamilie gehört zu den innovativsten weltweit. Auch in Sachen Vereinheitlichung der Avionik ging Airbus neue Wege in der Hubschrauberentwicklung. Wege, die man bis dahin nur bei Starrflüglern (vor allem Linienmaschinen) kannte. Denn mit dem sogenannten VEMD (Vehicle and Engine Multifunction Display), dessen Basis für alle Muster im Grunde gleich war, waren schon vor über 15 Jahren alle Modelle mit einem einheitlichen Monitor ausgestattet. Helionix® bsiert daher auf dem VEMD, mit der Darstellung aller hubschrauber-relevanten Parameter und Anzeigen, allerdings mit einer neuen, integrierten modularen Avionik (IMA), die auf zwei separat agierenden Zentralcomputern aufgebaut ist. Die Anzahl der 6 x 8 Zoll-Displays (15 x 20 cm) variiert je nach Hubschraubergröße. Beim H145M LUH SOF sind es drei Bidschirme. Dies eröffnet die Möglichkeit, ein System nach dem Start eigens nur für Missionsanforderungen nutzen zu können, dabei aber alle flugtechnisch relevanten Werte jederzeit unabhängig auf den Bildschirmen dargestellt zu bekommen. Gerade für den militärischen Einsatz sind dies sehr wichtige Features, denn die Bildschirme und deren Computer kommunizieren mit der Airbus-Avionik störungsfrei und lassen unterschiedliche Konfigurationen oder den Austausch von Displays leicht zu. Um dem Piloten die Arbeit noch mehr zu erleichtern, ist bei Helionix® auch das komplette Warning-Panel verlegt und ins zentrale Display integriert worden, sodass Warnanzeigen nur noch dann aktiviert und sichtbar werden, wenn sich die Messwerte außerhalb der Norm bewegen. Beispielsweise können die Treibstoff- und Triebwerksanzeigen des mittleren Displays wie auf einem Smartphone einfach »weggeklappt« und unter vielen anderen durch eine Landkarte oder Heckkamera-

Grafische Übersicht der digitalen Avioniksuite Helionix® mit 4-Achsen-Autopilot.

ansichten ersetzt werden. Die verdeckten Technik-Kontrollanzeigen melden sich selbständig wieder, falls sich relevante Parameter ändern sollten oder können zu jeder Zeit durch die Piloten aufgerufen werden. Backup-Instrumente sind zwar nicht mehr notwendig, die akustischen Warnelemente wurden jedoch beibehalten.

Der Vierachsen-Autopilot wurde ebenfalls mit dem Helionix®-Hauptcomputer gekoppelt. Dadurch stabilisiert der Autopilot mit großer Präzision die Fahrt von null Knoten bis zu höchstzulässigen Geschwindigkeit (Speed Never Exeed, VNE). Eine Überschreitung der Limits ist nicht mehr möglich.

Passiver Selbstschutz

Neben der zusätzlichen Zellenpanzerung (Bodenplatte im Frachtraum, Pilotensitze sowie optional neuralgische Triebwerks-und Getriebeteile) verfügt der H145M LUH SOF über ein elektronisches Selbstschutzsystem. Hierfür wurde das MILDS (AN/AAR-60) verbaut. Allgemein besteht die Abwehr-Sensorik aus einer (passiven) EWS-Anlage (Electronic Warfare System). Hierzu gehören integriert der RWR (Radar Warning Receiver), der LWR (Laser Warning Receiver), das MAWS (Missile Approach Warning System) und die Täuschdüppel-Werfer (Flare/Chaff Dispenser). Diese Komponenten werden im MILDS (AN/AAR-60 Block II Missile Approach Warning/Defense System) vereint und korrespondieren auditiv und visuell mit dem Cockpit mittels einem eigenen Display. MILDS kann auch um eine HFI (Hostile Fire Indication)-Sensorik samt Software erweitert werden, wie sie am CH-53 GA bereits getestet wurde. Somit warnt das System den Piloten auch vor Geschossen aus Handfeuerwaffen. MILDS besteht aus passiven Bildsensoren, welche UV-Signaturen detektieren, die von sich annähernden Raketen entstehen. In der Bugnase sowie im hinteren Seitenbereich positioniert, ermöglichen die Sensoren einen optimalen Rundumschutz. Für Aufklärungs- und Beobachtungsaufgaben können Sensorbehälter MX-15 mit TV-Kamera und Infrarotsensor eingesetzt werden. Je nach Mission kann der H145M unterschiedlich ausgestattet werden oder im gemischten Schwarm agieren. MILDS selbst ist als Teil der von HENSOLDT angebotenen AMPS (Airborne Missile Protection System) zu verstehen, Das AMPS, dass auch die Luftwaffe als Kunde nutzt, ist in zwei Standardkonfigurationen für unterschiedliche Anwendungszwecke von HENSOLDT bereitgestellt. Die Zusammenstellung dieser Systeme und die Bestimmung der Anzahl der Sensoren kann der Kunde dabei nach eigenem Wunsch und Anwendungszweck durchführen. Standardkomponenten sind unter anderem das oben genannte MILDS (Missile Launch Detection System), MILDS Block 2 und die ACDU (Advanced Control und Display Unit). Darüber hinaus sieht der Vertrag, den die Luftwaffe mit HENSOLDT abgeschlossen hat, eine schrittweise Erweiterung über zusätzliche Ausstattung vor. Das heißt, der Vertrag schafft auch die Rahmenbedingungen zur Erweiterung der Systeme und Funktionalitäten. Da das System theoretisch auf allen Airbus Helicopters Plattformen eingesetzt werden kann, können somit erhebliche Synergieeffekte erzielt werden. HENSOLDTs AMPS fliegt bereits auf den Airbus Helicopters Plattformen H225M und der H135M. Weiter wurde auf der H145M das AMPS-M Initialprojekt sehr erfolgreich durchgeführt. Nachdem die Leistung des Systems während weiterer Demo-Kampagnen unter Beweis gestellt wurde, wurden auch die ersten H145M Plattformen weiterer Endkunden

Ein H145M LUH SOF verschießt Täuschkörper (Flares) während der Einsatzerprobung des Maschinengewehrs MG6 im Rahmen der Übung Heli Dust II 2019 auf dem Truppenübungsplatz Oberlausitz im Mai 2019.

Links: Nahaufnahme der Warnempfänger des MILDS AN/AAR-60 Block II Missile Approach Warning/Defense Systems. Auch Radarwarnempfänger sind am H145M LUH SOF verbaut und melden der Crew jede Radarerfassung potentieller Feinde.

Rechts: Detailansicht eines MILDS AN/AAR-60 Warnempfängers gegen Boden-Luft/Luft-Luft-Bedrohungen.

Zwei der vier MILDS-Sensoren sind auch am Kabinenheck angebracht, um eine Rundumabdeckung der Gefahrenerkennung zu ermöglichen.

Ansicht eines der vier Flare/Chaff-Dispenser des H145M LUH SOF.

Befüllte Flare/Chaff-Dispenser an einer C-130 Hercules der US Air Force. Die Hitzefackel-Kartuschen (Flares) sind rot markiert, während die Aluminium-Täuschdüppel (Chaff) grau gefärbt sind.

Befüllung von Flare-Boxen durch US Air Force-Personal. Der Umgang mit den Hitzefackeln ist gefährlich.

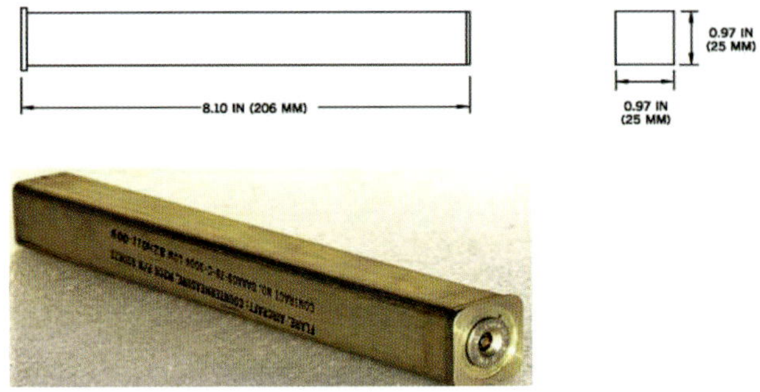

Rechts oben: Grafik einer standardmäßigen Flare-Kartusche, wie sie bei der NATO genutzt wird.

Rechts unten: Befüllung des Werferkanisters (Flare Dispenser) eines H145M LUH SOF während Tests bei der WTD 61 kurz vor der Inbetriebnahme der ersten H145M bei der Luftwaffe.

mit dem AMPS erfolgreich ausgerüstet. Dieses System hat, je nach Flugzeugmuster, entweder optische Sensoren, die UV-Strahlung erkennen oder Warnsysteme, die Radarstrahlen wahrnehmen. Erkennt das System eine der beiden Strahlungen, stößt es automatisch Flares aus – kleine Magnesiumfackeln, die sich entzünden und dabei sehr heiß verglühen. Das Verschießen der Flares funktioniert auch manuell durch die Piloten. Aus allen erdenklichen Manövern. Von langsamen Kurven, über schnelle Neigungen bis hin zum Rückwärtsflug müssen die Täuschkörper ausgestoßen werden können. Abgefeuerte Raketen entsenden bei ihrem Abschuss Hitze und Licht im nicht sichtbaren Bereich. Sie sind so programmiert, dass ihr Ziel heiß sein muss und der heißeste Punkt eines Luftfahrzeugs ist generell der Abgasstrahl. Wird also eine Rakete auf ein Flugzeug oder Hubschrauber abgefeuert, dann fliegt sie genau da hin. Das Warnsystem des anvisierten Luftfahrzeugs erkennt die Radar- oder UV-Strahlung, stößt die noch heißeren Flares aus und täuscht somit die Rakete und lenkt sie ab. Die WTD 61 (Wehrtechnische Dienst stelle) der Luftwaffe in Manching hatte zuvor in Tests alle Ergebnisse zusammengetragen (Kamerabilder, errechnete Flugbahnen, Temperaturen, Geschwindigkeiten) und festgehalten, dass die Selbstschutzanlage des H145M LUH SOF ohne Bedenken Flares ausstoßen darf, wenn Spezialkräfte ohne oder mit offenen Türen fliegen. Bei etwa 2.000 Grad Celsius drohen durch den Kontakt mit den Flares schwerste Verbrennungen. Derartige Tests folgten auch nach der Freigabe der Maschinen von der WTD 61 für das Geschwader in Laupheim, auch wenn grundsätzliche Verfahren, wie das Fliegen mit offenen Türen, Nutzung der Abseilanlage im Zusammenhang mit der ESW-Anlage bereits vorab getestet wurden und Verhaltensregeln im Verfahrenshandbuch festgehalten wurden. Denn es gibt viele Szenarien und Einsatzverfahren, bei denen die elektronische Schutzausstattung wichtig ist, jedoch das Zusammenspiel mit neuen Anwendungen getestet oder gar feinjustiert werden musste. Beispielsweise, ob der Gebrauch des MG6 mit Leuchtspurmunition bei Nacht eine Störquelle für die Sensoren darstellt und wie dies vermieden werden kann. Diese Zusammenhänge mussten im laufenden Übungsbetrieb erprobt und auch im Beisein etwa durch Ingenieure von HENSOLDT untersucht werden. Neben der WDT 61 für fliegende Systeme, waren auch die Schwester-Dienststellen, wie etwa die WTD 91 für Waffen und Munition aus Meppen oft involviert, wenn es darum ging, den H145M LUH SOF kritisch zu testen. In den Bereichen Ballistik, Akustik, Optronik und Meteorologie verfügt die WTD 91 über die alleinige Fachkompetenz im Rüstungsbereich. Auch weitere WTDs waren eingebunden. Sie unterstehen allesamt dem Bundesamt für Ausrüstung, Informationstechnik und Nutzung der Bundeswehr (BAAINBw).

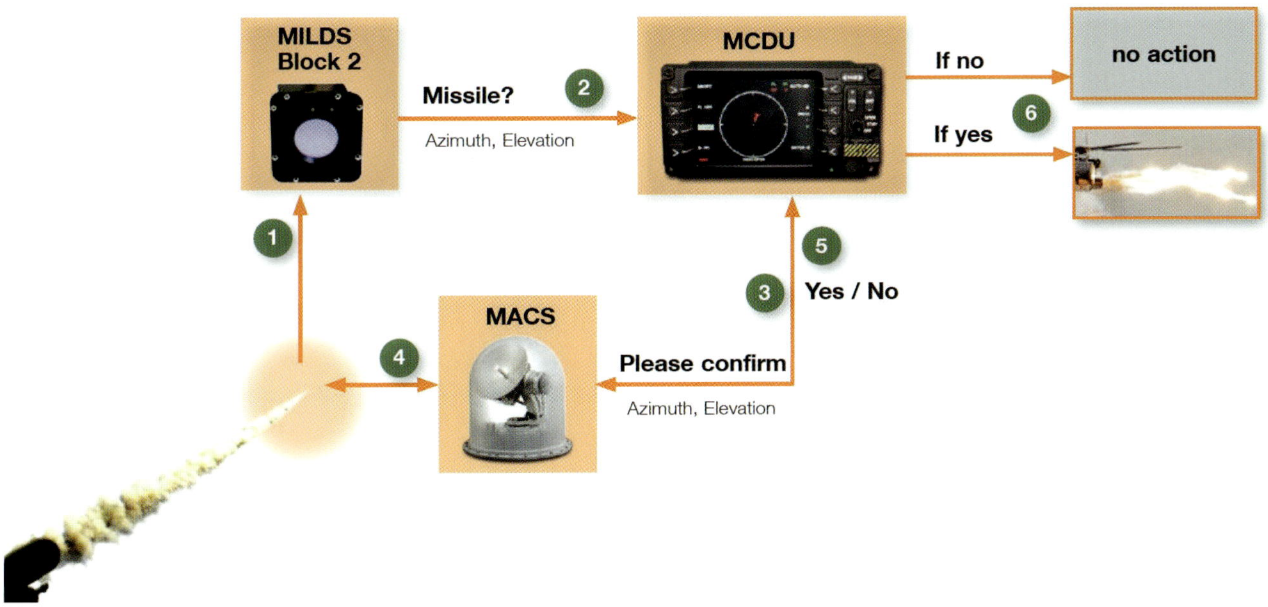

Grafische Darstellung der typischen Maßnahmenabfolge der EWS-Anlage (Electronic Warfare System) bei einer Bedrohung.

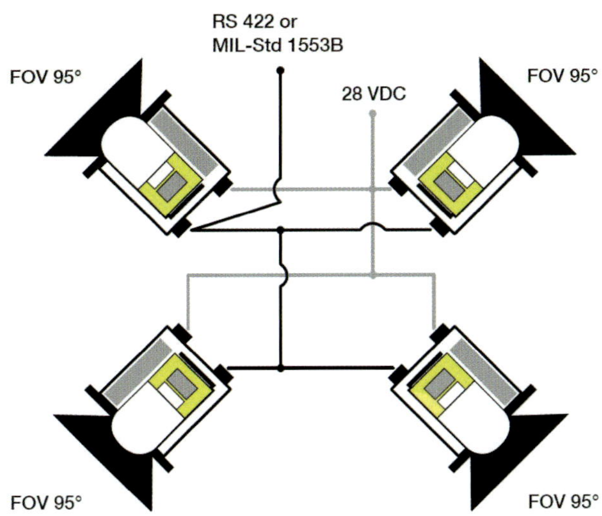

Herstellergrafik der Winkelabdeckung der MILDS AN/AAR-60 Missile Approach Warning/Defense Systems. Hier die Standardvariante Block I.

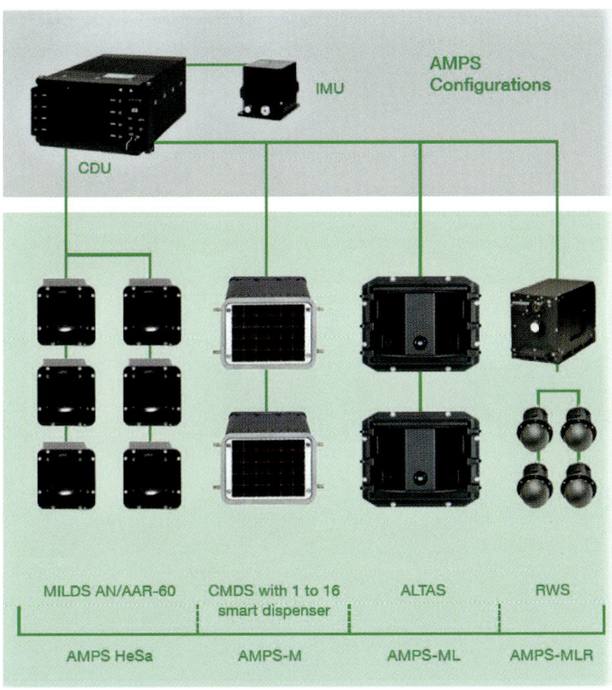

Die MILDS AN/AAR-60-Sensoren verstehen sich als eine Komponente im Gesamtsystem AMPS. Im AMPS sind alle Bestandteile der passiven Bedrohungsabwehr des H145M LUH SOF vernetzt.

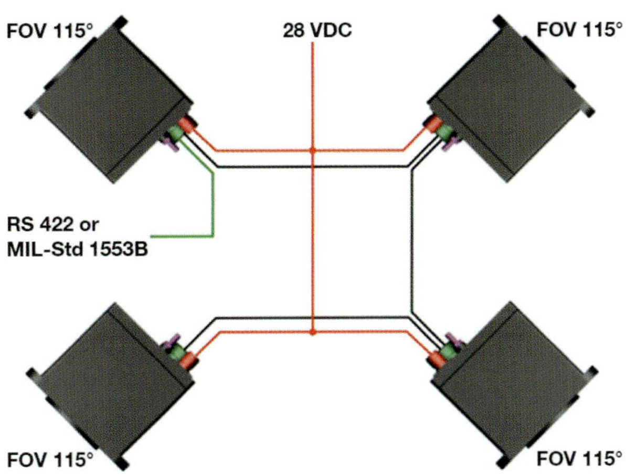

Herstellergrafik der Winkelabdeckung der MILDS AN/AAR-60 Missile Approach Warning/Defense Systems. Hier die verbesserte Variante Block II.

Flare-Einsatz eines H145M LUH SOF während Tests bei der Wehrtechnischen Dienststelle 61 (WTD61) in Manching. Der Flare-Einsatz kann in unterschiedlichen Abschussmustern programmiert werden und sowohl automatisch oder manuell ausgelöst werden.

Verschiedenste Flare-Einsatz-Muster lassen sich elektronisch einstellen. Der Computer entscheidet darüber hinaus autonom, welche Hitzebündelung die erkannte Gefahr am besten abwehren kann.

Auch die komplette Leerung aller Kartuschen auf einmal ist möglich. Dies ist jedoch aus taktischer Sicht eher ungewöhnlich und nur zu Show-Zwecken sinnvoll.

Der Pilot muss im Einsatz mit den Flare und Chaff-Kartuschen gut haushalten. Ein Nachladen der Kartuschen ist nur am Boden möglich und mitten im Einsatzverlauf selten eine Option.

On-Bord-Kamera-Ansicht eines Flare-Ausstoßes während Tests bei der WTD61.

Aktiver Selbstschutz (MG6)

Die nach einer längeren Test- und Einführungsphase sowohl bei der wehrtechnischen Dienststelle 91 in Meppen als auch bei Luftwaffe auf Herz und Nieren geprüfte neue Waffe MG6 ist spätestens seit November 2019 nun im Einsatz. Nach Bewertung, Prüfung und Erprobung wurden die ersten Waffensysteme MG6 von Dillon Aero (international wird das MG6 mit M134D Hybrid bezeichnet) an die Luftwaffe – genauer gesagt an die 4. Staffel des HSG 64 in Laupheim – übergeben. Nachdem der Erprobungsbetrieb zunächst mit Testwaffen aufgenommen wurde, konnte das Geschwader im November 2019 erstmals mit »ihren« eigenen neuen Waffen aus dem offiziellen Lieferumfang von Dillon Aero auf dem altbewährten Truppenübungsplatz in der Oberlausitz an der polnischen Grenze in die Einsatzerprobung gehen. Das M134 ist ein Waffensystem mit tiefen historischen Verbindungen zu den Special Operations Forces (SOF). Ursprünglich auf Starr- und Drehflüglerplattformen eingesetzt, haben sich die Miniguns weiterentwickelt und auf eine Vielzahl von Marine-, Boden- und Landfahrzeugplattformen innerhalb der SOF-Gemeinschaft ausgedehnt. Das primäre Minigun-Waffensystem, das heute in SOF-Luft-, Marine- und Bodenanwendungen eingesetzt wird, ist die 7,62 mm x 51 M134D Waffensystemfamilie, die von Dillon Aero in Scottsdale, Arizona, hergestellt wird. John Gatling hat die Gatling-Kanone in den 1860er-Jahren erfunden. Dieses Design war zu seiner Zeit erfolgreich, geriet dann aber um die Wende zum 20. Jahrhundert in Vergessenheit, als das einläufige Maschinengewehr entwickelt wurde. Nach dem Zweiten Weltkrieg, als die Flugzeuggeschwindigkeiten drastisch erhöht wurden, mussten auch die Bordkanonen angepasst werden. Daher schloss die US Regierung einen Vertrag mit General Electric ab, um etwas zu schaffen, das schließlich als M61 Vulcan Gatling-Geschütz bezeichnet wurde. Das ist eine 20 mm Kanone, die heute in jeder F-16, F-18 und F-15 verbaut ist. Während des Vietnam-Krieges produzierten GE mit Regierungsgeldern die originalen GAU-2A und GAU-2B Versionen des Waffensystems in 7,62 mm x 51. Etwa 1975 wurde die Ersatzteilproduktion eingestellt. Schnell waren die Einheiten nicht mehr in der Lage die Waffenanlagen zu warten, so dass etwa in den 1990er-Jahren nur noch zwei Einheiten übrig waren, die das Waffensystem benutzten: die TF (Task Force) 160, aus der sich das 160. Special Operations Aviation Regiment (SOAR) »Night Stalkers« entwickelte und einige der Spezialbooteinheiten der Navy

Ein H145M LUH SOF mit einem an der Seitentür montierten MG6. Der TacOp übernimmt die Doorgunner-Funktion und beobachtet das Umfeld.

Der Arbeitsplatz des TacOp. Das MG6 bzw. M134D-H (Hybrid) Gatling-Maschinengewehr der Bundeswehr ist eine verbesserte Variante in Leichtbauweise. Die Bezeichnung »Hybrid« kennzeichnet die Minigun von der Firma Dillon Aero als eine Mischbauweise aus Stahl- und Titanelementen.

Das MG6 wird von einer mitgeführten Batterie mit Strom versorgt. Die Batterie muss im rückwärtigen Laderaum nahe den Munitionszufuhrkisten verstaut werden.

Frontansicht eines MG6 in 7,62 x 51 mm. Man beachte die sechs rotierenden Läufe. Geschossen wird jedoch immer nur über einen Lauf.

Detailaufnahmen der Munitionszuführung und Verschluss-Sequenz beim MG-6.

(Special Operations Craft -Riverine, SOC-R). Laut Dillon begann die Firma mit dem Waffensystem Ende der 1980er-Jahre zu arbeiten. Die Renaissance der M134 Minigun gipfelt heute in der Beschaffung durch die Bundeswehr. Zusammen mit den aktiven Selbstschutzmitteln erhält der H145M LUH SOF für die Spezialkräfte eine aktive Wirkmitteloption und Feuerkraft, wenn er auch nicht ganz für eine Deep Penetration / Direct Attack-Rolle (offiziell auch »Defensive Armed Penetrator« genannt) einsetzbar. Für kombinierte Armed Reconaissance / Air Assault-Einsätze ist dies allemal eine deutliche Steigerung der Handlungsoptionen. Verwendet wird das 7,62 mm x 51 NATO-Kaliber mit Magazinen von je bis zu 4.000 Schuss im Kasten. Die durchschnittliche Schussrate von 3.000 Schuss pro Minute (50 Schuss pro Sekunde) bedeutet, es liegen 1/50stel Sekunden zwischen den einzelnen Schüssen. Bis ein Schuss z. B. beim M240 Maschinengewehr fällt, sind bereits vier Schüsse von der M134D abgefeuert worden. Beim Abfeuern jeder Waffe, insbesondere von Maschinengewehren, besteht ein Fehlerrisiko durch Bewegung in drei Schlüsselbereichen: Plattform, Waffe und Ziel. Der Bewegungsfehler wird mit zunehmender Reichweite zum Ziel immer ausgeprägter. Das M134D ist in der Lage, Bewegungsfehlern entgegenzuwirken, indem es die Anzahl der Schüsse pro Sekunde erhöht und so die Zeit zwischen den einzelnen beobachteten Treffern verkürzt. Der Vorteil des M134D besteht ferner darin, dass es elektrisch angetrieben wird, wodurch es relativ bewegungsarm ist. Darüber hinaus maximiert das MG6 aufgrund der kombinierten Wirkung von hoher Feuerrate, extrem dichter Schussgruppenbildung und hoher Waffenstabilität seine Effektivität bis zu einer Reichweite von 1.200 Metern. Durch das rotierende Mehrlaufprinzip (Gatling) wird sichergestellt, dass jeder Lauf nur eine Feuerrate von 500 Schuss pro Minute erfährt. Dies ermöglicht wiederholte lange Feuerstöße und eine längere Systemlebensdauer. Bei Fehlern kann die Waffe in weniger als einer Minute gewartet und wieder einsatzbereit gemacht werden. Die Effizienz des MG6 reduziert die Anzahl der Waffen, um ein Zielgebiet abzudecken. Weniger Geschütze bedeuten weniger Personal für die Bewaffnung, was wiederum weniger unterstützende Plattformen erfordert. Dies führt zu erheblichen Kosteneinsparungen. Daher ist es nicht verwunderlich, dass die M134D oder die Komponentensysteme derzeit in allen Bereichen des US-Militärs und in mehr als 30 Ländern eingesetzt werden. Vor allem SOF Einheiten weltweit nutzen dieses Waffensystem, um für eine hohe Feuerkraft zu sorgen. An Land wird die M134D derzeit weltweit für Konvoi-Eskorte, Grenzpatrouillen und VIP-Schutz eingesetzt. In der maritimen Option werden Miniguns zum Schutz der Truppen und Flottennahbereiche sowie als Feuerunterstützungswaffen auf Spezialschnellbooten eingesetzt (wie etwa auf den berühmten Special Operations Craft - Riverine der US Navy). Das KSK nutzt das MG6 bereits auf ihren AGF »Serval«-Fahrzeugen. Am häufigsten wird die M134D jedoch in Hubschraubern eingesetzt und kann an die meisten militärischen und zivilen Hubschrauber angepasst werden. Als modulares System ist es leicht an viele bestehende Plattformen anpassbar und kann sowohl im »Fixed Forward Fire« (ähnlich dem SOCOM-Konzept des Direct Action Penetrator, DAP) als auch im »Crew-Served-Modus«, wie bei der Luftwaffe von TacOps bedient, eingesetzt werden. Dillon Aero liefert derzeit neue Serien-M134D-Miniguns aus und bietet Modernisierungskits für General Electric GAU-2B/M134-Miniguns der älteren Generation an. Munitionszufuhr entscheidet In der Vergangenheit waren Munitionsmagazine aufgrund verschiedener Konstruktionsmängel eine hartnäckige Quelle von Waffenfehlfunktionen. Dillon Aero investierte viel Zeit und Ressourcen in die Lösung dieses Problems, um sowohl die Zuverlässigkeit als auch die Benutzerfreundlichkeit von Magazinen und Zuführungssystemen zu erhöhen. Dillon Aero bietet eine große Auswahl an Munitionsmagazinen mit einer Kapazität von 400 bis 4.000 Schuss an. Die Produkte wurden für den Einsatz in der Luftfahrt entwickelt und auf ihre Robustheit auch bei Abstürzen hin analysiert und zeichnen sich durch eine hohe Resistenz gegen Störungen aus. Für den H145M wurde eine besondere Lösung zur

Nahaufnahme der Abzugseinrichtung. Die inneren Auslöseknöpfe werden mit dem Daumen bedient.

Ein TacOp der 4. Staffel des HSG 64 verlädt auch die benötigte Munitionskiste vor dem Abflug mit dem H145M LUH SOF. Die Munitions selbst wird jedoch vorab vom Personal der Waffen- und Wartungsstaffel vorbereitet.

Munitionszuführung entwickelt. Die Position im hinteren Bereich wirkt nicht nur platzsparend am Maschinengewehr, sondern sorgt auch für ein besseres Gleichgewicht des Hubschraubers. Die dadurch erforderliche vier Meter lange Munitionszuführung, die sich über den Boden des Hubschraubers schlängelt, ist die längste, die je gebaut wurde. Zur Vermeidung von Störungen wurde daher ein zusätzlicher 3 PS starker Booster-Motor am Gurtkasten angebaut. Denn im Gegensatz zu russischen Gatling-Systemen erfolgt die Munitionszufuhr beim MG6 nicht über einen Kasten mit loser Schüttung, sondern muss mit akkurat angeordneten Patronen bedient werden. Der Booster schiebt quasi die Munition sprichwörtlich nach vorne zur Waffe. Die nötige Energie bekommt er durch eine Batterie neben dem Gurtkasten, die auch für die Stromversorgung der Waffe zuständig ist. Die Komponenten hierfür werden ebenfalls allesamt von Dillon Aero angeboten. Hierzu gehört auch im Bereich der Munitionskästen die integrierte Befestigung/Verankerung. Durch die Aufteilung jedes Magazins in mehrere Fächer entstehen mehrere Munitionsbuchten. Jeder Schacht ist mit mindestens einer Trennwand sortiert, die die Munition kontrolliert und Magazinklemmer durch Patronenverriegelung verhindert. Die optimierte Konstruktion der Trennwand macht das Laden des Magazins zu einer einfachen und schnellen Aufgabe. Das Laden erfolgt durch das Legen eines durchgehenden Munitionsbandes von einem Ende zum anderen. Wenn das erste Feld voll ist, wird der Gurt in den Überlappungsbereich des Magazins und in das zweite Feld geführt. Ein Standardmagazin mit 4.000 Schuss kann in wenigen Minuten einsatzbereit gemacht werden. Dillon Aero-Munitionsmagazine sind derzeit bei den amerikanischen und vielen ausländischen Militärs sowie Regierungen im Einsatz. Dillon Aero-Waffen, Montagen und Munitions-Handling-Systeme wurden in 16 verschiedene Drehflügler-Plattformen mit insgesamt mehr als 800 separaten Flugzeuginstallationen integriert. Aktuelle Dillon M134D und M134D-H Anwendungen werden bei den Typen UH-60, MH-47, UH-1 H/N, AB-212, AH-6, Mi-8 Hip, AW/EH-101, NH-90, AS-565, AS-550, AS-330, MV-22 und neu beim H145M LUH SOF der Luftwaffe verwendet. Batterie Anders als bei Waffen mit Gasdrucklader erfolgt die Munitionszuführung und auch das Drehen der Rohre durch Strom. Das Ur-Gatling-Modell wurde bekanntlich mit einer Drehkurbel vom Schützen per Hand angetrieben. Bei einer Dillon Aero Gatling Gun versorgt der Antriebsakku die »Gun Control Unit«, die direkt über Stromkabel angeschlossen ist. Dillon Aero bietet folgende Antriebsbatterien an: D8565/11-1 Concorde Blei-Säure-Batterie für 10 AH und D8565/16-1 Concorde Blei-Säure-Batterie für 5 AH oder die leichte Lithium-Batterie DMG0780 für 7 AH. Alle oben genannten Batterien sind als ungefährlich und uneingeschränkt für den Land-, See- oder Lufttransport klassifiziert, wenn sie korrekt verpackt sind. Die Batterien sind so konstruiert, dass sie ohne Wartung funktionieren und nur eine routinemäßige Sicht- und Leistungskontrolle erfordern. Der sich ebenfalls drehende Verschluss enthält eine ausgeklügelte Mechanik, die mehrere Schritte zeitgleich ermöglicht: Munition wird vom Gurt getrennt, in das Patronenlager geschoben und die Hülsen nach dem Schuss wieder ausgeworfen. Bei etwa 3.000 Schuss pro Minute werden daher nur 500 Schuss pro Rohr abgefeuert. Das ist deutlich weniger als bei Waffen mit nur einem Rohr und zusätzlich kühlen die Rohre durch die Drehung ab. Das sorgt für eine deutlich geringere Materialbelastung und im Umkehrschluss für längere Einsatzzeiten der Waffe. Die Rohre müssen erst nach 120.000 Schuss gewartet werden. Instandsetzungs-Kit (für Waffenmechaniker und/oder TacOp) Das Dillon Aero »Armorer‘s Tool Kit« enthält die Werkzeuge und Ersatzteile, die für die Wartung des M134D-Systems benötigt werden. Das Zubehör ist in einem stabilen, leichten Koffer untergebracht. Die Ersatzteil-/Werkzeugtasche der TacOps enthält die grundlegenden Werkzeuge und Ersatzteile, die der Waffenbediener benötigt, um das M134D-System im Feld zu warten. Die Werkzeuge passen in eine robuste, transportable Canvas-Tasche. Im Lieferumfang enthalten sind ein Ersatzlauf, ein Lauferosionsindikator, eine Führungsstange, einen Ersatzverschluss, ein Delinker-Haltestift und verschiedene weitere Zubehörteile. Zusätzlich sind Werkzeuge, die für die Wartung vor Ort benötigt werden – u. a. bekannt der große Schlitzschraubenzieher und eine Ratsche – enthalten. Im Einsatz sind die Warte jedoch nicht immer dabei, sodass die TacOps selbst zurechtkommen müssen. Dabei können die Warte auf die Erfahrung der amerikanischen Herstellerfirma zurückgreifen, bei der die TacOps und Waffenmechaniker ausgebildet wurden. Dillon Aero bietet nämlich einen grundlegenden Einführungskurs an, der sich an neue Benutzer richtet oder als Auffrischung dienen kann. Der Kurs vermittelt eine gute Wissensgrundlage und praktische Erfahrung mit dem M134D-System. Nach Abschluss dieses Kurses sind die Teilnehmer mit den Verfahren für den sicheren und effektiven Betrieb sowie der Wartung des Waffensystems durch den Bediener mit den von Dillon Aero veröffentlichten Handbüchern und Anleitungen vertraut. Außerdem haben bereits andere NATO-Partner wie die USA, Norwegen, England und Frankreich die Waffe im Portfolio. In Deutschland ist das MG6 aktuell nur für die Einsätze der Spezialkräfte vorgesehen.

Abseilausstattung H145M LUH SOF

Ein H145M LUH SOF vom HSG 64 mit Abseilausstattung und EOS-Sensor Pod im Static Display während der ILA 2018.

Fast Rope

Das Absetzen der Soldaten erfolgt nicht nur bei der Landung durch die großen Schiebetüren, sondern beidseitig auch über eine Abseilanlage (Fast Roping, Rappelling), die auch schwer ausgerüstete Soldaten bewältigt. Ausgeschwenkt entsteht ein Abstand zur Kufe, sodass abseilende Personen nicht mit den Kufen kollidieren. Das EAD03 Abseil-System von der ecms Aviation Systems GmbH mit Abseilanlagenbefestigung oberhalb des Schiebetürrahmens stellt ein sehr innovatives und erfolgreiches System dar. Das elektrisch betriebene Notlösesystem ist redundant abgesichert, um versehentliches Lösen der Taue zu verhindern. Für die Zertifizierung des neuen Systems arbeiteten Spezialisten der Luftwaffe, des KSK sowie der Industrie eng zusammen. Das Fast Rope-System ist das meistverbreitete Abseilverfahren für SOF-Assaults. Das ungesicherte Nutzen des dicken Seils für die schnelle Abwärtsbewegung von schwebenden Helikoptern hin zum Boden bzw. Absetzobjekt wird weltweit angewandt. Für die Nutzung des Fast Rope Taus sind spezielle Handschuhe obligatorisch, da es sonst zu Verbrennungen an den Händen kommt, die einen Kampfeinsatz unmöglich machen. In frühen Jahren wurden hierfür mit dickem Rindsleder überzogene Handschuhe verwendet, die eher Stacheldrahthandschuhen glichen. Heutzutage ist man hier wesentlich weiter in der Materialforschung, sodass wesentlich ergonomischere Handschuhe genutzt werden, die eine Weiternutzung der Handschuhe zur Erfüllung des Auftrags ermöglichen. Trooper des KSK können nach dem Absetzen direkt mit ihrer Mission beginnen, Handfeuerwaffen nutzen und müssen die Handschuhe nicht zwingend wechseln. Das Fast Rope-Verfahren wird oft begrifflich mit dem FRIES-System verwechselt (Fast Rope Insertion and Extraction System) verwechselt, sind beide Varianten doch sehr eng mit einander verwandt. Beim FRIES-System besteht die Möglichkeit sowohl nach unten abzugleiten (identisch zum Fast Rope) als es auch zum Abtransport (Extraction) unter einen fliegenden Hubschrauber hängend zu nutzen. Dafür sind am FRIES extra in Fast Rope-Fallrichtung abgeneigt Schlaufen am Tau angebracht. In diese können sich mehrere Personen mit den Füßen (wie bei Steigbügel) einfädeln und sich mit den Händen am Tau festhalten bis der Helikopter wieder an einem anderen Ort sicher landet. Ein Einholen oder Hinaufklettern ist nicht möglich. Die etwas sichere Variante der Notextraktion wäre das SPIES

Fast Rope Sequenz 1: Ein KSK-Trooper verlässt den H145M LUH SOF über das am EAD03-Ausleger befestigte Fast Rope-Tau, welches zuvor samt Tasche in Richtung Boden geworfen wurde.

Fast Rope Sequenz 2: Das Seil wird nach Abschluss des Abseilvorgangs vom Cockpit aus ausgeklinkt und fällt zu Boden. Im Einsatz ist keine Zeit, um das Seil einzuholen, da sich der Hubschrauber schnellstmöglich aus der Gefahrenzone begeben muss.

Fast Rope Sequenz 3: Das abgeworfene Fast Rope-Seil bleibt am Absetzort liegen. Für die Produktion des einzigartigen Fast Ropes werden spezielle PA BCF-Fasern verwendet.

Ein H145M kurz vor dem Einsatz. Das EAD03-System wird vor der Aufnahme der KSK-Trooper noch einmal überprüft. Dann wird das Seil wieder in den Sack verstaut.

(Special Patrol Insertion and Extraction System)-Verfahren. Bei der Befreiung von Geiseln aus einer Gefahrensituation muss das sichere und schnelle Entkommen aus dem lebensgefährlichen Umfeld sichergestellt sein. Befinden sich die Spezialkräfte zum Zeitpunkt der Befreiung noch immer im Kampf mit den Geiselnehmern, zählt jede Sekunde. Eine schnelle Option ist das SPIES Special Patrol Insertion/ Extraction System) verfahren. Während weitere Kräfte die Geiselnehmer bekämpfen kann beispielweise auch die zu befreiende Person mit einem Teil des Zugriffs-Team aus der Gefahrenzone extrahiert werden. Die Sicherungshaken samt Verlängerungsschlaufen befinden sich am Haupttau. Das Tau wird mit dem Hubschrauber per Lasthaken operiert. Ab diesem Zeitpunkt müssen die Soldaten schnell sein. Jeder Handgriff beim Einklinken an das Haupttau muss korrekt durchgeführt werden. Der Patrol-Leader muss jeden seiner Leute überprüfen, bis auch er sich an das Tau am Ende einklinkt. Das Geschirr für die Befestigung am Körper legen die Soldaten bereits vor Ankunft des Hubschraubers an. Diese Methode ist allerdings sehr exotisch und kann für die Beteiligten sehr gefährlich werden, da die am SPIES-Tau hängenden Personen ein gutes Ziel für feindliche Kräfte abgeben. Das SPIES-Verfahren ist eher bei den US SOF-Einheiten verbreitet und kommt selbst dort eher selten zur Anwendung.

Ein H145M LUH SOF auf der ILA 2018. Das ordentlich eingerollte Fast Rope-Seil wurde – für den militärischen Alltag unüblich – den Besuchern präsentiert.

Ein Kampfschwimmer klappt selbständig das EAD03 Abseil-System in den benötigten Fast Rope-Abstandswinkel. Das ungesicherte Nutzen des Fast Rope-Seils für die schnelle Abwärtsbewegung von schwebenden Helikoptern hin zum Boden bzw. Absetzobjekt wird weltweit angewandt.

Ansicht des EAD03 Abseil-Systems in ausgefahrenem Zustand (Fast Rope).

Ansicht des EAD03 Abseil-Systems in rumpfkonform angelegtem Zustand (Rappelling oder Fast Rope nach dem Ausklappen).

Fact Box

- System weight: 14 kg (31 ibs) -20 kg (44 lbs) per unit
- Manual or electric emergency rope release
- Load capability: Max 620 kg (1380 lbs) total
- Simultaneous operation with up to four ropes per helicopter
- High useful load of 180 kg per rope coupling (400 lbs)
- Use of rope brakes approved up tp 3.5g
- Lifetime 30.000 load cycles
- No helicopter fuselage modifications required

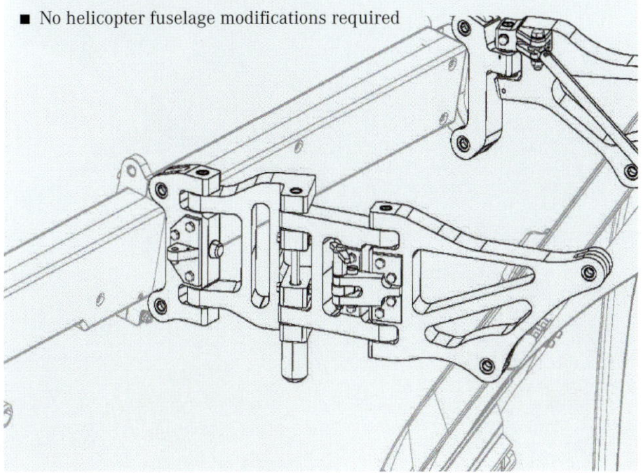

Links: Grafische Hersteller-Spezifika des EAD03 Abseil-Systems.

Rechts: Im Truppenmodus (ohne Sitze) wird behelfsmäßig in der Frachtkabine eine sogenannte Personal Security Line (PSL) mit Seilen installiert, damit sich die zu transportierenden Soldaten daran mit ihren Rückhalteseilen (am Karabinerhaken) sichern können.

Rappelling

Sanitäter des Sanitätsspezialzuges des KSK retten in einem Übungsszenario einen Verletzten aus einem Gebäude mit einer Trage und einem Flaschenzug in Calw im Juni 2018. Auch ohne Hubschrauber als Abseilplattform, muss das Abseilen (Rappelling) geübt werden.

Neben dem Fast Rope-Verfahren besteht auch die Möglichkeit des gesicherten und mechanisch manuell bremsbaren Abstiegs an Seilen (Rappelling), wenn Fast Roping situationsbezogen für zu gefährlich erachtet wird oder etwa ein Hundeführer samt Diensthund verbracht wird. Die Abseiltechnik Rappelling ist im Grunde an das Kletterabseilen (Abseiling) angelehnt, nur daß man dauerhaft in der Luft hängt und mit der Seilbremse in der Hand das Tempo bestimmen sowie kurz vor dem Bodenkontakt zum Abbremsen kommen kann. Es ist eine gesicherte Methode, da man mit dem Abseilgeschirr mit dem Seil verbunden ist. Jeder Soldat hat sein eigenes Seil am Mann. Das Seil befindet dabei in einem Sack aus dem bis zur benötigten Länge mit einer ebenfalls am Mann befindlichen Seilbremse die Abseilgeschwindigkeit kontrolliert wird. Kutz vor Erreichen des Bodens muss die Bremse zum Stillstand betätigt werden. Der Soldat löst sich dann vom Seil und kann seine Mission sofort beginnen. Die maximal vier Rappelling-Seile werden dann vom Piloten vom EAD03 Abseil-System gelöst und fallen ebenfalls zu Boden. Der Hubschrauber kann dann die Absetzstelle verlassen. Bei widrigen Wetterbedingungen oder mit zusätzlicher Last (Hundeführer mit Hund) beladen, bietet sich das Rappelling als Alternative zum ungesicherten Fast Roping.

Dramatische Nahaufnahme zweier H145M LUH SOF während eines Air Assaults und der sogenannten »Insertion« zweier KSK Kommando-Trupps mittels Rappelling-Verfahren im Juni 2019. Vor dem Endanflug haben sich die Kommandosoldaten auf den Kufen positioniert und halten die Seile in Spannung. Das Aramid oder Polyester-Seil muss dabei ähnliche Gewichtkraftbelastungen aushalten, wie Seilwinden.

Das EAD03-System (Abseileinrichtung am Hubschrauber) von ecms am H145M wird von den Troopern selbständig bedient.

Für den Rappelling-Einsatz sind die KSK-Trooper mit ihrer persönlichen Abseilausstattung ausgerüstet, die sie in den laufenden Einsatz mitnehmen. Hierzu gehört der Abseilsack (Rappel Rope Bag) mit dem vorbreiteten Rappelling-Seil, Seilbremse, Auffanggurt, Absturzsicherung und Brustgurt, Fast Rope-Handschuhe.

Zusätzlich führt der KSK-Trooper vor allem seine Einsatzbewaffnung mit sich, um den taktischen Air Assault am Boden überhaupt durchführen zu können. Im Bild zu sehen: Gewehr Spezialkräfte G95 (HK416 A7) in 5,56 x 45 mm mit EOTech G33 Magnifier x3 sowie EOTech XPS und Rheinmetall Laser-Licht-Modul (LLM), Pistole HK P30 in 9 x 19 mm einem Blackhawk Holster getragen. Die leichten OpsCore-Helme sind ebenfalls typisch für Spezialkräfte. An den Helmen können Nachtsichtgeräte, Lampen und Funk- bzw. Gehörschutzkopfhörer angebracht werden.

Für den Rappelling-Einsatz sind die KSK-Trooper mit ihrer persönlichen Abseilausstattung ausgerüstet, die sie in den laufenden Einsatz mitnehmen. Hierzu gehört der Abseilsack (Rappel Rope Bag) mit dem vorbreiteten Rappelling-Seil, Seilbremse, Auffanggurt, Absturzsicherung und Brustgurt, Fast Rope-Handschuhe.

Winde

Das EAD03-System ist adaptiv und kann gegen das Windensystem ausgetauscht werden. Zusätzlich verfügt der H145M LUH SOF über eine modular anbringbare elektrische (Goodrich Rescue Hoist Modell 44301) Rettungswinde und einen zweiteiligen Lasthaken, an dem auch Personen transportiert werden dürfen. Winden sind das wichtigste Mittel zur Bergung von Personen. Sie gehören zum festen Bestandteil eines jeden Helikopters, der die Aufgabe der Verbringung und Rettung hat. Das Winschen (Winching) kann auch für Kranfunktionen verwendet werden, wenn die Winde im Schwerpunkt des Helikopters nahe der Rotorachse (in der Mitteldecke der Innenkabine) durch eine Luke am Unterrumpf führt. Winden haben im Normalfall zwischen 150 und 300 kg Tragkraft und werden meist elektrisch angetrieben. Die Winden der SOF-Helikopter nutzen oftmals High Speed-Motoren, um den Vorgang möglichst schnell abzuschließen. Ein typischer Ablauf einer Winden-Evakuierung würde damit beginnen, dass sich ein Retter zum Boden abseilt, die zu rettende Person beruhigt und ihr den Rettungsablauf kurz erklärt. Der Retter holt den Windenhaken mit dem Trapez und hängt das Rettungsdreieck am ersten Karabiner des Trapezes ein, danach hängt er sich mit seinem Rettungsgurt an den zweiten Karabiner des Trapezes, kontrolliert ob alles richtig eingehängt ist und gibt dem Windentechniker die Anweisung zum Anziehen. Der Vorgang kann aus einer Höhe von bis zu 90 m durchgeführt werden. Bei einer Exfiltration ohne Verwundete muss kein Retter mit »abgewinscht« werden, da Spezialkräfte den Umgang mit dem Windenhaken beherrschen. Jeder Einzelne kann selbst zum Retter werden, wenn verletzte Kameraden transportiert werden müssen. Um eine Beschädigung des hochwertigen Windenseils zu verhindern, werden sog. Seilabweiser an den Kufen installiert. Von der Kufenspitze bis über die Mitte verhindern die beidseitig montierten weißen Leisten, dass das drahtgebundene Windenseil nicht auf den metallischen Kufen reibt. Beschädigte Winden können katastrophale Auswirkungen auf die zu transportierenden Personen haben. Abschürfungen an den weißen Schutzleisten deuten auf eine sub-optimale Windennutzung. An Kufen reibende Windenseile können auch zu weit in Richtung Heck rutschen und in den Einsinkschutz (Bearpaws) einfädeln. Auch dies wäre gefährlich. Der Betrieb der Winde samt der Bedienungsausstattung (mobiles Steuerungs-Gerät beim Winch Operator/Tactical Operator) bedarf einer speziellen Schulung und viel Übung und Geschick.

Einsatz der Winde. Der TacOp bedient das Steuerelement in der einen Hand, während er das Windenkabel vorsichtig mit der anderen Hand Drehungen verhindert. Der Windenausleger muss vor Gebrauch aufgeklappt werden, um genügend Abstand zwischen Kabel und Hubschrauber zu schaffen.

Die Winde gehört zum festen Bestandteil der Einsatzoptionen des H145M LUH SOF. Sie wird bei Bedarf an den Hubschrauber montiert, wie hier bei den Kältetests im Norden Schwedens 2017.

General Specifications
(Herstellerangaben zu Goodrich Rescue Hoist Modell 44301)

Height	12.32 in. (312.92 cm)
Width	8.75 in. (222.25 cm)
Weight	
44301-10-4	92.11 lb. (41.78 kg)
44301-10-5	83 lb. (37.64 kg)
Hoist Length	31.75 in. (806.45 cm)
Cable Lenght	
44301-10-4	300 ft. (91.44 m)
44301-10-5	170 ft. (52 m)
Cable Diameter	3/16 in. per MIL-W-83140
Maximum Lift Load	
44301-10-4	600 lb. (272.16 kg)
44301-10-5	500 lb. (230 kg)
Overtension Load Limit	
44301-10-4	1275 lb. (544.31 kg)
44301-10-5	1065 lb. (483.08 kg)
Limit Load	
44301-10-4	1500 lb. (680.39 kg)
44301-10-5	1265 lb. (574.31 kg)
Ulitmate Load	
44301-10-4	2250 lb. (1020.60 kg)
44301-10-5	1875 lb. (850.49 kg)
Input Power	28 VDC/125 amps maximum
Lowering Speed	
275 fpm (83.82 m/min) @ 600 lb. (272.16 kg)	
240 fpm (73.15 m/min) @ 300 lb. (136.08 kg)	
Racing Speed	
150 fpm (45.72 m/min) @ 600 lb. (272.16 kg)	
240 fpm (73.15 m/min) @ 300 lb. (136.08 kg)	

Blick auf die rechte Kufe während des Fluges: um eine Beschädigung des hochwertigen Windenseils zu verhindern, werden sogenannte Seilabweiser an den Kufen installiert. Bei maritimen Versionen des H145M schützt die weiße Leiste auch die Notschwimmer vor dem Windenseil.

Design Features
(Herstellerangaben zu Goodrich Rescue Hoist Modell 44301)

- Hour meter or event counter logs total time
- Emergency cable cut
- Redundant limit and decel switches
- Night vision compatible controls
- Cable length display on operator's pendant
- Intercom switch on pendant
- Lifetime 30.000 load cycles
- Pendant lighting includes »Overtem« or »Cation« indicators

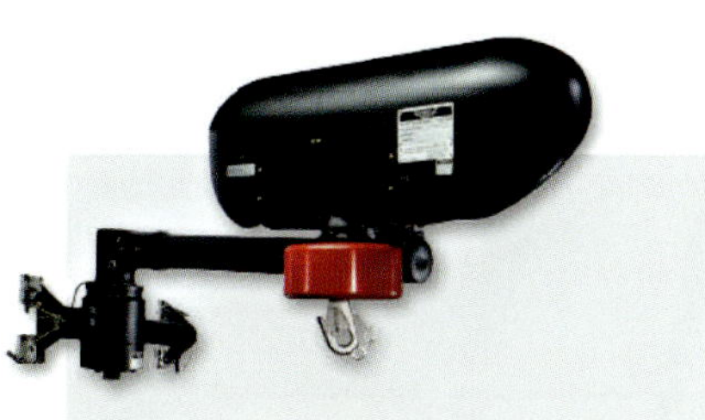

Grafik der Goodrich Rescue Hoist Modell 44301, wie sie am H145M LUH SOF verwendet wird.

Ein Lehrgangsteilnehmer wird mit der Seilwinde im Rahmen des Lehrgangs »Bergrettung Sommer« im Zentrum für Sicherheit und Ausbildung (ZSA) der Bergwacht in Bad Tölz im Juli 2017 »gewincht«.

Die Lehrgänge für den Umgang mit der Seilwinde stammen allesamt aus der zivilen Luftrettung. Symbolisch für die Erfolgsstory des BK117 und seiner Folgemuster ist auch hier ein BK117 als Mock-Up für die Ausbildung im ZSA zu sehen.

Freifallverbringung

Zu den vertikalen Verbringungstechniken gehören in der Königsdisziplin vor allem zwei Arten, die sich vom Automatensprung unterscheiden. Beim Automatensprung wird der Schirm automatisch beim Verlassen des Hubschraubers mit einer Aufziehleine, die im Helikopter eingehakt wird, geöffnet. Diese Schirme sind unter Fallschirmjägern als T-10 Rundkappenschirme bekannt. Die beiden Freifallvarianten HALO (High Altitude Low Opening) und HAHO (High Altitude High Opening) gehören jedoch zur Profi-Disziplin. Beim HALO wird aus Höhen von etwa 10.000 m. Dies geschieht dann aber mit einer speziellen Ausrüstung, die ein Atemgerät, ein Navigationsbord, eine Schwimmweste, Handschuhe mit je einen Höhenmesser pro Arm, eine im Helm integrierte Nachtsichtkamera und speziellen Schuhen beinhaltet. Häufig wird das RAPS (Ram Air Parachute System) dafür verwendet. Der Luftdruck ist in diesen Höhen nur etwa 1/4mal so hoch, wie auf Meeresspiegelhöhe und das Atmen funktioniert ohne Sauerstoffgerät nicht mehr. Aber auch die Temperaturen liegen dort oben bei etwa -50 Grad C, weshalb die Springer auch gut isolierte Springerkleidung tragen müssen. Der Schirm wird erst sehr spät geöffnet, sodass der Springer möglichst lange unentdeckt bleiben kann. Das Gesamtgewicht der Ausrüstung kann um die 65 Kilo wiegen. Beim HAHO ist die Absetzhöhe auch wieder sehr hoch. Allerdings wird hierbei ein Gleitschirm schon sehr früh geöffnet. Dadurch ist es dem Springer möglich sehr weite Strecken zurückzulegen. Navigiert wird auch hier mit einem speziellen Bord, auf dem sich alle möglichen Instrumente zur Navigation befinden. Klassischerweise zählt die Wasser-Infiltration zur Domäne der Kampfschwimmer. Im Grunde müssen jedoch die meisten SOF-Kräfte auch über eine Taucherausbildung verfügen. Jedoch werden in den allermeisten SOF-Einheiten (Polizei und Militär) nur bestimmte Abteilungen auf triphibische Verbringung spezialisiert. Kampfschwimmer sind mit dem Element Wasser deutlich mehr verbunden als etwa EGB-Kräfte oder die meisten KSK-Trooper. Auch die GSG-9 der Bundespolizei unterhält spezielle maritime Operatoren, die im küstennahen Bereich das maritime Umfeld beherrschen. Der beherzte Sprung aus bis 10 bis 15m direkt aus dem Hubschrauber gehört zum Standard. In der Freifaller-HAHO/HALO-Variante trennen sich Kampfschwimmer optional auch kurz über dem Wasser vom Fallschirm und setzen ihre Mission als Taucher fort. Der H145M LUH SOF kann solche Missionen ebenfalls ausführen. Hierfür muss jedoch eine zusätzliche Ausstattung angebracht werden, welche ebenfalls von der Luftwaffe beschafft wurde.

Ein H145M LUH SOF mit maritimer Ausstattung bei einem Übungsflug mit Freifallern des KSK 2016. Die Infiltration von Spezialkräften mittels Fallschirm kann auch in küstennahen Bereichen stattfinden. Hierzu muss der LUH auf bis zu 5.000 m Höhe steigen, um die Gleitzeit der Kommandosoldaten zu verlängern.

Freifaller des KSK nach einem Trainingsflug bzw. -sprung mit dem neuen Hubschrauber für Spezialkräfte der Bundeswehr H145M LUH SOF 2016.

Piloten und ihre Ausstattung

Pilot und Co-Pilot tragen längst keine Standard-Flieger-Kombis mehr, sondern wirken eher wie Kommando-Soldaten mit Fluglizenz. Tatsächlich sind auch sie Spezialkräfte. Dennoch gehören sie zum jüngsten fliegerischen Einsatzverband der Luftwaffe: dem Hubschraubergeschwader 64 (HSG 64). Zwar sind die alten blau-grauen und oliven Fliegerkombis bei der 4. Staffel bereits ausgemustert und durch die neuen grünen Kombis ersetzt worden, im Einsatz tragen Combat Ready Piloten jedoch eher taktische Bekleidung, wie sie eher bei den infanteristen oder eben Kommandosoldaten genutzt wird. So kommt sowohl die klassische KSK-Bekleidung, wie es das KSK bereits seit vielen Jahren im Feld trägt, jedoch im klassischen Flecktarn und sicher auch bald im neuen Multitarn oder in der Variante Wüste/Sawanne als auch für die SOF-Community typischen Einsatzstiefel durchaus als Einsatzbekleidung infrage. Auch für Kommandotruppen typischen Plattenträger zum ballistischen Oberkörperschutz werden bei Übungen gerne getragen, da sie wesentlich kleiner dimensioniert sind und somit mehr Bewegungsfreiheit ermöglichen. Die H145M Piloten der Combat Ready-Abteilung führen zudem Handfeuerwaffen mit. Die klassische HK P8 Pistole in 9 x 19mm ist stets am Mann. Hinzu kommt für jeden Piloten ein HK G36 Strumgewehr in 5 x 56mm. Die Sturmgewehre sind jeweils hinter dem Pilotensitz in einer Haltevorrichtung angebracht. Zwar sind alle Piloten der Luftwaffe durch mehrere Kurse zum Thema »Überleben und Durchschlagen« (Im Einsatz, Über Land, Über Wasser) oder genauer gesagt mit den Grundlagen des SERE-Training (Survival, Evasion, Resistance and Escape also Überleben, Ausweichen, Widerstand und Flucht) vertraut, doch im SOF-Bereich kommen viele taktische Besonderheiten hinzu. Mit Handfeuerwaffen bestückte Kleinhubschrauber waren bei den Einsatzpiloten der US Army bereits in den 1960er-Jahren (Vietnam-Krieg) üblich. Zuletzt flogen auch die Scout-Piloten mit ihren OH-58 Kiowa Warrior Aufstandsbekämpfungs-Einsätze (Counter Insurgency, COIN) im Irak-Krieg und in Afghanistan bis zur Ausmusterung der Kiowas. Es ist daher nicht nur in der SOF-Fliegerei eine gängige Praxis, Piloten mit Handfeuerwaffen als Ultima Ratio mitzugeben. Eigenschutz geht stets vor. Die Basics des Überlebens nach einem Absturz (durch

Combat Ready Piloten (SOF) der 4.FlgSt-ffHSG64 posieren vor ihrem Arbeitgerät H145M LUH SOF während einer Übungspause in Pfullendorf im Juni 2019.

H145M-Piloten des HSG 64 in ihren Standard-Fliegerkombis. Die Ausbildung der H145M LUH SOF-Piloten ist extrem umfangreich und eine SOF-Zertifizierung für die Luftfahrzeugbesatzungen ist hochkomplex.

Ein LUH-Pilot macht bereitet sich auf den nächsten Einsatzflug in auf dem Truppenübungsplatz Heuberg im Oktober 2019 vor. Er trägt überwiegend taktische Bekleidung.

Rechts: Combat Ready Piloten (SOF) der 4.FlgStffHSG64 verwenden keine Standardbekleidung, sondern gleichen im taktischen Outfit eher ihren Kameraden vom KSK.

Abschuss oder durch Unfälle) im Feindesland müssen aufgrund der Brisanz des Operierens in einem feindlichen Umfeld um weitere Schulungen erweitert werden. Letztere unterliegen wie so viele Aspekte im Verlauf jedoch der Geheimhaltung. Eines ist jedoch allgemein bekannt: bei der unkonventionellen Kriegsführung wird nicht immer um Erlaubnis gefragt. Dennoch sind die Piloten der 4. Staffel des HSG64 keine Übermenschen, sondern auch sie sind ansonsten mit den üblichen Ausrüstungsgegenständen des fliegenden Personals ausgestattet. Ein Combat Ready Pilot gehört jedoch aus militärplanerischer Sicht mehr als sein Fluggerät zu den wohl wertvollsten Ressourcen der Streitkräfte.

Modulare Rettungsweste

Die modulare Rettungsweste MW 20 MB, auch Überlebensweste genannt, von der Firma SECUMAR ist für fliegendes Hubschrauber-Personal (Non-Fast Jet / Rotary Wing) bei der Luftwaffe und bei den Heeresfliegern im Einsatz obligatorisch. Auch sie ist mit ballistischem Schutz bis zur Schutzklasse SK4 und Stehhaltegurtsystem ausgestattet. Die »Panzerplatte« ist im Westeninneren integriert und kann herausgenommen werden. Sowohl vorne als auch hinten kann eine Keramik bzw. Kevlar-Platte in den dafür vorgesehenen Plattenträger eingeführt werden. Eine variable Anbringung von verschiedenen Taschen und Einsatzgeräten ist an der Weste möglich. Der Rettungs- bzw. Schwimmkragen ist abnehmbar, wobei die nicht-maritime Variante (ohne Schwimmkragen) lediglich die Antenne des Notfunkgeräts im Teilkragen rechts beinhaltet. Der dazugehörige Notfunksender befindet sich in der rechten Seitentasche. Beim Ziehen des weißen Griffstücks unterhalb der Notfunksendertasche wird automatisch eine Verbindung mit der Rettungsleitstelle, welche in Friedenszeiten und im Heimatbetrieb in Deutschland die SAR-Leitstelle SAR-Leitstelle übernimmt, hergestellt. Im Einsatz wird dann dementsprechend eine CSAR-Stelle oder eine Quick Response Force befreundeter Partnerländer alarmiert. In der linken Tasche befindet sich die Survival-Ausrüstung. Alle Survival-Gegenstände sind an Schnüren befestigt, um einen Verlust zu verhindern. Zur Ausstattung gehören u.a. ein Notsignalgerät Heckler & Koch HK FHK19 in 19 x36 mm (6 schüssige »Mini-SiGPi«), ein Taschenmesser BW, ein Magnesium Feuerstarter, eine Signalpfeife, ein Signalspiegel, ein Verbandpäckchen, eine Isolierdecke, ein Kompass, eine Leine sowie Schmerztabletten. Besatzungspersonal, wie etwa ein Tactical Operator

Frontansicht eines Piloten der 4.FlgSt-ffHSG64 mit modularer Rettungsweste MW 20 MB von der Firma SECUMAR.

Rückansicht der MW 20 MB. Die Rettungsweste verfügt über einen ballistischen Schutz bis zur Schutzklasse SK4.

Detailansicht einer MW 20 MB Rettungsweste für Hubschrauberbesatzungen. Eine variable Anbringung von verschiedenen Taschen und Einsatzgeräten ist an der Veste möglich.

(TacOp), welches aufgrund der benötigten Mobilität nicht permanent mit dem Vierpunktgurt an an den Sitzen angeschnallt sein kann, erhält durch ein Steh- und Haltesystem die Möglichkeit, sich sicher im Kabinenraum zu bewegen. Dabei wird – über die hinteren Schulterbefestigungen der Weste getragen – ein massiver Karabinerhaken an einer verlängerten Schlaufe je nach Bedarf an mehreren Haltepunkten im Kabinenraum eingehängt. Gerade beim Arbeiten an der offenen Tür muss der TacOp stets gesichert sein und die Hände frei haben, um verschiedene Systeme zu bedienen (Winde, Bordwaffe) oder bei Lande- und Startsequenzen teilweise außerhalb der Kabine zu stehen. Ein Sicherungspunkt muss jedoch permanent genutzt werden, wenn der Hubschrauber in Betrieb ist.

Pilotenhelm

Bis heute tragen die Piloten den altbewährten Helm SPH-4G Rotary Wing Helmet System von der Firma Gentex. Am SPH-4 wird auch bei Bedarf das Nachsichtgerät (Night Vision Goggles, NVG) montiert. Hierfür wurden die Helme eigens präpariert, um die Ausstattung (Stromversorgung/Akku am Hinterkopf-Klett / Binokular am Stirnträger) aufnehmen zu können. Ein Generationswechsel der Helmsysteme ist unausweichlich und wurde bereits für die Bundeswehr eingeläutet. Die ESG Elektroniksystem- und Logistik-GmbH wurde durch das Bundesamt für Ausrüstung, Nutzung und Informationstechnik der Bundeswehr (BAAINBw) Ende 2019 mit der Einführung des künftigen »Standard Fliegerhelm Hubschrauberbesatzung (SFH) « beauftragt. Das neue SFH System soll weltweit in unterschiedlichen Klimakategorien und bei unterschiedlichen Umweltbedingungen von Luftfahrzeugbesatzungsangehörigen in den eingeführten und sich in der Einführung befindlichen militärischen Hubschraubern der Bundeswehr verwendet werden können. Das Fliegerhelmsystem dient dazu, den Nutzer im Flugbetrieb im festgelegten Einsatzspektrum vor äußeren Einflüssen wie Lärm, optischen Strahlern (Lasern), Sand, Staub, mechanischen Stößen und – neu – Waffenwirkung zu schützen. Zudem dient es dazu, zusätzliche Ausrüstung wie beispielsweise Nachtsichtbrillen dauerhaft zu tragen. Auch die Versorgung von Personen mit Sauerstoff bei Flügen in großen Höhen wird möglich sein. Auch der SFH ist eine Lizenz-Variante von der Firma Gentex und wird auch

Ein H145M-Combat Ready SOF-Pilot der 4. Staffel HSG 64 mit dem altbewährten SPH-4G Rotary Wing Helmet System von der Firma Gentex.

in Kooperation mit der Firma Autoflug, welche auch für die H145M Sitze und Gurtsysteme zuständig ist, beschafft. Um sich vor herumfliegenden Partikeln oder anderen Kleinteilen zu schützen tragen manche Besatzungsmitglieder zusätzlich zur feuerfesten Strumhaube auch einen adaptiven gehärteten Geschichtsschutz (z.B. ein Gentex SPH-5 Maxillofacial Shield). Das Maxillofacial Shield wird jedoch meist nur von TacOps und nicht von Piloten getragen, da Piloten meist nicht direkt mit der äußeren Verwitterung konfrontiert sind.

Links: Grafik zur BiV-Nutzung bei der Bundeswehr. Die H145M LUH SOF operieren überwiegend bei Nacht.

Ein SPH-4 Helm mit moniterter Nachtsichtbrille (Night Vision Googles, NVG). Bei der Bundeswehr wird das System »Bildverstärkerbrille« (BiV) oder kurz »Biff« genannt.

TacOps tragen oft auch den Gesichtsschutz-Adapter (Gentex SPH-5 Maxillofacial Shield).

Zukunftsmusik FARP

Der FARP (Forward Arming and Refueling Point) ist für eine zeitlich begrenzte Versorgung von Luftfahrzeugen vorgesehen. Nun gehört diese Ausstattung nicht direkt zum H145M LUH SOF. Aber für Operationen außerhalb der Reichweite von Feldlagern oder vorgeschobenen Flugplätzen ist die Reichweite der LUH´s sehr begrenzt. Abflugwege und Zeiten sind ohne FARP so kurz wie möglich zu halten, damit man genug Zeit im Einsatz- und Verfügungsraum hat. Gerade SOF-Operationen finden jedoch meist (ähnlich wie Personnel Recovery- oder CSAR-Einsätze) weit außerhalb der begrenzten Einsatzräume statt. Daher ist es üblich, in der Nähe der Gefechtszone, FARPs einzurichten. Hier müssen die Luftfahrzeuge schnell betankt, die Waffen nachgeladen und modulare Anbauteile schnell und feldmäßig gewechselt werden können. Idealerweise ist ein FARP ebenfalls hochmobil und wird seinerseits von Luftfahrzeugen bereitgestellt (z.B. durch A-400M, C-130, CH-53). Sowohl Treibstoff als auch Munition, Pumpen, Stromerzeuger, Nahrung, sowie Kleinfahrzeuge und Hilfsgeräte müssen in kurzer Zeit verladen und bereitgestellt werden. Ebenso schnell muss ein FARP auch wieder geräumt werden, um sich nicht länger als nötig in feindlichem Territorium aufzuhalten, denn je nach Qualität des Feindes können auch FARPS aufgeklärt werden. In einen FARP fliegen beispielsweise Rotten oder Schwärme von LUH´s wie bei einem Tankstellen-Stop ein und aus. Da es sich um behelfsmäßige Ausstattungen handelt, kann ein »Pitstop« nur in begrenztem Maße durchgeführt werden. Für die H145M LUH SOF der 4. Laupheimer Staffel waren vor allem kleine, modulare und tragbare Lösungen für die Versogrung im Feld interessant. Daher hat sich Airbus mit der Firma Diederich GmbH Gedanken über ein mobiles FARP-System, wie es vorher nur bei den US Spezialkräften üblich war. Falttanks, Hochleistungstreibstoffpumpen und mobile Arbeitsgeräte sind hier zu nennen. Mit einem umgebauten Polaris MRZR Ground Support Vehicle (GSV) könnten die H145M LUH SOF in Zukunft schnell in einem FARP abgefertigt werden, denn das luftverladbare Kleinfahrzeug kann mittels Krananlage und weiterer Ausstattung auch bei Reparaturen schwerer Teile (z.B. Rotoren, Getriebe, Triebwerke) oder gar für den Antransport von Munition und die Montage von Waffenanlagen unterstützen. Hierzu wird sehr wenig Personal benötigt. Die H145M LUH SOF können somit autonom von Feldlagern betrieben werden.

Ein H145M nimmt Spezialkräfte der Marine (KSM) während der SOF-Übung »Black Dagger« 2020 im Niger auf. Entlegene Wüsteneinsatzgebiete können zu einem großem Problem werden, wenn keine ausreichende Treibstoffversorgung vorherrscht.

Französische und US-amerikanische Spezialkräfte in Djibouti arbeiten bei der feldmäßigen Versorgung ihrer Luftfahrzeuge zusammen. Ein sogenannter FARP (Forward Arming and Refueling Point) ist hierbei für eine zeitlich begrenzte Versorgung von Luftfahrzeugen vorgesehen.

Bei einer befestigten FOB (Forward Operation Base) kommen Treibstoff-Container zum Einsatz. Diese haben eine eingebaute Pumpe und werden an den sogenannten Heli-Pads (Behelfslandeplattform) abgestellt. Im arktischen Raum werden kälteresistente Kugel-Container verwendet. Für rudimentäre Schnelllösungen (auch für KFZ-Treibstoffe) werden sogenannte Collapsible Rubber Tanks oder luftverlastbare Drop Drums, wie hier im Bild verwendet.

Mit kleinen mobilen Pumpen könnten auch die deutschen Spezialkräfte künftig arbeiten. Als Arbeitshilfe könnte hierzu ein umgebauter Polaris MRZR Ground Support Vehicle (GSV) dienen, welcher die H145M LUH SOF in einem FARP abfertigen könnte.

Ein H145M LUH SOF des HSG 64 in Aktion mit dem KSK im Vorfeld zur Vorführung am Tag der Bundeswehr im Juni 2019 in Pfullendorf.

Hier befindet sich ein Kommandotrupp KSK in der Insertion-Phase kurz vor dem schnellen Abseilen (Rappelling) ins Einsatzgebiet.

Taktische Special Operations-Verfahren H145M LUH SOF bei der Luftwaffe

Die Aufgaben können sehr unterschiedlich sein. Die Umstände, Rahmenbedingungen und Voraussetzungen sind ebenso variabel wie Ort, Zeit und Klimabedingung. Deswegen müssen möglichst viele Einsatzoptionen fortwehrend geübt werden, um Verfahren und Abläufe zu verinnerlichen. Aus diesem Repertoire muss dann bei Bedarf wie aus einem Werkzeugkasten heraus die jeweils geeignete Option für einen vorliegenden Einsatzbedarf konzipiert werden. Planung, Übung, Routine und die Basics der taktischen Special Operation Fliegerei kommen hierbei zum Tragen. Bei der Ausbildung und beim Erlernen spezieller SOF-Verfahren spielt vor allem die Erfahrungsweitergabe befreundeter Partnerstaaten sowie vor allem der bereits etablierten Spezialkräfte eine wichtige Rolle. Das Studium des US-amerikanischen SOF-Air-Ops-Field Manuals dient hierbei maximal als Nuance und Richtungsgeber. Wertvoller sind die Erfahrungen einsatzerfahrener Piloten, die früher vielleicht als Heeresflieger bereits in Spezialoperationen eingebunden waren sowie die Wünsche und Bedürfnisse der SOF-Kräfte in Bezug auf die Erfüllung ihrer Aufträge. Die SOF-Community der NATO und auch anderer Partner, wie etwa die GSG-9 sowie die erfahrenen Piloten der Bundespolizeifliegerstaffel oder der Länderpolizeien können hierbei wertvolle Beiträge leisten und taten dies bestimmt auch. Dennoch entwickelt jedes Land – so auch Deutschland – seine eigene militärische SOF-Fliegerei, auch wenn vieles bereits standardisiert oder ausrüstungstechnisch vereinheitlicht (innerhalb der SOF-Community) wirkt. Dass man bei westlichen SOF-Einheiten sowohl beim Militär als auch bei der Polizei einen gewisse Mainstream-Tendenz beobachten kann ist sicherlich unbestritten. Hier geht es jedoch meist um mögliche Interoperabilitäten unter- und miteinander. Als Beispiel, könnte man das Fast Rope-Abseilverfahren nennen. Alle Spezialeinheiten auf der ganzen Welt verwenden ein dickes Tau, um von einem Hubschrauber ohne anlanden zu müssen an das Objekt zu gelangen. Doch wie hochwertig sind die Planungen dabei, um in einer konzertierten Aktion mit anderen Kräften vor Ort auf die Sekunde genau nach Planungsvorgaben die gesamte Operation nicht zu gefährden. Was sind die Pläne B und C? Welchen Winkel und Anflugszeitplan haben die fliegenden Einheiten zu performen? Wissen die Trooper wo sie hinmüssen, haben die Unterstützungskräfte alle den Ablauf in Echtzeit im Blick? Training, moderne Ausrüstung, Disziplin und höchste Professionalität werden von allen Beteiligten einer Spezialoperation gefordert. Jeder Individualfehler kann die gesamte Operation gefährden. Deshalb gehören alle Akteure in diesem Kreis zur ausnahmslosen Top-Elite in ihren jeweiligen Aufgaben. Special Operations Forces kommen dementsprechend in sehr brenzligen Fällen zum Einsatz. Die wohl wichtigsten und gleichzeitig schwierigsten Aufgaben sind wohl die Geiselbefreiung, das Bekämpfen und Ausschalten beweglicher Hochwertziele sowie das Aufhalten von Personen und Fahrzeugen, die sich einer Verhaftung entziehen wollen. In all diesen Einsatzszenarien spielen das Verbringungsvehikel (Hubschrauber) und vor allem die Piloten als SOF-Element eine herausragende Rolle.

Verbringung von Spezialkräften – Car Interdiction/SOF Air Assault im Verbund

An das Sniper Interdiction-Konzept anknüpfend, welches im Verlauf ebenfalls näher dargestellt wird, können ebenso auch fahrende Fahrzeuge festgesetzt werden (Car Interdiction Operation). Das Aufhalten von Fahrzeugen in der Bewegung, ohne sie aus der Luft unter Beschuss nehmen zu müssen, stellt daher eine spezielle Taktik dar, wenn es um die Befreiung oder Festnahme von Zielpersonen geht. Eine der eingesetzten Taktiken ist das Abfangen von mobilen Zielpersonen mit Hubschraubern. Dabei kann es sich um flüchtige Täter, Terroristen, Kuriere oder zu befreiende Geiseln handeln. In einem ähnlichen Fall konnten französische Spezialkräfte in Afrika das vorher gezahlte Lösegeld von einer Geiselübergabe den somalischen Piraten wieder abnehmen. Ebenso könnte es sich um strategisch wichtige Unterlagen, Speichermedien mit wichtigen Daten oder anderes Material von besonderer Bedeutung handeln. Für eine solche Abfang- und Abriegelungsoperation (Interdiction) wird eine Vielzahl von Vehikeln und Personal eingesetzt, das weit über das KSK-Kernkontingent hinausgeht. Den vollen Einsatzwert erreicht das KSK je nach Auftrag nur im Verbund mit anderen Truppenteilen der Bundeswehr, die ihre spezifischen Fähigkeiten einbringen. Beispiele dafür sind die Zusammenarbeit mit den EGB-Soldaten der Fallschirmjäger (Erweiterte Grundbefähigung) und den Hubschrauberbesatzungen der Heeresflieger sowie der Luftwaffe. Aufgabe der EGB-Soldaten ist es z. B. den äußeren Ring einer Spezialkräfteoperation zu sichern, während u. a. die Hubschrauber der 4./FlgStff HSG 64 die schnelle Beweglichkeit der Kommandosoldaten durch die Luft sicherstellen. Herzstück einer Interdiction-Operation, die meist mit Hubschraubern durchgeführt wird, sind die Kommandosoldaten der Kommandokräfte. Die Trooper sind verantwortlich für die unmittelbare Durchführung von Spezialkräfteoperationen jeder Art. Unverzichtbar für die autarke Einsatzbereitschaft der Kommandokompanien sind die Unterstützungskräfte. Dort sind u. a. die Logistik und die Sanitätsversorgung des KSK eingegliedert. Durch die Kombination von kampfkräftigen Kommandokompanien und spezialisierten, hochflexiblen Unterstützungselementen wird die hohe Durchsetzungs- und Durchhaltefähigkeit im Einsatz sichergestellt. Eine wesentliche Komponente ist neben den Spezialkräften am Boden auch die Unterstützung mit Hubschraubern des Heeres aber vor allem auch durch die H145M LUH SOF des HSG64 der Luftwaffe. Dazu kommen weitere Luftfahrzeuge der Luftwaffe, wie Transporthubschrauber, Transportmaschinen des LTG 63 und Drohnen. Das Heer stellt u. a. (Kampf-) Unterstützungshubschrauber zur Verfügung. Übungsmäßig kann eine teilstreitkräfteübergreifende Task Force folgendermaßen zusammengesetzt sein:

- Ein MTH CH-53 zum Transport der Quick Reaction Force (QRF) der EGB-Kräfte der Fallschirmjäger, der im Notfall eingreifen kann.
- Zwei Unterstützungshubschrauber Tiger des Heeres zur Absicherung der Operationszone. Somit steht

für eine Vehicle Interdiction Task Force ein sehr modernes Luftfahrzeug zur Verfügung. Der Kampfhubschrauber Tiger wurde für den Kampf gegen priorisierte Ziele konzipiert. Hinzu kommen die Aufgaben Konvoischutz, bewaffnete Aufklärung, Unterstützung von Bodentruppen und Begleitschutz bei Lufttransportoperationen.

- Eine Transall C-160D der Luftwaffe für den Weitertransport des sichergestellten Materials oder Personals aus dem Einsatzgebiet in ein sicheres Drittland oder direkt in die Heimat. An Bord befindet sich ein Air Mobile Protection Team (AMPT) der Luftwaffensicherungstruppe.
- Auch MALE-Drohnen (Medium Altitude Long Endurance) eigener Kräfte oder Verbündeter können zur Beobachtung und Absicherung eingesetzt werden sowie ein Airborne Early Warning and Control System (AWACS) die gesamte Task Force fliegerisch führen und koodinieren kann. Bei Bedarf kann ein sogenanntes »Fast Mover Package« mit Kampfflugzeugen zur Absicherung des Luftraumes und zur Luft-Boden-Unterstützung bereitgehalten werden. Dazu kommen ELINT-/SIGINT- sowie EloKa-Fähigkeiten. Fazit: Die bereitzuhaltende Air Task Force zur Unterstützung der Spezialkräfte besteht aus Luftfahrzeugen der neuesten Generation, aber auch aus völlig obsoleten Mustern, bei denen Leistung und Rüstung zum Teil weit auseinanderfallen. Zudem muss der Einsatz von Luftfahrzeugen zwischen Heer und Luftwaffe koordiniert werden, um letztendlich den Spezialkräften zur Verfügung zu stehen. Insgesamt eine sehr hohe planerische Herausforderung, da nicht zuletzt aufgrund der gemischten Zuordnung der Drehflügler (CH-53, H145M bei der Luftwaffe / NH-90, Tiger beim Heer) muss der gesamte Hubschraubereinsatz einer Vehicle Interdicition Task Force als Einsatzverbund SpezKr zwischen Luftwaffe und Heer koordiniert werden, was nicht immer einfach ist. Darüber hinaus muss der Zugriff auf ein mobiles Ziel (einzelnes Fahrzeug oder sogar Konvoi) minutiös geplant und straff getaktet durchgeführt werden. Das funktioniert nur mit ausreichender Übung und Einsatzerfahrung.

Spezialkräfte der Bundeswehr während einer Car Interdiction-Vorführung bei der Internationalen Luft- und Raumfahrtausstellung (ILA) auf dem Flughafen Berlin-Schönefeld 2018. Eine der eingesetzten Taktiken ist das Abfangen von mobilen Zielpersonen mit Hubschraubern. Dabei kann es sich um flüchtige Täter, Terroristen, Kuriere oder zu befreiende Geiseln handeln und einen Waffeneinsatz bereits aus der Luft erfordern.

Das Aufhalten von Fahrzeugen in der Bewegung, ohne sie aus der Luft unter Beschuss nehmen zu müssen, stellt eine weitere Taktik dar, wenn es um die Befreiung oder Festnahme von Zielpersonen geht.

Ein H145M LUH SOF setzt einen Trupp Scharfschützen in Sichtweite der Car Interdiction Operation ab. Vorangegangene Luftaufklärung mittels der Drohne Heron 1 oder eines H145M LUH SOF mit EOS-Ausstattung sowie elektronische Störmaßnahmen durch Tornado ECR-Kampfflugzeuge können zur vorübergehenden gegnerischen Kommunikationsunterbindung führen und erleichtern einen »SOF-Air-Assault« sowie das Infiltrieren von Scharfschützen.

Fast Rope ist die schnellste Methode, um möglichst wenig Zeit in der Gefahrenzone zu verbringen. Sie ist aber auch gefährlich, da die Soldaten abseiltechnisch nicht gesichert sind.

Zeitlich geplant und punktgenau abgestimmt beginnt die Rotte H145M LUH mit der Insertion der Kommandosoldaten vor den Zielobjekten.

Den äußeren Ring sowie den Zweitzugriff übernehmen EGB-Kräfte der Fallschirmjäger, die ebenfalls Bestandteil der SOF-Konzeption sind. Die EGB-Kräfte sichern die Gefangenen und führen sie mit dem Verbringungsmittel Transall aus dem Gefahrenbereich. Danach beginnt in kürzester Zeit der koordinierte Abmarsch der gesamten Task Force.

Den vollen Einsatzwert erreicht das KSK je nach Auftrag nur im Verbund mit anderen Truppenteilen der Bundeswehr, die ihre spezifischen Fähigkeiten einbringen. Hier mit einer C-160 Transall im Verbund mit H145M LUH SOF.

Eine typische »Four Ship«-Formation einer H145M LUH SOF-Assault-Task Force im Vorbeiflug in Berlin 2018.

Der teilstreitkräfteübergreifende Einsatz von Spezialkräften und spezialisierten Kräften sowie der Verbund der fliegenden Systeme sind in diesem Bild sehr gut sichtbar. Eine Formation aller eine einer Spezialkräfte-Mission beteiligten Luftkomponente zieht noch einmal an den Zuschauern vorbei.

Taktische Geiselbefreiung – Hostage Release Operations (HRO)

Geschwindigkeit, Präzision, Überraschung, Entschlossenheit. Derartige Begriffe, die im Rahmen einer militärischen HRO-Geiselbefreiungsoperation (Hostage Release Operation) fallen, lassen vermuten, worum es geht: das Kommando Spezialkräfte des Heeres (KSK) im Einsatz, dargestellt anhand einer dynamischen Vorführung, minutiös einstudiert, ohne den Anschein eines Theaterstücks zu erwecken. Es geht um eine ernste Sache. Taktik, Verfahren, Identitäten und Angriffsmuster bleiben trotz der exponierten Vorführung der Geheimhaltung unterlegen. Beübt wird in diesem Fall die absolute Königsdisziplin. Neben der GSG 9 der Bundespolizei verfügt die Bundesrepublik Deutschland nur mit dem Kommando Spezialkräfte (KSK) des Heeres über derartige SOF-Verbände, um eine derart komplexe Operation stemmen zu können. Unterstützt vom H145M LUH SOF, verfügen sie somit über eine permanent abrufbare Luftkomponente, die taktisch hervorragend auf die Bedürfnisse der SOF-Einsätze abgestimmt ist. Dieses streitkräfteübergreifende Zusammenspiel zwischen Heer und Luftwaffe stellt ein Musterbeispiel für viele weitere Staaten dar, die mit dieser Idee spielen. Ein professionelles Bild bieten bei dieser Hochwertübung sowohl die Piloten, die ihre Maschinen beherrschen und die neuerlangten Vorzüge der leistungsstarken Hubschrauber wie einen Quantensprung in der Fliegerei erscheinen lassen, als auch die der KSK-Trooper, die sich in allen Sequenzen sehr professionell verhalten. Für das geschulte Auge erweisen sich manche Ausrüstungsdetails zum Zeitpunkt der Aufnahmen als kleine Premieren, da die Prêt-à-porter-Meldungen der Industrie, beispielsweise über neue Sturmgewehre, Uniform-Tarnmuster, Laser-Licht-Module oder Zieloptiken, bis Mitte des Jahres 2019 nur in der Truppentestphase vermutet wurden. Das Hauptaugenmerk gilt jedoch der hochprofessionellen Leistungsschau, die als konzertierte Aktion zwischen Heer (KSK) und Luftwaffe (HSG 64) zu verstehen ist. Die Geisellage startet mit dem brutalen Verschleppen einer Zivilperson durch bewaffnete Individuen. Die junge Frau hatte keine Chance, als sie von einer Gruppe Terroristen bzw. Entführer gepackt und in ein Auto gezerrt wird. Dies dauerte nur wenige Sekunden. Mit quietschenden Reifen stoppt der Wagen der Geiselnehmer vor einer Lager-

Den Beginn der Geiselbefreiungs-Übung markiert die Entführung einer Person durch Terroristen. Die Alarmierung der Spezialkräfte erfolgt kurz nach Bekanntgabe der Situation im Einsatzführungskommando (EFK) der Bundeswehr.

Action on Target. Die Extraction Force »Rad« (zwei altgediente AGF »Serval«, das hochgeländegängige ATV Yamaha »Kodiak« 400 mit MG3, MOWAG »Eagle« IV mit FLW 100 als Führungsfahrzeug) bringt eine enorme Feuerkraft und die Kommandotrupps in Abstimmung mit der Extraction-Force »Luft« ins Spiel.

Insertion- und Extraction-Force »Luft« – H145M LUH SOF des HSG 64 in Aktion mit dem KSK im Vorfeld zur Vorführung am Tag der Bundeswehr Juni 2019 in Pfullendorf. Hier befindet sich ein Kommandotrupp KSK in der Insertion-Phase kurz vor dem schnellen Abseilen (Rappelling) ins Einsatzgebiet.

Die Trooper sind bereits vor dem Landeanflug auf den Kufen in Stellung gegangen und haben sich selbständig an das EAD03-System des H145M LUH SOF eingeklinkt.

Zwei H145M LUH SOF waren in die Geiselbefreiungsübung eingebunden. In der ersten Insertion-Welle wurden je Hubschrauber vier Trooper und in einem H145 zusätzlich ein Diensthund in den Einsatzraum verbracht. Doch auf die Laupheimer Elitepiloten warteten noch viele weitere Aufgaben im hochprofessionellen Zusammenspiel zwischen Heer und Luftwaffe.

halle, die als Versteck für die Geisel dient. Dorthin wurde die Geisel verbracht und fixiert. Der Einsatz der Spezialkräfte zur baldigen Befreiung wurde vom KSK minutiös durchdacht. Die Sequenzen des Zugriffs reihten sich nahtlos ineinander ein. Ein Scharfschütze schaltet nach vorheriger Bedrohung der eigenen Kräfte einen Wachposten der Terroristen aus. Zwei eng koordinierte H145M LUH seilen acht Trooper samt Einsatzhund ab und starten mit dem eigentlichen Angriff. Anschließend erfolgt der schnelle Zugriff auf die Terroristen in den weiteren Fahrzeugen. Ein Entkommen war unmöglich. Hierfür sorgt auch eine K9-Einheit. Der Diensthund bringt sogleich einen fliehenden Terroristen zur Strecke. Ein weiteres mobiles Assault-Team (Rad) trifft ein. Unter Sicherung des Sicherungsschützen dringen die Kommandosoldaten bis zum Gebäude mit der Geisel vor. Flankiert von einem Motorradschützen sowie dem Scharfschützen in weiter Entfernung erreichen zeitgleich zwei weitere Sicherungsschützen mit dem scharf einfliegenden H145M den Einsatzort. Sie werden per Fast-Rope-Verfahren auf den Turm des Gebäudes abgesetzt, um den Befreiungseinsatz von dort zu sichern. Die Trupps stehen nun für die »Action on Target« bereit: ein Kommandotrupp des Zugriffteams sprengte die Tür zum Gebäude, um in das Innere vorzudringen. Nach einem kurzen Feuergefecht dann der erlösende Funkspruch »Jackpot!«, die Geisel ist in Sicherheit. Im Laufschritt bringen die Kommandosoldaten sie zu einem landenden Evakuierungshubschrauber, um sie sicher ausfliegen zu können. Nun gilt es, das Abrücken der eigenen Kräfte zu sichern. Mit hoher Geschwindigkeit fahren mobile Teams in ihren Spezialfahrzeugen heran und kämpfen sich trotz Gegenwehr der verbleibenden Terroristen bis zum Lagerhaus vor. Ein paar Momente später sind alle Kommandosoldaten in Sicherheit. Mission accomplished! Die Laupheimer Piloten vollzogen hochpräzise Manöver und waren permanent in die verschiedenen Action-on-target-Sequenzen eingebunden, sei es bei der initialen Insertion/Infiltration der ersten acht Assault-Trooper im Rappelling-Verfahren, bei der sicheren Extraction/Exfiltration der Geisel oder beim Zuführen weiterer Sicherungsschützen im Fast-Rope-Verfahren an exponierten Gebäuden. Die H145M LUH SOF waren im Sekundentakt mit Aufgaben beschäftigt, von deren Präzision das Gelingen der gesamten Operation abhängig war.

Schnell rein – schnell raus! Zwei Maschinen, acht Kommando-Trooper (zwei Trupps), ein Diensthund. Dies alles innerhalb von Sekunden. Ebenso wenige Sekunden vergehen vom ersten Schwebeflug der Maschinen über der Absetzzone bis zum ersten Sturmangriff der Kommandosoldaten auf die vor dem »Compound of Interest« befindlichen Entführer.

Der Diensthund leistete wertvolle Arbeit beim Festsetzen der flüchtigen Personen.

Innerhalb von Sekunden schalten die von den H145-Hubschraubern abgeseilten Kommandotrupps die Terroristen vor dem »Compound of interest« aus.

Festgenommene Personen werden in einer Schutzformation von Troopern des KSK abgeführt und evakuiert.

Sicherungsschützen gleiten am Fast Rope vom H145M LUH SOF auf ein Gebäudedach und gehen mit ihrem Multifunktionssturmgewehr Spezialkräfte G27, das auf einem HK417 in 7,62 x 51 mm basiert, in Stellung. Das System darf jedoch nicht mit dem G28 verwechselt werden, das auf einem HK MR308 basiert.

Einer von zwei per Fast Rope-Verfahren abgesetzten Sicherungsschützen des KSK in überhöhter Stellung im Einsatzgebiet. Sie sicherten die ersten Zugriffe auf dem Vorfeld und den darauffolgenden Angriff auf den Compound.

Abtransport der befreiten Geisel mit dem H145M LUH SOF. Die Sicherheit der befreiten Person hat oberste Priorität. Die Extraktion muss dementsprechend vorab geplant und koordiniert werden.

Auch der Ausflug der Geisel aus der Gefahrenzone erfolgt unter bewaffnetem Schutz.

Wiederaufnahme der zuvor per Fast Rope abgesetzten Scharfschützen bzw. Sicherungsschützen vom erhöhten Gebäude.

Extraktion der Sicherungsschützen mit einem H145M LUH SOF. Die Vorzüge dieser Maschine zeigen sich in dieser Szene deutlich. Auch wenn das »One Skid Pick-Up«-Verfahren für Außenstehende unkompliziert wirkt, gehört hierzu eine exzellente Crew.

Die KSK-Sicherungsschützen besteigen den schwebenden LUH und ziehen sich rasant aus der Gefahrenzone zurück.

Ein hochgeländegängiges ATV Yamaha »Kodiak« 400 mit MG3. Die KSK Task Force (Land und Luft) zieht sich ebenfalls nach erfolgreicher Mission zurück.

Die beiden eingesetzten H145M LUH SOF spielten eine essentielle Rolle bei der Geiselbefreiungsmission. Das Projekt H145M LUH SOF der Luftwaffe stellt ein Paradebeispiel einer funktionierenden Ausbildungs- und Beschaffungsstruktur dar. Das Zusammenspiel SOF Luftwaffe-Heer funktioniert hervorragend.

Zielbekämpfung aus der Luft – Special Operations Sniper Interdiction

Es ist früh am Morgen. Ein kühler Herbstwind weht über den Naturpark der oberen Donau. Die Ruhe auf dem Truppenübungsplatz Heuberg in Stetten am kalten Markt wird jäh unterbrochen. Drei H145M LUH SOF brausen durch das Donautal über den Übungsplatz, von Laupheim kommend. Die Maschinen sollen an diesem Tag zusammen mit den Scharfschützen des Kommando Spezialkräfte (KSK) an einer Schießübung teilnehmen. Im Wesentlichen handelt es sich dabei um eine Special Operations Airborne Sniper (Target) Interdiction Übung, bei der bewegliche und stehende Ziele aus einer luftbeweglichen Plattform handlungssicher mit automatischen Waffen durch Scharfschützen der Spezialkräfte bekämpft werden. SOF-Besatzungen der Luftwaffe vom HSG 64 stellten im fein abgestimmten Zusammenspiel mit den SOF-Kräften des Heeres erneut ihr Können unter Beweis. Der Spruch »train as you fight – fight as you train« ist in diesem Kontext keine Sammlung leerer Worthülsen. Jeden Tag kann sich eine sicherheitspolitische Notsituation ergeben. Irgendwo auf der Welt kann sich eine Lage entwickeln, die den Befehl zu einem Einsatz mit sich bringen könnte. Die ausgebildeten Kommandoscharfschützen befinden sich dazu in einer Schießausbildung zum Erhalt der Fähigkeiten als Sicherungsschützen aus Drehflüglern. Die SOF-Kräfte der Luftwaffe – die Piloten der 4. Staffel mit ihren LUHs – und die KSK-Soldaten begleiten dabei das Vorgehen der Angriffskräfte am Boden und stellen bzw. bekämpfen den auftretenden Feind hochmobil aus der Luft. Dies ist vor allem beim sehr dynamischen Vorgehen bei flüchtenden, fahrzeugbeweglichen oder sich schnell verschiebenden Feinden angezeigt. Als Training wird hierbei ein mit Zielscheiben gespickter Parcours auf einer der Schießbahnen auf dem Truppenübungsplatz Heuberg abgeflogen. Die Schützen auf jeder Seite müssen nicht nur die teilgedeckten Ziele aufklären und auf unterschiedlichste Entfernungen aus der Bewegung treffsicher bekämpfen, sondern auch durch Kommunikation zu den Piloten das Luftfahrzeug entsprechend dirigieren. Nur das optimierte Zusammenwirken der LUH SOF-Piloten und den Kommandoscharfschützen führt letztlich dazu, dass der Feind gestellt werden kann und damit Bedrohungen für die eingesetzten Kameraden am Boden minimiert werden. Die kontinuierliche und intensive Zusammenarbeit der Spezialkräfte des Heeres und der Luftwaffe sind folglich unerlässlich für die Auftragserfüllung. Hochprofessionell und perfekt harmonierend zeigen die Besatzungen und Kommando-Sniper auch hierbei ihr Können.

Ein H145M LUH SOF schwenkt mit KSK-Scharfschützen an Bord ins Zielgebiet ein.

Die luftbewegliche Bekämpfung der Ziele erfolgt auf einer Sonderschießbahn des Truppenübungsplatzes Heuberg in Stetten am kalten Markt.

Dabei zirkulieren und kreisen die H145M LUH SOF so, dass die SOF-Schützen wahlweise aus der rechten oder linken Tür die Ziele mobil und flexibel mit automatischen Waffen bekämpfen können.

Ein KSK-Trooper geht in den Anschlag auf ein Ziel. Die ausgebildeten Kommandoscharfschützen nutzen die komplexe Schießausbildung mit den H145M LUH SOF zum Erhalt der Fähigkeiten als Sicherungsschützen aus Drehflüglern.

Die Schützen auf jeder Seite müssen nicht nur die teilgedeckten Ziele aufklären und auf unterschiedlichste Entfernungen aus der Bewegung treffsicher bekämpfen, sondern auch durch Kommunikation zu den Piloten das Luftfahrzeug entsprechend dirigieren.

Ein H145M LUH SOF mit Sniper-Team nimmt die Ziele unter Beschuss.

Nahaufnahme der Projektileinschläge in den Bodenzielen.

Überflug der Bodenziele nach deren Ausschaltung. Als Training wird hierbei ein mit Zielscheiben gespickter Parcours auf einer der Schießbahnen auf dem Truppenübungplatz Heuberg abgeflogen.

Enge Kurven und schnelles Umschalten gehören zu den Vorteilen der kraftvollen LUH´s bei der Zielansprache.

Die kontinuierliche und intensive Zusammenarbeit der Spezialkräfte des Heeres und der Luftwaffe sind folglich unerlässlich für die Auftragserfüllung. Hochprofessionell und perfekt harmonierend zeigen die Besatzungen und Kommando-Sniper ihr Können.

Ein H145M LUH SOF entzieht sich nach der Zielbekämpfung aus der Gefahrenzone. Eine Special Operations Airborne Target Interdiction Mission bedeutet immer auch das Risiko, schnell selbst unter Beschuss zu geraten.

Ein KSK-Sicherungsschütze mit seinem neuen G95K (HK416 A7 in 5,56 x 45mm) Sturmgewehr samt dem Optik-Set von EOTech und dem dreifach G33 Magnifier. Man beachte den Hülsenfangsack sowie das MAGPUL AR-15 PMAG D-60 Magazin 223/5.56 mit 60 Schuss.

Gruppenbild der G-SOF-Beteiligten an der Sniper Interdiction-Übung in Stetten am kalten Markt im November 2019. Piloten wie Kommandosoldaten des KSK gehören zum selben SOF-Team.

Maritime Operationen

Da die Bundesrepublik Deutschland der NATO eine Special Operations Air Task Unit – Rotary Wing (Maritime) – kurz SOATU – RW (M) – zugesagt hat, wurde 2019 für das Vorhaben MH-SOF (Marinehubschrauber für Spezialoperationen) ein Integriertes Projektteam (IPT) aufgestellt. Die Staffel sollte etwa halb so groß wie die Laupheimer H145M-Staffel sein, denn die NATO-Quantifizierung einer SOATU – RW (M) beschreibt zwei bis sechs Hubschrauber mit dem dazugehörigen Personal. Der MH-SOF Hubschrauber soll daher schiffverladbar sein, eine Bewaffnung, Fast Roping und Rappelling ermöglichen sowie ein Bordradar zur Schiffsortung besitzen. Eine Kufenbauweise ist prinzipiell unvorteilhaft, da auf Schiffsdecks meist Hubschrauber mit Radfahrwerk zum Einsatz kommen. Als Kernkompetenzen der SOATU RW (M) wurden gefordert: Verbringung/Opposed Boarding (taktisches Boarding gegen den Willen der Schiffsbesatzung), Maritime Interdiction Operations (MIO), Einsatzunterstützung, Ausfliegen von Personal sowie HRO (Hostage Release Operations). Dazu wird von einer SOATU RW (M) gefordert, bis zu 16 Spezialkräftesoldaten samt Ausrüstung oder bis 2.000 kg Nutzlast transportieren zu können. Es muss sich daher um einen deutlich größeren Hubschrauber als den H145M handeln (außer man erhöht die Anzahl der zu beschaffenden Hubschrauber). Der MH-60R Seahawk von Sikorsky (Lockheed Martin), der NH90 NFH (Naval Frigate Helicopter) von Airbus Helicopters und AW159 Wildcat gingen ins Rennen. Die Marine wird wie zu erwarten war ab 2025 ihren neuen Bordhubschrauber als Ersatz für die seit 1981 in der Marine Dienst leistenden Sea Lynx Mk 88A erhalten. Der »Mehrrollenfähige Fregattenhubschrauber« (MRFH) als NH90 NATO Frigate Helicopter (NFH) wird das Rennen unter den Namen MRFH Sea Tiger machen. Denn für eine oben beschriebene Verwendung in einer Special Operations Air Task Unit – Rotary Wing (Maritime) ist der mit seinem bulligen Radar am Unterbodenrumpf ausgestattete Sea Lion nur bedingt verwendbar. Als Ersatz für ihre betagten Sea Lynx wird die Deutsche Marine weitere Maschinen des Typs NH90 in einer Marineversion bekommen, die als Bordhubschrauber eingesetzt werden. Die Bordhubschrauber-Version, die den Sea Lynx ablösen soll, ist allerdings anders ausgestattet als der Sea Lion. Unter anderem ist eine Hauptaufgabe die U-Boot-Jagd, für die Torpedos eingerüstet werden müssen. Der Mehrrollenfähige Fregattenhubschrauber, so die offizielle deutsche Bezeichnung, ist nach Angaben der Marine

Kampfschwimmer üben gemeinsam mit dem HSG 64 das Fast-Roping-Prozedere im Rahmen einer Übung vom Kommando Spezialkräfte der Marine (KSM) in Lehnin 2019.

Ein Kampfschwimmer übt das Schießen aus einem H145M LUH SOF vom HSG64 im Rahmen einer Übung vom KSM auf dem Truppenübungsplatz Lehnin 2019.

die deutsche Version des NH90 NATO Frigate Helicopters. Ein ähnliches Modell ist bereits bei der französischen Marine unter der Bezeichung Caïman im Einsatz. Aber die Bundeswehrbezeichnung der neuen Maschine hatte Marineinspekteur Andreas Krause bereits im Januar 2019 verraten: die Sea Lynx Hubschrauber sollen durch 31 Sea Tiger ersetzt werden. Währenddessen hat Airbus Helicopters den ersten Marine-Mehrrollenhubschrauber NH90 Sea Lion im Oktober 2019 nach mehrjähriger Verhandlung an das Bundesamt für Ausrüstung, Informationstechnik und Nutzung der Bundeswehr (BAAINBw) übergeben. Insgesamt hat die Bundeswehr 18 Maschinen dieses Typs bestellt, die letzten werden 2022 in Dienst gestellt. Der Sea Lion wird dank seiner Mehrrollen- und Ausbaufähigkeit die Mk41 Sea King-Flotte der Deutschen Marine nicht nur ersetzen, sondern deren Einsatzfähigkeiten signifikant verbessern. Die Sea Tiger als Sea Lynx-Ersatz ergänzen das Portfolio. Eine Bereitstellung einer SOATU RW (M) für die NATO ist daher etwas konkreter geworden. Bis es jedoch soweit sein wird, wird der H145M LUH SOF auch über Wasser seine wertvollen Dienste leisten und die Spezialkräfte der Marine unterstützen. Die Luftwaffe ist derzeit offensichtlich sehr eingespannt, was die SOF-Fliegerei angeht, denn auch das KSM muss für küstennahe SOF-Operationen mit dem H145M

Ein klassischer Bordhubschrauber wird der H145M wohl nie, da ihm hierzu die originäre bauliche Auslegung sowie ein Radfahrwerk für einen Hochsee-Flieger fehlt. Dennoch ist er vielseitig genug, um bei amphibischen Einsätzen und in der sog. »Littoral Warfare« eingesetzt zu werden. Die Royal Thai Navy nutzt die H145M dennoch sehr oft über Wasser.

LUH SOF arbeiten können. Die Bilder von US Navy Seals im Wüstensand wurden für die Kampfschwimmer ebenfalls immer mehr zu Realität. Dennoch kann der H145M LUH SOF auch in der maritimen Rolle sehr wichtige Aufgaben übernehmen und dadurch auch die Kampfschwimmer sehr gut unterstützen. Zwar wird aus dem H145M nie ein klassischer Bordhubschrauber, dagegen sprechen schon alleine seine starren Kufen, aber als SOF-Plattform und als Übergangslösung zur prekären und vernachlässigten Marinefliegerei ist er sicherlich ein Segen.

Feuerunterstützung mit der Bordwaffe MG6

Der Nachteinsatz des MG6 bei 100% Leuchtspurgurtung stellt eine der bizarrsten Anblicke in der Bundeswehrgeschichte dar. Derartige Eindrücke kannte man zwar bereits in den 1960er-Jahren als US-Sondereinsatzkräfte mit ihren Gunships (AC-47 »Spooky«) erstmals rotierende Gatling-Systeme in Südost-Asien zum Einsatz brachten, aber der H145M LUH SOF der Luftwaffe ist ohne Positionslichter, in günstigem Wind anfliegend, im Grunde unsichtbar und geräuschlos. Bis die Maschine ihr Ziel mit dem MG6 bekämpft, kann man die Position nicht einmal erahnen. Spätestens wenn das Inferno des Kampfes losbricht, offenbart sich die massive Feuerkraft. Das langanhaltende Grollen erstaunt selbst erfahrene MG3-Kenner, denn die Feuerrate ist unvergleichbar. Der sich scheinbar lückenlos schlängelnde Feuerstrahl und der Lärm verschwinden in Sekundenschnelle. Sofort kehrt eine bedrückende nächtliche Ruhe ein. Der H145M LUH SOF ist nicht mehr auszumachen. Er befindet sich jedoch bereits auf dem Weg zum nächsten Ziel. Wo das Ziel liegt, wissen nur die Piloten und die TacOps, da sie mit Nachtsichtbrille und Laser arbeiten. Der Autor begleitete die SOF zertifizierte 4. Staffel am Boden und in der Luft während ihres Aufenthalts in der Oberlausitz im Spätherbst 2019 exklusiv und konnte sich von der Professionalität sowohl der SOF-Piloten als auch der Tactical Operators (TacOps) samt dem unterstützenden Personal überzeugen. Techniker, Waffenwarte, Munitioner, Tankpersonal sowie viele weitere wichtige Kräfte, die zum Staffelbetrieb »im Feld« beitragen zeigten ihre routinierte Eingespieltheit. Im Vordergrund steht seit dem offiziellen Betrieb der Serienwaffen MG6 nicht mehr die penible Prüfung der Waffenfunktion, sondern das Erlernen und vor allem Erfliegen der Einsatzverfahren, die leider nicht weiter Gegenstand unserer Reportage sein können. Das Erproben und der Umgang mit der Waffenanlage im taktischen Einsatz mit SOF-Kräften unterliegen selbstverständlich nach wie vor einer Lernphase. Zu vielfältig sind die Situationen, Einsatzszenarien sowie die Varianten des Einsatzes von Bordwaffen. Unzählig auch die Konsequenzen und Auswirkungen, die mit dem Einsatz einer solchen Waffe einhergehen können. Da man in der SOF-Fliegerei überwiegend von Nachtoperationen ausgehen muss, steht das taktische Nachtschiessen klar im Vordergrund. Doch auch der Tag muss genutzt werden, um die Einweisung neuer TacOps an der Waffe bis hin zum scharfen Schuss zu gewährleisten. Die Nachtoperationen gehören eindeutig zur Königsdisziplin.

Einflug eines H145M LUH SOF mit der Bordwaffe MG6 in das Zielgebiet. Ein Feuerüberfall in dieser Konfiguration findet normalerweise nur in der Nacht statt. Zur Eingewöhnung der Crew mit der neuen Bordwaffe MG6 sind jedoch Tageseinsätze vorgesehen.

Der Feuerbefehl kommt vom SOF-Piloten direkt. Im Einsatz reagiert der TacOp jedoch selbständig auf unmittelbare Bedrohungen.

Ein Tactical Operator (TacOp) der 4. Staffel/HSG64 steht am MG6. In dieser Position kann er das Umfeld der Steuerbordseite um 180 Grad überblicken. Mit dem MG6 in Half Ready-Position könnte er auf diese Weise jederzeit auf Bedrohungen vom Boden reagieren.

Mit Gurten gesichert und dennoch mit viel Bewegungsfreiheit kann der TacOp das MG6 von beinahe 12 Uhr aus Sicht des Cockpits um 180 Grad nach hinten schwenken. Somit kann ein Ziel dauerhaft anvisiert und beschossen werden. Das Niederhalten von Bedrohungen ist eine der möglichen taktischen Szenarien, die mit dem MG6 abgedeckt werden können.

Eine neue Dimension an Feuerkraft für Hubschrauber-Doorgunner gehört seit 2019 zum Repertoire der Luftwaffe. Zwar sind Bordwaffen-Systeme, wie das MG3A1 sowie vor allem das M3M bereits seit geraumer Zeit im Einsatz, doch mit dem MG6 wird definitiv eine neue Liga der Feuerunterstützung beschritten. Das Erfliegen der Verfahren mit dem H145M LUH SOF, so viele Staublandungen wie nur möglich durch zu führen sowie der Einsatz der neuen Waffe, stehen auf dem Oberlausitzer Schießplatz deutlich im Fokus. Die geo- und topografischen Gegebenheiten vor Ort sind sehr vorteilhaft, um den Einsatz in Wüsten und Savannen (z. B. Afghanistan, Mali) zu üben. Bei der Luftwaffe eigenen Übung »Heli Dust«, welche bis zu viermal im Jahr stattfindet, trainiert die Staffel mit den TacOps. Für den Feuerkampf sind nicht selten 4.000 Schuss an Bord. Je nach Einsatz kann auch ein zweites MG6 mit ebenso viel Munition eingerüstet werden. Eine große Zielvielfalt wird auf der Schießbahn dargestellt. Von urbanen Aufbauten bis hin zu typischen Einzelzielen (LKWs, Stellungen, etc.) findet man die gesamte Ziel-Palette. Die Zielansprache zwischen Piloten und Schützen stellt bei einer derart großen Vielfalt die eigentliche Herausforderung dar. Vorne gibt der Pilot den Feuerbefehl. Der TacOp hinten zielt erst grob über das Rotpunktvisier, sofern es montiert ist. Beim Schießen beobachtet er die Leuchtspurgeschosse und richtet seine Waffe ins Ziel. Dabei ist kein Platz für Missverständnisse in der Kommunikation. Tagsüber ist es wirklich nur das Gespräch zwischen Piloten und TacOps zur Zielansprache. Nachts müssen sich die Schützen auf den Laser verlassen, der ihnen das Ziel zuweist. Die Ziel-Designatur mittels Laser kann dabei entweder von der schießenden oder von einer anderen Maschine in der Luft durchgeführt werden. Aber auch Kräfte am Boden können das Ziel mit Laser ausleuchten. Das MG6 kann folglich auch offensiv eingesetzt werden – es dient aber überwiegend zur Selbstverteidigung bei Beschuss vom Boden und zur Herstellung einer eigenen Feuerüberlegenheit. Das MG6 stellt somit zusammen mit der elektronischen Gegenwehranlage in Form von Radar-, Laser- und Raketen-Warnempfängern sowie Flares innerhalb des Systems H145M LUH SOF eine wichtige Komponente für das Zusammenwirken des Einsatzverbundes Spezialkräfte der Bundesweh dar. Die Konzeption der Bundeswehr SOF-Triade (KSK, KSM und 4. FlgStff/HSG64) nimmt somit Gestalt an. M134D-H alias MG6 Das M134D-H (Hybrid) Gatling-Maschinengewehr der Bundeswehr ist eine verbesserte Variante in Leichtbauweise. Die Bezeichnung »Hybrid« kennzeichnet die Minigun von der Firma Dillon Aero als eine Mischbauweise aus Stahl- und Titanelementen. Ursprünglich für den Einsatz in der M134D-T Titan-Gatling Gun entwickelt, wurde

Eine Vielzahl an Zielen sind auf der Schießbahn verteilt. Von urbanen Aufbauten bis hin zu typischen Einzelzielen (Fahrzeuge, Stellungen, etc.) findet man auf dem Truppenübungsplatz Oberlausitz die gesamte Zieldarstellung.

Der H145M LUH SOF fliegt über das Gelände während der Einsatzerprobung des Maschinengewehrs MG6 im Rahmen der Übung Heli Dust II 2019.

Das MG im Feuerkampf während der Übung Heli Dust IV 2019. Ein geübter TacOp kann seine Position auch bei rasantesten Manövern des H145M LUH SOF halten.

Der TacOp zielt erst grob, da in diesem Fall kein Rotpunktvisier installiert ist. Beim Schießen beobachtet er die Leuchtspurgeschosse sowie die Abpraller und richtet seine Waffe dann genauer in das Ziel. Er steuert den Feuerstrahl zum gewünschten Punkt.

Zielbekämpfung mit dem MG6 im scharfen Schuss. Ist der Feuerstrahl einmal im Ziel justiert, wirken tausende 7.62mm-Geschosse auf das Objekt.

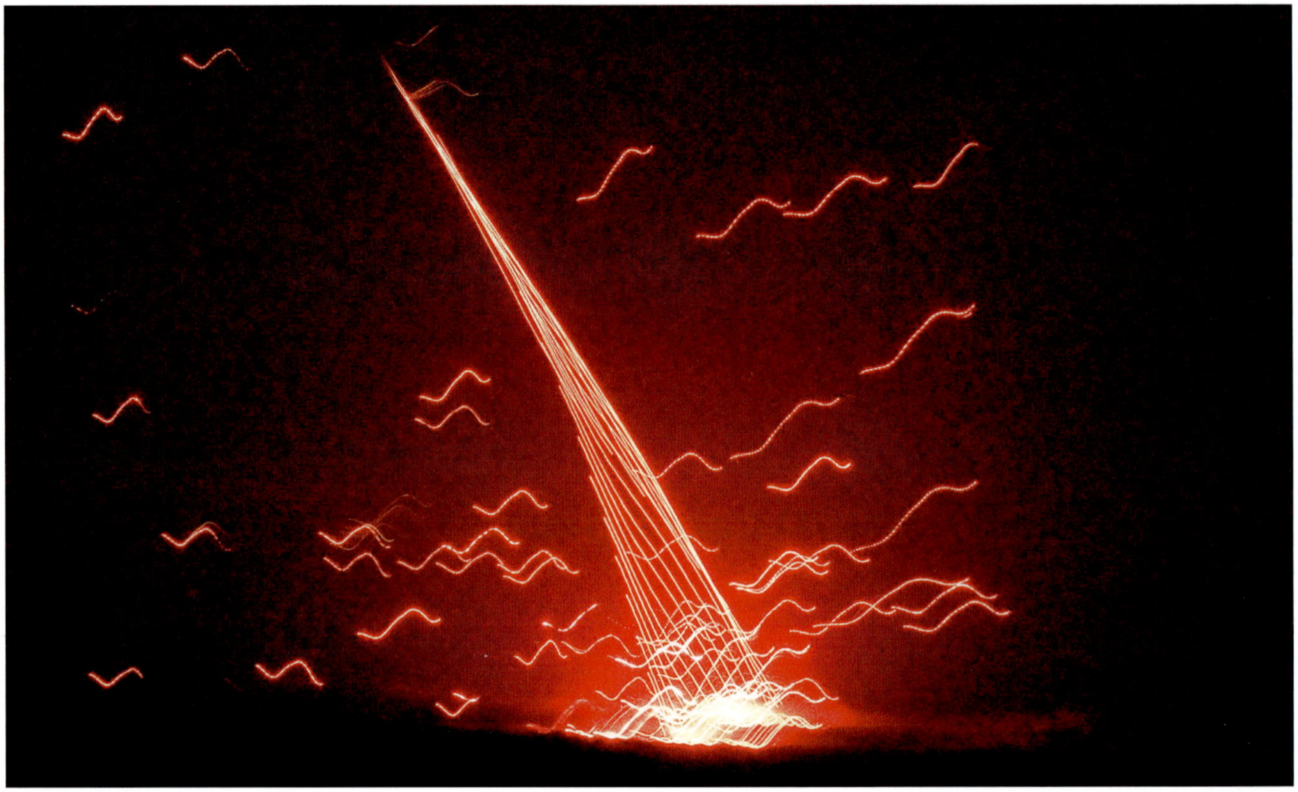

Nachteinsatz des MG6 bei 100 % Leuchtspurgurtung. Der H145M LUH SOF der Luftwaffe ist ohne Positionslichter in günstigem Wind anfliegend im Grunde unsichtbar und geräuschlos. Bis die Maschine ihr Ziel mit dem MG6 bekämpft, kann man die Position nicht einmal erahnen. Spätestens wenn das Inferno des Feuerkampfes losbricht, offenbart sich die massive Feuerkraft.

Das langanhaltende Grollen erstaunt selbst erfahrene MG3-Kenner, denn die Feuerrate ist unvergleichbar. Der sich scheinbar lückenlos schlängelnde Feuerstrahl und der Lärm verschwinden in Sekundenschnelle. Der H145M LUH SOF ist nicht mehr auszumachen. Er befindet sich jedoch bereits auf dem Weg zum nächsten Ziel. Wo das Ziel liegt, wissen nur die Piloten und die TacOps, da sie mit Nachtsichtbrille und Laser arbeiten.

die Hybrid-Variante bei der Bundeswehr gewählt. Das Stahlgehäuse der M134D wurde dabei beibehalten. Die Hybrid-Kanone wurde entwickelt, um die Gewichtseinsparung der Titan-Kanone und die längere Lebensdauer der Stahlkanone zu kombinieren. Die Lebensdauer drückt sich bei Schusswaffen vor allem in der Anzahl der abgegebenen Schüsse aus. Für die M-134D-H gibt der Hersteller 1.500.000 Schuss als Lebensdauer an. Die M134D-H ist sowohl in »Crew Served«-(also von TacOps betrieben) als auch in »Fixed Forward«-(starr nach vorne gerichtet) Anwendungen weltweit verbreitet. Die Dillon Aero M134D ist eine der zuverlässigsten Waffen der Welt aufgrund ihrer Bauweise, Lebensdauer sowie der einfachen Wartung. Entwickelt für Schnelligkeit und Genauigkeit ist die M134D ein echter »Game-Changer«, wie es im amerikanischen Sprachraum bezeichnet wird. Vorteil ist die extreme Schussdichte, die erforderlich ist, um mehrere Ziele in komprimierter Zeit zu unterdrücken. Außerdem ist die M134D relativ rückstoßfrei. Bei richtiger Montage bewegt sie sich mit dem ersten Schuss leicht nach hinten, ohne Neigung zum Nicken oder Gieren. Diese Stabilität ist von großer Bedeutung, da das Anvisieren und Verfolgen eines Ziels erheblich erleichtert wird. Hohe Schussraten, eine extrem dichte Schussgruppenbildung und eine hohe Waffenstabilität zeigen die perfekte Paarung von Schnelligkeit und Präzision.

Tactical Operator (TacOp)

Die vierte Staffel des HSG 64 ist den SOF-Kräften zugeordnet, für den Betrieb des H145M LUH SOF sind mindestens zwei Piloten notwendig. Ob TacOps bei einer Mission oder Verlegung zur Luftfahrzeugbesatzung gehören, entscheidet der Führer vor Ort anhand des Auftrags. Es können maximal zwei TacOps an Bord des H145M mitgenommen werden. Der TacOp ist im Idealfall ein erfahrener Infanterist, der die Szenarien der Infanterie in der Luft und am Boden gut kennt. Die im Idealfall eineinhalb Jahre lange Ausbildung zum TacOp umfasst neben der Handhabung des MG6 und der Windenbedienung weitere Abschnitte im Bereich Geophysik, Flugrecht und Luftfahrttechnik. Im Gegensatz zu den Bordschützen (Doorgunner) an den CH-53 oder NH-90 Maschinen, die Mannschaftsdienstrade vorsehen, wird für TacOps die Feldwebellaufbahn vorausgesetzt. Der TacOp hat unter anderem folgende Aufgaben: Aufklärung aus der Luft, Feuerunterstützung aus der Luft sowie die Bedienung der Winde. Für die Ausbildung der TacOps im scharfen Schuss bietet der Truppenübungsplatz Oberlausitz hervorragende Bedingungen.

Der Tactical Operator (kurz: TacOp) unterstützt in vielerlei Hinsicht den Ablauf einer H145M LUH SOF-Mission. Auch beim Landeanflug gibt er wertvolle Hinweise für einen sicheren Ablauf. TacOps kümmern sich sowohl technisch als auch taktisch um den Betrieb vor, während und nach einer Mission. Sie sind das technische und taktisch-infanteristische fliegende Personal einer LUH-Crew und sind bei vielen Einsätzen unverzichtbar.

TacOps der 4. Fliegenden Staffel des HSG 64 sind für den gesamten Bereich hinter der Pilotenkanzel zuständig. Sie stehen in permanenter Verbindung zum Piloten und regeln alle nötigen nichtfliegerischen Abläufe während einer Mission.

Ein TacOp-Feldwebel in der LUH-Bordschützenrolle während Schießübungen mit dem MG6 2019.

Überwachung und Aufklärung mit dem H145M LUH SOF

Strategisch, taktisch, operativ: Ohne elektronische Aufklärung und nachrichtendienstliche Informationsbeschaffung aus der Luft ist heute kein Einsatz von Spezialeinsatzkräften mehr denkbar. Informationen über den Feind müssen allen an einer militärischen Operation beteiligten Kräften vorliegen. Entweder vorab (strategisch) oder in Echtzeit während des Einsatzes (taktisch) muss permanent die Wissenshoheit über das Geschehen, den Gegner sowie die Einsatzoptionen (operationell) der eigenen Kräfte vorliegen. Heute stammen die allermeisten Daten zur strategisch-geheimdienstlichen Nachrichtengewinnung von Satelliten. Jedoch können via Satellit lediglich optisch-geografische Lagebilder vermittelt werden – die sogenannte Bildaufklärung. Die moderne Aufklärung (Intelligence Gathering) hat sich seit dem kalten Krieg in zwei große Bereiche geteilt: Strategische Aufklärung soll das »große Bild« vermitteln, für Oberbefehlshaber und nationale Autoritäten. Die taktische Aufklärung soll die Bodenstreitkräfte inklusive der an Operationen beteiligten Flugzeuge, Schiffe, U-Boote, Landstreitkräfte und nicht zuletzt die Spezialkräfte mit operativen und taktischen Informationen versorgen. Für die Beschaffung und Auswertung von Aufklärungsdaten, sind vor allem die Geheimdienste zuständig. Bei der Art und Weise, wie die nachrichtendienstliche Datenbeschaffung durchgeführt wird, unterscheidet man drei Arten von Nachrichtendiensten (Intelligence): HUMINT (Human Intelligence) ist oftmals Inhalt von Spionageromanen, wobei Agenten in Zielgebieten und -ländern eine Bandbreite von Informationen sammeln, was aber wenig mit Luftaufklärung zu tun hat. Imagery beinhaltet fotografische, Infrarot- oder Radaraufnahmen von bestimmten Gebieten. Hauptquelle solcher Informationen sind Satelliten und Flugzeuge. Die bedeutendste und komplizierteste taktische Intelligence-Methode heutzutage ist SIGINT (Signals Intelligence). Das Feld der SIGINT umfasst unter anderem die Kommunikationsdatenerfassung (COMINT) sowie die elektronische (ELINT), telemetrische (TELINT), technische (TECHINT), Vermessungs- und signaturische (MASINT) Datenerfassung. Intelligence, also die nachrichtendienstliche Informationsbeschaffung, muss vor allem bei SOF-Einsätzen vorab in ausreichender Form stattgefunden haben. Im Einsatz erfolgt dann die taktische »Echtzeit-Überwachung« einer laufenden Operation. Hierzu ist auch der H145M LUH SOF gefragt und tritt dann in

Eine H145M-Vorführmaschine von Airbus in der Command and Control-Konfiguration. In der Überwachungsrolle kann der H145M entweder mit oder ohne HForce-Waffenausstattung eingesetzt werden.

Ansicht des Video-Down-Links einer Car Interdiction Operation des KSK aus dem Jahr 2018, an der H145M LUH SOF unter anderen auch als ISR-Plattform eingebunden war.

die Rolle der vorgelagerten Kommandozentrale, die Nachrichten und Bilder zwischen Spezialeinheiten im Einsatz und Einsatzführung distributiert. Bei einer SOF-Operation (wie auch in allen anderen Bereichen des Militärs) spielt der sichere Austausch von taktischen Informationen eine grundlegende Rolle für den Erfolg der Mission. Genauer gesagt kann der Informationsaustausch zwischen den verschiedenen an einem Einsatzszenario beteiligten Einheiten bei der endgültigen Planung, Durchführung und dem Ergebnis einer militärischen Operation den Ausschlag geben. In der Tat finden wir genau in diesem Bereich eine Reihe von Instrumenten, Anwendungen, Diensten und Funktionen, die unter dem Akronym C4I (Command, Control, Communication, Computer and Intelligence) zusammengefasst sind. Vereinfacht ausgedrückt hat C4I mit der so genannten »Informationsüberlegenheit« zu tun. Es handelt sich um einen Streitkräftemultiplikator, ein Schlüsselelement, das die Mittel zur Erlangung einer vorteilhaften Position bereitstellt und zum Erfolg beiträgt. Dieser Prozess der Informationsbeschaffung ermöglicht eine einheitliche »Situational Awareness«, d.h. wenn alle Kräfte zur gleichen Zeit mit den gleichen und aktuellen Informationen über die operative Lage ausgestattet sind. Dies alles kann der H145M LUH SOF mit Hilfe seiner elektro-optischen Anlage, dem Datenrekorder, seinem integrierten Kommunikations- und Navigationssystem sowie dem Video Downlink-System leisten. Das Airborne Video Downlink System (AVDS) ist eine umfassende, luftgestützte Videoübertragungslösung, die eine Echtzeit-Überwachung ermöglicht. Ursprünglich für den Betrieb durch Polizeieinheiten, Rettungsdiensten oder zum Schutz kritischer Infrastrukturen konzipiert. AVDS besteht aus einer integrierten Suite von Downlink-Sendern, -Empfängern und -Antennen, die hochauflösende Videos von

Grafik der Law Enforcement-Konfiguration des H145 mit dem Arbeitsplatz des Sensor-Operators. Im militärischen Bereich ist ein EOS-Operator in der Transportkabine nicht zwingend erforderlich, da die Überwachungs-Sensorik auch vom Cockpit aus bedient werden kann. Der Co-Pilot übernimmt hierfür die Funktion des EOS-Operators.

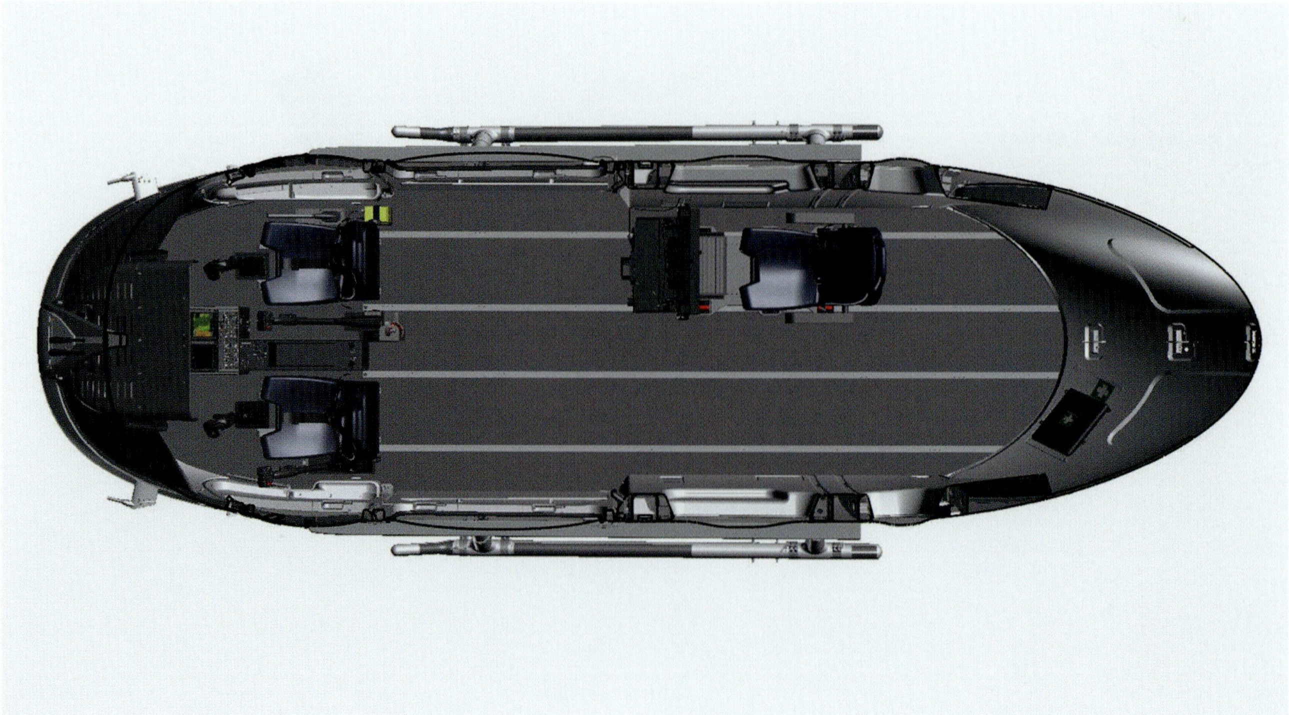

Drohnen, Hubschraubern und anderen Flugzeugen in Echtzeit und zuverlässig erfassen und in Kommandozentralen, mobilen Einheiten und auf Videomanagementsystemen anzeigen. AVDS verleiht den Missionen, die am Boden durchgeführt werden, eine zusätzliche Sicherheitsebene. Es kann bei Spezialoperationen eine wesentliche Rolle spielen, da es den Einheiten am Boden ein klares und zuverlässiges Bild davon vermittelt, was vom H145M LUH SOF oder der übergeordneten Aufklärungseinheiten erfasst wird. In diesem Sinne ist die Digitalisierung der Streitkräfte der erste Schritt zur Verwirklichung eines netzzentrierten Systems, d.h. die Integration technologischer Lösungen in ein C4I-System, um die in den verschiedenen Einsatzphasen gewonnenen Informationen zum richtigen Zeitpunkt gemeinsam nutzen zu können. Die Digitalisierung bedeutet auch, die verschiedenen C2-Systeme (Command and Control) der Armee und, wo immer möglich, die verschiedenen Mittel und Plattformen, die von der Marine, der Luftwaffe und dem Heer genutzt werden, in einem einzigen Netz zu vereinen und zu kommunizieren.

Links: Tagesansicht eines Überwachungsbereichs mit dem Hubschrauber EO-System

Rechts: Wärmebildansicht eines Überwachungsbereichs mit dem Hubschrauber EO-System

Verschiedene Visualisierungs-Optionen der ISR-Plattform H145M.

Einsatz mit dem Forward Looking Infrared (FLIR)-System

Ende der 70er-Jahre erfolgte in der Fliegerei die Ausweitung auf thermische Infrarot-Bereiche nahe des sichtbaren Spektrums. Die auf Multiple-Array- und Linearscan-Detektoren basierende Technologie war so präzise, dass sie geringste Temperaturunterschiede zwischen dem gescannten Zielobjekt und seiner Umgebungstemperatur zu differenzieren vermochte. Dies war die Geburtsstunde der modernen Wärmebildkameras. Ihre Weiterentwicklung mündete in der Konstruktion eines Hochleistungs-Ziel- und -Navigationssystems, das als FLIR bezeichnet wurde und mittlerweile integraler Bestandteil zahlreicher militärischer Luftfahrzeuge (Forward Looking Infrared) zum Beispiel Tiger, NH90, Apache ist. Seinen Namen verdankt das System seiner Fähigkeit, durch dichten Rauch und Nebel, aufgewirbelten Sand und Schnee quasi hindurchsehen zu können und ist den konventionellen Restlichtverstärkern klar überlegen. Es war kein Zufall, dass die erste große Bewährungsprobe der FLIR-Technologie im Rahmen des Irak-Konflikts Anfang der 1990er-Jahre stattfand. Wie bereits zuvor in Vietnam, so wiesen auch die Erfahrungen aus den beiden Golfkriegen den Wissenschaftlern den Weg, der 1991 im Einsatz von FLIR in der Operation Desert Storm seine folgerichtige Umsetzung fand. Die unfallträchtigen Staub- und Nebel-Landungen insbesondere von Hubschraubern, verursacht durch die Luftverwirbelungen ihrer Rotoren (Brown Out / White Out), wurden viel sicherer. Zwar passieren immer noch Unfälle, doch bei weitem nicht mehr in der hohen Fallzahl. Technologisch gesehen handelt es sich bei FLIR um Infrarot-Kameras, die sehr ähnlich funktionieren wie die digitalen CCD oder CMOS Kameras für sichtbares Licht. Die Bildgewinnung erfolgt unter Verwendung gekühlter oder ungekühlter Thermosensoren und liefert zweidimensionale Bilder im Bereich zwischen 2 und 14 μm (weiß bis grau). Moderne Kameras sind in der Lage, bis zu 256 Graustufen aufzulösen, im Gegensatz zum menschlichen Auge, das mit einer solchen Auflösung überfordert ist. Wärmebilder werden deshalb häufig in Falschfarben dargestellt, was zwar spektakulär, aufgrund des Verfremdungseffekts jedoch ungeeignet für militärische Zwecke ist. Thermosensoren in Form von FLIR-Systemen werden primär in Kampf- und Polizei-Hubschraubern eingesetzt, um auch unter schlechten Sichtbedingungen, wenn konventionelle Bildverstärkersysteme versagen, einsatzfähig zu bleiben. Die Bezeichnung »Forward Looking« bezieht sich auf die Emissionsrichtung der Infrarotstrahlung in Bezug auf die Luftfahrzeugachse. Es gibt mittlerweile auch »Sideway Looking« (SLIR)- und »Downward Looking« (DLIR)-Infrarot-Systeme. Es macht durchaus Sinn, wenn bei einer Spezialoperation, an welcher etwa vier H145M LUH SOF beteiligt sind, einer der LUHs mit dem EOS-Pod ausgestattet ist. Mit dem elektro-optischen Sensorbehälter samt FLIR kann er die exakten Daten, Umgebungsbilder sowie Personenverortung (Zielpersonen oder zu rettende Personen) an die anderen LUH´s, die keinen EOS-Pod mitführen, weitergeben. Im Falle einer HForce-Konfiguration mit Waffenbehältern, kann das EOS zusammen mit dem Helmvisier und der damit gekoppelten Zieleinrichtung als Target Acquisition System im Verbund genutzt werden. So entsteht eine modulare Sensorik- und Waffensteuerung im H145M, wie sie in weit komplizierterer Form und fest verbaut in Kampfhubschrauber integriert sind. Als Beispiel kann man hier den Boeing AH-64 Apache Kampfhubschrauber nennen, dessen Sensorik und Waffenanlage wohl die bekannteste ist und auch als erste in Massenproduktion auf dem Markt kam. Das wichtigste Werkzeug der Apache-Kampfpiloten ist der Honeywell M142-Helm mit dem Integrated Helmet and Display Sighting System (IHADSS). Der Waffensystemoffizier, der für gewöhnlich im vorderen Bereich des Tandem-Cockpits sitzt wird über diesen Helm sowohl mit den elektro-optischen Sensoren als auch mit der gesamten Waffensystem-Anlage verbunden. Der Pilot wird ebenfalls mit diesem Helm-System in seine Flug-Sensoren integriert. Das IHADSS kombiniert die Integrated Helmet Unit (IHU) und die Helmet Display Unit (HDU). Zusammen wird das Helm-System für die Sensor- und Waffensteuerung also auch für die Navigation bei Tag und Nacht und schließlich für die Kommunikation genutzt. Bis auf die Bewaffnung kann der H145M LUH SOF im Grunde modular zu einem Apachen werden. Das heißt, er beobachtet, verfolgt, weist Ziele zu und kann einen gesamten Einsatz steuern oder gar direkt eingreifen. Bei der Verfolgung von Zielen, Flüchtenden, Zielpersonen oder Fahrzeugen kann der ISR-Modus das entscheidende Element bei einer Mission werden. Die Koordinierung der Zugriffskräfte oder nur das Verfolgen und Aufklären können dabei die Aufgaben sein. Dabei ist die Modulare und kompatibel vorgefertigte Grundplattform der Airbus H145M Modelle ausschlaggebend. Im Gesamtkonzept des bewaffneten H145M LUH SOF ist ein Zentralrechner von Rockwell Collins Deutschland (FMC-4212 inkl. Mehrkernprozessor sowie TV-Fähigkeit) Teil des ISR Pakets. Feuerkraft, Präzision, Modularität sind im Grunde nach dem »Plug and Play«-Verfahren konzipiert.

Ein H145M LUH SOF mit montiertem elektro-optischem Behälter (EOS-Pod) MX-15Di von L3 Wescam.

Mit dem elektro-optischen Gimball samt FLIR können exakte Daten, Umgebungsbilder sowie Personenverortung (Zielpersonen oder zu rettende Personen) an die anderen LUH´s, die keinen EOS-Pod mitführen, weitergegeben werden.

Das MX-15Di von L3 Wescam verfügt über zehn Sensor-Optionen (sechs Digitalkamera-Einstellungen und vier laser-unterstützte Modi), die im Precision Zoom (Low Light und HD Color), Long Range (Low Light und HD Color) sowie über eine Kurzwellen-Infrarotkamera zur Zielidentifikation (Tag und Nacht) genutzt werden können. Auch die Zielbeleuchtung (Rangefinder, Spot Tracker, Designator) mittels Laser sind möglich.

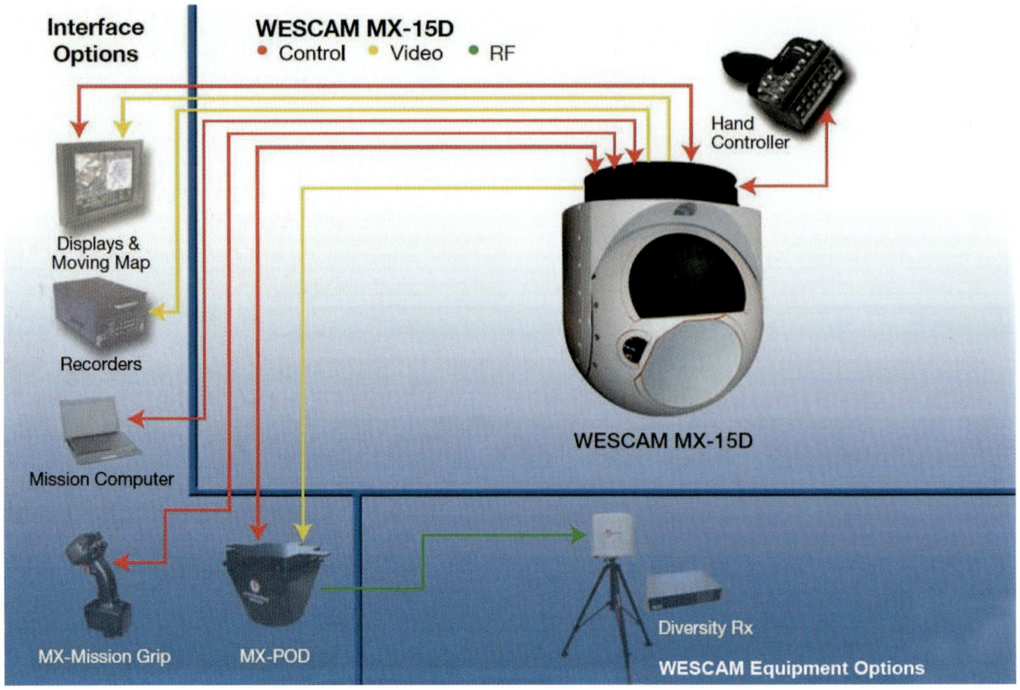

Das EOS-System kann in Verbindung mit der HForce-Konfiguration für mehr als nur zur Aufklärung genutzt werden. Mit Waffen beladen wird der H145M dann zu einem leichten Kampfhubschrauber. Das MX-15Di von L3 Wescam kann zusammen mit dem Thales Scorpion Helmet Mounted Sight Display (HMSD) und natürlich den dementsprechenden Waffen-Bedienelementen des HForce-Systems im Cockpit angewandt werden. Das EOS-System kann vom Co-Piloten bedient werden. Ein EOS-Operator als dritte Person wie bei Polizeieinsatzstaffeln ist nicht nötig.

Klare Sicht bei Tag oder Nacht: mit dem EOS-Pod erlangt man eine sogenannte »Situational Awareness«.

Der EO-Sensor-Bereich der deutschen UHT (Tiger) als Aufsatz über dem Rotorkopf.

Sensoren in der Nase: das wichtigste Werkzeug der »Apache«-Gunner ist der Honeywell M142-Helm mit dem Integrated Helmet and Display Sighting System (IHADSS). Der Waffensystemoffizier, der für gewöhnlich im vorderen Bereich des Tandem-Cockpits sitzt, wird über diesen Helm mit den elektrooptischen Sensoren als auch mit der gesamten Waffensystem-Anlage verbunden.

Der H145M LUH SOF ist bei den Spezialkräften angekommen. Die CR-Piloten gehören als Kernmitglieder der SOF-Community zur deutschen Speerspitze der militärischen Hochwerteinheiten.

Schlussbetrachtung

Hoher Klarstand – H145M LUH SOF als Retter der Hubschrauberpilotenausbildung

Die Verfügbarkeit militärischer Luftfahrzeuge ist allgemein leider gemessen an den bereitgestellten Flugstunden und Einsatzklarstand dauerhaft unzureichend. Das ist kein großes Geheimnis – auch wenn der H145M diesen Trend verbessert. Einsatzklarstand bezeichnet dabei die Anzahl von für den geforderten Zweck einsetzbaren Luftfahrzeugen zu einem Zeitpunkt oder der Prozentsatz an solchen, bezogen auf eine Referenzgröße, wie etwa dem Gesamtbestand. Der Klarstand ist wichtig für die Bemessung der Verfügbarkeit von Ressourcen für die Aus-und Weiterbildung und den Einsatzflugbetrieb. Die für die Planung in vielen Kategorien noch wichtigerer Kenngröße ist aber die Summe der bereitgestellten Flugstunden. Bezogen auf das einzelne Luftfahrtzeug (LFZ) wird von Nutzungsraten gesprochen (also Flugstunden pro Jahr), in der Summe von Jahresflugstundenprogrammen (also die Summe aller Flugstunden auf einem Muster oder in einem Verband). Flugstunden sind die Grundlage für die Aus- und Weiterbildung und für die Qualifizierung von LFZ-Besatzungen. Mit ihnen korrelieren die Planungen bezüglich Anzahl von Besatzungen und die Ausgestaltung von Ausbildungsprogrammen. Letztere hängen über die Nutzungsrate mit der Anzahl von LFZ zusammen. Die Bereitstellung von Flugstunden zur sachgerechten Qualifizierung einer bedarfsdeckenden Anzahl von Besatzungen ist eines der obersten Ziele militärischen Flugbetriebs sowie der LFZ-Logistik.

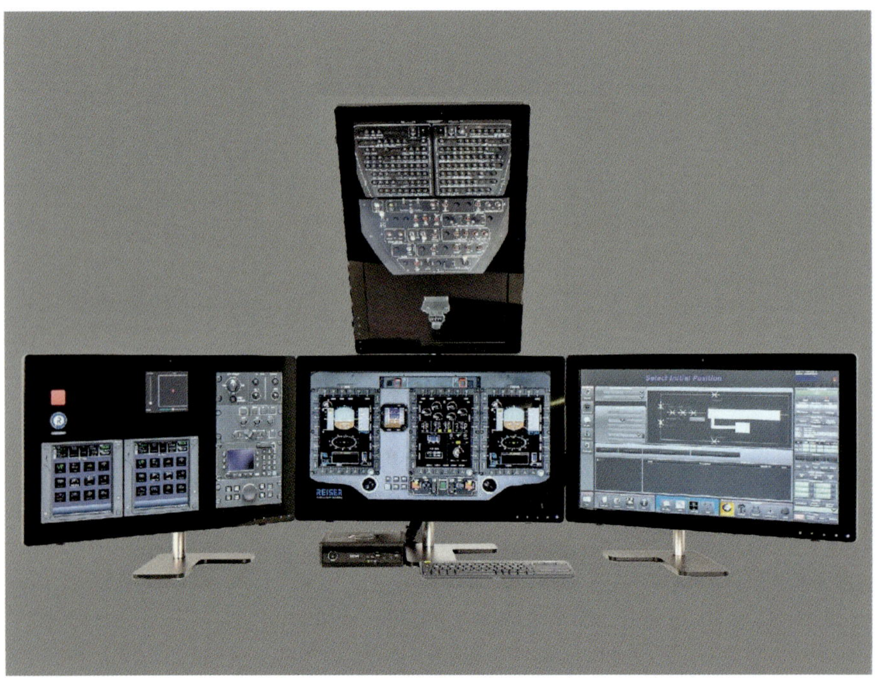

Das Trainingszentrum der ADAC HEMS Akademie in St. Augustin ist mit einer Simulatorhalle nebst Schulungs- und Briefingräumen, computerunterstützten Trainingsgeräten sowie mit modernster Mediatechnik ausgestattet. Drei Full-Flight-Simulatoren für Luftrettungsorganisationen, Polizeiorganisationen, Off-Shore-Hubschrauberunternehmen und sonstigen Betreibern von Airbus-Hubschraubern der Typen EC135, EC145 und H145 werden dort angeboten.

Im Gegensatz zur zivilen Luftfahrt werden militärische LFZ-Führer zwar zunächst auf einen oder mehreren Schulungsmustern ausgebildet, wechseln in den meisten Fällen dann aber unmittelbar auf ein komplexes Waffensystem, um nach erstem Lizenzerhalt über mehrere hundert Flugstunden und geflogenen Verfahren einen Grunderfahrungsschatz aufzubauen. Das Konstrukt des Einsatzstatus zeigt dann unmittelbar den Status Quo der einzelnen Besatzungen auf. Es wird auch beim Betrieb der H145M LUH SOF sehr streng auf die Statuseinteilung geachtet. Hier sind vom jungen LFZ-Führer mit Status Non-Combat Ready, (NCR) zum Erfahrungsgewinn Trainingsprogramme zu absolvieren, bevor er über den Status Limited Combat Ready (LCR) einen Einsatzstatus Combat Ready (CR) erreicht. Der Sonderfall LUH SOF stellt ohnehin bereits eine große Ausnahme in der Bundeswehrplanung dar, denn in der Bundeswehr als Ganzes findet sich eigentlich kein kleiner, leichter Hubschrauber mehr in der Ausrüstungsplanung. Neben dem reinen Kampfhubschrauber Tiger (max. Abfluggewicht 6,1t) und dem nur in der Nebenrolle zum Transport eingesetzten Bordhubschrauber Sea Lynx Mk88A (5,1t) ist der kleinste Hubschrauber der Bundeswehr in der aktuellen Zielstruktur schon der NH90 (10,6t). Nach NATO-Klassifizierung ist dies ein mittlerer Transporthubschrauber. Die darunter angesiedelte Klasse der Leichten Mehrzweckhubschrauber ist eigentlich nicht mehr abgebildet. Die wirklich einzige Ausnahme stellt der Spezialkräfteverbringer H145M LUH SOF dar. Alle weiteren LUH-Klassen zählen zur Rubrik »Ausbildung« (z.B. EC135). Einen standartmäßigen Kleintransporter, wie einst der Bo-105 in der VBH-Rolle kann man sich bei heutiger Finanzlage nicht mehr leisten. Es entsteht nach Bundeswehr-Logik demnach keine Fähigkeitslücke, wenn ein NH90 auch leichte Transporte abwickeln kann. Der SOF-Transport ist jedoch hiervon ausgenommen. Im Gegenteil: mit der Beschaffung von im Gesamtportfolio ohnehin fehlenden LUH's, die auf zivil zugelassenen Mustern basieren, können wirtschaftlich Flugstunden aufgebaut werden, die in militärischen Spezialsystemen nicht hinreichend zur Verfügung stehen. Das hatte man bei der Planung der neuen SOF-Staffel bereits vor der Beschaffung erkannt. Der neueingeführte H145M LUH SOF ist folglich nicht selbstverständlich gewesen. Denn die dafür bereitgestellten Flugstunden, sind planerisch eigentlich den Besatzungen für die oben genannten leichteren militärischen Kernsysteme vorbehalten. Laut offizieller Bundeswehrplanung ist der H145M LUH SOF nicht als selbständige neue Fähigkeit, die eine vollständige neue Organisation mit neuem Personalkör-

Hubschrauberfluglehrerausbildung in Bückeburg im März 2019. Die Bundeswehr verfügt nicht über H145-Simulatoren.

Piloten trainieren mit dem Simulator des Hubschraubers EC135 im Rahmen der Ausbildung zum Hubschrauberfluglehrer im Internationalen Hubschrauberausbildungszentrum in Bückeburg im April 2019

per mit sich zieht, anzusehen. Viel mehr ist das LUH SOF-Konzept eher eine Zusatzlösung, welche in die bestehenden Verbände zu integrieren und als »Ergänzung« zur besseren Erfüllung des bestehenden Auftrags dienen soll. Nun mag man dies als Außenstehender als eine Gängelung der neuen Fähigkeiten der Luftwaffe verspüren, nach nüchterner Betrachtung wird dem Kenner der Bundeswehr jedoch schnell deutlich, dass dies nichts weiter als die gängige Planungspraxis ist. Selbstverständlich zeigt die Realität, dass es natürlich nicht möglich ist, eine SOF-Staffel aufzustellen, ohne dazu auch zusätzliches Personal und ergänzende Organisationsstrukturen zu schaffen. Auch wenn die 4. Staffel des HSG64 in Konkurrenz mit den Kernsystemen steht, hat man erkannt, dass man mit dem kostengünstigeren Konzept der Flugstundenanhäufung abseits des SOF-Betriebs eine sehr große Entlastung für die Kernsysteme und bei der Ausbildung der Piloten schaffen kann. Dies schlägt sich dementsprechend auch in der künftigen Praxis und im neuen Fähigkeitsprofil der Bundeswehr nieder. Denn der Flugbetrieb mit den LUH's hat bereits drei Jahre nach Einführung des H145M und sieben Jahre nach Übernahme aller CH-53 der Bundeswehr prägnant zugenommen. Doch speziell die 15 H145M LUH SOF zeigen die Flugstundenbilanz. Sie sind neu und sehr zuverlässig, der Einsatzklarstand beträgt deutlich über 80 Prozent. Die Crews haben allein 2019 über 1.000 Flugstunden mehr absolviert als 2018. 2020 kamen weitere 1.000 Stunden hinzu. Mit dem H145M hat sich die Zahl der Flugbewegungen am Standort binnen drei Jahren von 21.000 auf 31.000 erhöht. Nur um hier auch einen Vergleich mit einer weiter zurückliegenden Zeit aufzuzeigen: 1978 waren es mehr als 45.000 Flugbewegungen. Als problematisch erweist sich dabei, dass die in der Heimat verfügbaren Flugstunden auf der wegen ihres Alters ungemein wartungsintensiven CH-53 schwerpunktmäßig in das Training von Besatzungen gesteckt werden mussten, die in den Afghanistan-Einsatz waren, und junge Besatzungen deshalb anfangs nicht in der notwendigen Tiefe dafür qualifiziert werden konnten. Was zur Folge hatte, dass immer wieder die gleichen Piloten, Bordtechniker und Bordsicherungssoldaten an den Hindukusch geschickt werden, weil die jungen Kameradinnen und Kameraden, die sie entlasten könnten, nicht genügend Flugstunden bekommen. Deshalb wurde der H145M anstatt der CH-53 für die Grundausbildung neuer CH-Piloten herangezogen. Auf diese Weise konnten Besatzungen und kontinuierlich fliegerische Erfahrung sammeln und viele Manöver und Verfahren üben, die sie später mit dem großen Hubschrauber ausführen sollen: zum Beispiel Lasten transportieren, mit der Winde arbeiten, Tief- und Instrumentenflug und den Gebrauch von Nachtsichtbrillen. Der H145M ist folglich in vielerlei Hinsicht ein Retter in der Not. Der Bedarf an Flugstunden ging sogar soweit, dass weitere H145 auf dem zivilen Markt herangezogen werden mussten. Das Bundesamt für Ausrüstung, Informationstechnik und Nutzung der Bundeswehr (BAAINBw) hat mit der Veröffentlichung des Verhandlungsverfahrens am 23. Dezember 2019 eine Ausschreibung für die Anmietung von drei zivilen Hubschraubern H145 mit bis zu 1.300 Flugstunden (FH) im Jahr 2021 gestartet. Die Angebotsabgabe war für den 20. Januar 2020 terminiert. Die Vertragslaufzeit soll vom 1. Januar 2021 bis zum 31. Dezember 2021 dauern, wobei der Flugbetrieb am 4. Januar 2021 beginnen soll. Gefordert ist ein Vermieter, der mindestens drei zum zivilen Luftverkehr zugelassene Hubschrauber H145 (Regelraum EASA) zeitlich befristet (stundenweise) zur Durchführung von Flügen in Absprache mit dem Mieter, der Bundeswehr, in betriebsbereitem, lufttüchtigem Zustand auf dem Militärflugplatz in Laupheim bereitstellen kann. Es werden bis zu 1.300 Flugstunden, davon 260 Nachtflugstunden, im Jahr 2021 gefordert. Pro Woche sind mindestens zwei Flugfenster für Nachtflüge vorzusehen. Im Rahmen der Aus- und Weiterbildung von Hubschrauberführeroffizieren/-innen (HFO) der Deutschen Luftwaffe, im Anschluss an den Erwerb der Musterberechtigung H145M, muss eine ausreichende Anzahl Flugstunden bereitgestellt werden, um das Personal unmittelbar weiter zu professionalisieren und es zeitnah nach Erreichen des notwendigen Qualifikationsniveaus auf dem Einsatzmuster H145M für den Einsatz zu befähigen. Für die ausgebildeten Piloten sind mindestens 70 Flugstunden zum Erhalt der Fluglizenz veranschlagt. Dies hat jedoch noch nichts mit der taktischen Ausbildung zu tun. Hierzu kommen weitere Stunden hinzu, die zur militärischen Schulung notwendig sind, um die verschiedenen Einsatzbereitschaftsstufen zu durchlaufen. Auch dies ist eine Herausforderung und von einem hohen Klarstand der Maschinen abhängig. Die Auslandseinsätze fordern ihren Tribut. Personell wie materiell. Das Ganze muss wohlgemerkt ohne eine Beeinträchtigung der Ausbildung und des Aufbaus der SOF-Anteile des Geschwaders gemeistert werden, denn schließlich müssen Piloten ihre Combat Ready-Zertifizierung er- und behalten. Denn der SOF-Status bezieht sich einzig und allein auf die Piloten des H145M LUH SOF. Parallel wird für den H145M eine Simulationslösung geprüft. Die Luftwaffe will aus Kosten- und Zeitgründen aber wohl keinen eigenen Simulator beschaffen.

Daher finden derzeit Gespräche mit der Lufthansa Aviation Training statt. Die Firma Reiser Simulation und Training liefert einen entsprechenden Hubschrauber-Simulator mit Wechsel-Cockpit für die Muster H145 und H135 an die Lufthansa aus. Der Level D-Simulator für Training im Bereich Helicopter Emergency Medical Services (HEMS) ist seit August 2020 am Standort Frankfurt in Betrieb. Mit wenig Aufwand wäre dieser wohl auf eine H145M Variante hochrüstbar. Hier könnten dann zumindest für die Piloten alle Verfahren, ohne Nutzung des »hinteren Kampfraumes«, trainiert werden. Andere Alternativen zur Nutzung eines Simulators bestehen über die ADAC HEMS Academy am Flugplatz Bonn/Hangelar in Sankt Augustin sowie bei Airbus Helicopters in Donauwörth. Im Fachjargon wären folgende Kriterien erfüllt: Sichtsystem für einen EASA / LBA Level D zertifizierten H145 Hubschrauber Full Flight Simulator (FFS), ausgestattet mit einem 240° x 80° FOV Kuppelprojektionssystem mit 15 hochauflösenden Zweikanal- (Tageslicht + stimulierte Nachtsichtsysteme) LED-IR Projektoren und einer angepassten domeprojection.com Autokalibration. Auch der Simulator in Sankt Augustin stammt von Reiser Simulation and Training. Zudem kommen noch die Tactical Operators (TacOps) sowie das geschulte Boden- und Planungspersonal.

Weitere LUHs bis 2031

Die H145M-Flotte soll laut dem neuen Fähigkeitsprofil der Bundeswehr, welches auf das Finalisierungsjahr 2031 abzielt und zusammen mit dem Weißbuch der Bundesregierung sowie der Konzeption der Bundeswehr die Zukunft der Bundeswehr vorgeben, um 60 weitere H145M erweitert werden. Allerdings sollen der Großteil davon den Heeresfliegern als Battlefield Utility Helicopter dienen und auch als leichte Kampfhubschrauber ergänzend zu den NH-90 und UH Tiger fungieren. Aber auch für die Luftwaffe und die Marine sollen einige H145M mehr beschafft werden. Die Marine benötigt jedoch keine bewaffneten SOF-Verbringer per se, da sie mit dem Sea Tiger und Sea Lion-Konzept bereits plant, sondern möchte eher die Übungsflugstunden für ihre Kernflotte aufstocken. Der hohe Klarstand, ein eingespieltes Team, eine hervorragende Interaktion mit der SOF-Community sowie eine teilstreitkräfteübergreifende Interoperabilität werden mit dem H145M LUH SOF verbunden. Die ersten Einsatzjahre haben es gezeigt: das Team Luftwaffe verfügt mit dem H145M LUH SOF und vor allem mit dem neuen SOF-Team über neue Hochwertressourcen.

Ein Scharfschützen-Team der 3. Kommando-Kompanie des KSK lässt sich im Oktober 2019 von Luftwaffen-Kameraden im H145M LUH SOF in das Übungsgebiet bringen. Auch für die regulären Kräfte im Feld wären die Maschinen sehr hilfreich, daher hofft man beim Heer, künftig über eigene LUH´s zu verfügen.

Überraschung Black Dagger 2020

Bereits im März 2020 übten Teile der 4. Staffel (SOF) des HSG 64 wie sooft die Verbringung von Spezialkräften. Doch dieses Mal an einem sehr speziellen Ort: bei der Übung Black Dagger im nigrischen Tahoua tauchten plötzlich drei H145M LUH SOF auf und unterstützten das KSM bei der Ausbildungsmission im afrikanischen Krisenstaat Niger. Da es sich offiziell um keinen Kriseneinsatz handelte und Bewaffnung nur zum Eigenschutz vorgesehen war, musste hierzu auch nicht der Deutsche Bundestag mandatierend eingebunden werden. Spannend für das Team Luftwaffe und vor allem alle mit der »geheimen« SOF-Übung betrauten Unterstützungskräfte war vor allem der erstmalige »covert«-Verlegeprozess der mindestens drei LUHs samt Ausrüstung und Teams. Denn die Kunst lag in der verborgenen Verlegung der Hubschrauber in das vorbestimmte Einsatzgebiet und nicht nur die Verbringung der Spezialkräfte dann vor Ort selbst. Die Planungen für ein solches Geheimunternehmen gehören zu den aufwendigsten Vorhaben. Ein Kabinettsstückchen ist hier der Luftwaffe als neues Mitglied in der deutschen SOF-Community gelungen, welches Zuversicht für die Zukunft geben kann. Die Nachricht von im Niger übenden LUHs war ein Paukenschlag nicht nur für Außenstehende und ein positives Zeichen. Der transkontinentale Umschlag von Hubschraubern im Verborgenen ist heutzutage keine Selbstverständlichkeit und zeigte, dass es die Luftwaffe »drauf« hat. Und das Ganze offiziell völlig ohne eigene dem SOF-Bereich zugeordnete FARP-Kapazitäten (Forward Arming and Refueling Point), wie es beispielsweise im amerikanischen SOCOM standardmäßig dazu gehört und es auch von den Franzosen praktiziert wird. Das Dröhnen von Turbinen und Fahrzeugmotoren hat es in dieser Intensität in der Wüste von Tahoua wohl noch nie gegeben. Hubschrauber verbringen Fallschirmjäger, verwundete Soldaten werden abtransportiert, Soldaten lösen sich unter Eigensicherung aus dem Gefecht. Bei diesen Szenen handelt es sich um die Übung »Black Dagger« im nigrischen Tahoua. Spezialkräfte der Bundeswehr haben hier innerhalb der Mission Gazelle über zweieinhalb Jahre zwei Kompanien ihres Partnerverbandes ausgebildet, die sich an diesem Tag beweisen müssen. Mit »Black Dagger 2020« absolvieren die nigrischen Soldaten ihre Zertifizierungs- und Abschlussübung. Auch dabei ist der deutsche Generalinspekteur Eberhard Zorn auf seinem Truppenbesuch in Afrika. Am Ende der Übung zeigte sich der oberste General der Bundeswehr sehr beeindruckt: Man habe sehen können, dass die nigrischen Soldaten die taktischen Abläufe mittlerweile so verinnerlicht hätten, dass die Art und Weise des Vorgehens unserem sehr ähnelt. Laut dem Generalinspekteur habe sich das Engagement im Niger also gelohnt. Die einheimischen Soldaten sind auf einem Standard, mit dem sie auch in möglichen realen Gefechten bestehen können und genau diese Befähigungen brauchen die afrikanischen Soldaten auch. Die Bedrohungen innerhalb der Sahelregion sind vielfältig und erfordern unterschiedlichste Herangehensweisen. Die Sahelstaaten kämpfen gegen Drogenschmuggel, Schleuser und Terroristen. »Black Dagger 2020« war eine kleine Kostprobe. Bisher liefen diese Aktivitäten unterhalb der sogenannten Ein-

Deutsche H145M LUH SOF operieren zum ersten Mal unter einsatzähnlichen Bedingungen im Ausland. Die zunächst geheim gehaltene Premiere in der Sahelzone war für viele Außenstehende Beobachter eine große Überraschung.

Rechts: Ein H145M LUH SOF während der Infiltration von Spezialkräften beim Rappelling über dem Wüstenboden während »Black Dagger« 2020.

satzschwelle als Military Assistance Mission im Sinne der Ertüchtigungsmaßnahmen der Bundesregierung. Künftig sollen sie jedoch mit einem Mandat des Bundestags, das die sogenannte G5-Sahel-Region umfasst, in den europäischen Trainingseinsatz Mali (EUTM Mali) der Bundeswehr integriert werden. Der Einsatz orientiert sich an der Umsetzung der Ziele der afrikapolitischen Leitlinien der Bundesregierung und soll dazu beitragen, eine Region durch umfassende Unterstützung zu stabilisieren, die als Unruheherd und Rückzugsort für Terroristen gilt und durch die auch klassische Migrationsrouten führen. Gefahr ist in dieser Region ja immer gegeben, was sich in der Tatsache zeigt, dass die Bundeswehr dorthin auch Spezialkräfte entsendet. Das Training der Laupheimer SOF-Teams ist seit 2020 dementsprechend stark auf die Kampfschwimmer konzentriert, welche im Niger die SOF-Operationen durchführen. Das ursprünglich in Afghanistan geplante Debüt der H145M LUH SOF im Auslandseinsatz war somit seit Sommer 2020 vom Tisch. Der Generalinspekteur der Bundeswehr hat zwischenzeitlich seine 2018 getroffene Entscheidung an aktuelle Entwicklungen und Möglichkeiten angepasst. NH90-Hubschrauber sollten folglich den Afghanistan-Einsatz übernehmen, während die Laupheimer mit den Kampfschwimmern in einem nicht minder gefährlichen Gebiet operieren.

Das Operieren über Wüstenböden ist sowohl bei Nacht als auch bei Tag ein schwieriges Unterfangen. Das Abseilen über Sandboden muss geübt werden, da hier mit dem tückischen »Brown Out« gerechnet werden muss. Für die Besatzung des H145M LUH SOF bedeutet dies ein Höchstmaß an Konzentration.

Das G-SOF Ausbilder-Team des KSM im afrikanischen Krisenstaat Niger während »Black Dagger« 2020.

Team Luftwaffe

Die Aufgaben eines Kommodores und seiner Soldaten im Dienst des HSG64 erfordern sehr viel Disziplin, Fleiß, Fingerspitzengefühl und einen sehr langen Atem. Vom Waffenwart bis hin zum Luftfahrzeugmechaniker, vom freiwillig Wehrdienstleistenden bis hin zum gestandenen Berufsoffizier. Vom Piloten bis hin zum TacOp und vom Stabssoldaten bis hin zum Transport-, Nachschub- und Instandsetzungs-Personal: scheinbar unzählige Prozesse müssen zeitgleich im einzigen Hubschraubergeschwader der Luftwaffe geplant werden. Dementsprechend groß sind der Respekt und die Hochachtung Derjenigen, die diese Arbeit zu verstehen und zu schätzen wissen. Die Arbeit des Teams Laupheim, des Teams Luftwaffe sowie des Teams Industrie – allen voran durch Airbus Helicopters – hat sich gelohnt. Die Bundeswehr musste 2020 jedoch auf alle möglichen Szenarien vorbereitet sein. Sowohl die weltpolitische Lage, die Auswirkungen der Corona-Pandemie und nicht zuletzt die US-Außenpolitik haben zu planerischen Herausforderungen geführt. Aber zunächst war es die Corona-Pandemie, welche die Abläufe und die Arbeit im Geschwader bestimmt hatte. Dennoch erflogen die H145M LUH SOF knapp 5.000 Flugstunden in 2020 und es werden noch viele weitere mehr.

Es liegen hervorragende Ergebnisse vor, auf die die Laupheimer und das ganze Team Luftwaffe sehr stolz sein können. Eindrucksvoll wurde unterstrichen, dass die Spezialkräfte-Staffel der Luftwaffe im Zusammenspiel mit dem Kommando Spezialkräften, aber auch mit den Kampfschwimmern über einzigartige Fähigkeiten verfügt und fähig ist, einen entscheidenden Beitrag für die Sicherheit der Bürgerinnen und Bürger Deutschlands zu leisten. Hervorragend aufeinander abgestimmt und hochprofessionell in die taktischen Einsatzverfahren des KSK eingebunden präsentieren sich die Hubschrauberbesatzungen aus Laupheim. Dass die Luftwaffe im teilstreitkräfteübergreifenden Verbund mit dem KSK hervorragend harmoniert, gibt den Bürgern Zuversicht. Die Einbindung der SOF-Staffel in die Strukturen des HSG 64 ist erfolgreich abgeschlossen. Es warten schon die ersten Einsätze, die da wohl auf sie zukommen werden. Die sicherheitspolitischen Realitäten werden es verlangen.

Soldaten vom HSG 64 aus Laupheim bereiten einen H145M LUH SOF für den Start im Rahmen der Hitzeerprobung in Al Jafr /Jordanien 2017 vor.

Anhang

Historische Spezial-Einsätze unter Nutzung von Hubschraubern, die als Konsequenzen die Bildung von fliegenden Spezialkräfteverbänden hatten.

Beispiel USA: Operation »Eagle Claw« oder wie alles schief laufen kann.

Am 4. November 1979 besetzten etwa 400 iranische Studenten die US-amerikanische Botschaft in Teheran. Nach politischen Verhandlungen und einer Teilflucht blieben noch 53 Personen weiterhin gefangen. Wirtschaftssanktionen, diplomatische Repressalien und Resolutionen des UN-Sicherheitsrat erzielten keine Erfolge.

Acht RH-53D Sea Stallion-Hubschrauber vom Flugzeugträger USS Nimitz (CVN-68) und drei Lockheed C-130 Hercules-Transportflugzeuge mit Delta-Force-Einheiten sollten in der ersten Nacht zum Treffpunkt Desert One fliegen. Hier stehen die Sea Stallions in eigens für die Mission angebrachte Wüstentarnung auf dem Deck der USS Nimitz bereit.

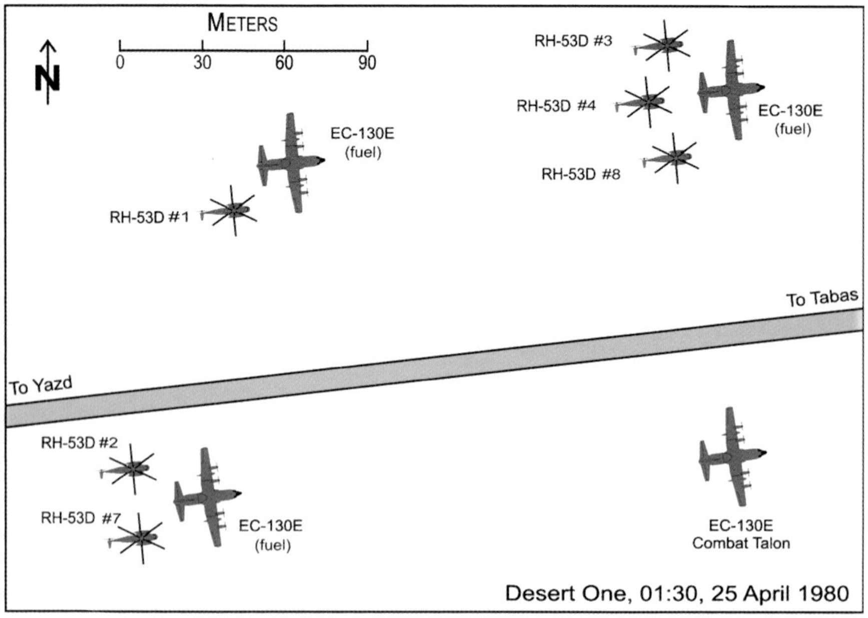

Die Operation »Eagle Claw« war als komplexe Aktion in zwei Nächten geplant. Acht RH-53D Sea Stallion-Hubschrauber vom Flugzeugträger USS Nimitz (CVN-68) und drei Lockheed C-130 Hercules-Transportflugzeuge sowie ein SOF-Combat Talon mit Delta-Force-Einheiten sollten in der ersten Nacht zum Treffpunkt »Desert One« fliegen. Nachdem die Truppen in Stellung gebracht wurden, sollten drei weitere Hercules-Flugzeuge eintreffen, um die Hubschrauber aufzutanken. Nach dem Auftanken der Hubschrauber sollten diese die Bodentruppen aufnehmen und zum Punkt Desert Two bei Teheran fliegen. Doch alles sollte anders kommen.

Ein Befreiungsplan setzte sich langsam in den Köpfen in Washington fest. Im März 1980 waren die theoretischen Planungen für eine de facto-Intervention soweit gediehen, dass man sich traute diese vorzutragen. Präsident Jimmy Carters Sicherheitsberater, Zbigniew Brzeziński hatte mit dem Militär die Erarbeitung des Plans zur Befreiung der Geiseln koordiniert. Im April entschied sich der Präsident, die geheime Aktion zu starten. Der Codename sollte »Eagle Claw« sein. Die Operation erfolgte am 24. April 1980 mit dem Ziel, die festgehaltene Geiseln zu befreien. Die Operation endete in einem Desaster und sollte sich tief in das Gedächtnis der Nation einprägen. »Eagle Claw« war ein Prototyp dafür, wie man solche Missionen eben nicht planen und durchführen sollte. Der Plan war einfach viel zu ambitioniert mit viel zu vielen unbekannten (Materialbelastung) und auch nicht beeinflussbaren Faktoren (z. B. Wetter) behaftet. Ebenso waren die Hubschrauber dafür nicht ausgelegt und heute selbstverständlich genutzte Avionik- Zusatzgeräte mussten schlichtweg erst noch erfunden werden. Man hätte genauso gut mit alten Lastenseglern starten können. Die letzten 52 Geiseln kamen erst 444 Tage nach ihrer Entführung im Januar 1981 nach Verhandlungen zwischen den USA und Iran wieder frei. Zwischenzeitlich war eine ganze Special Operation in den iranischen Sand gesetzt worden. Die Mission verlief nämlich von Beginn an problematisch. Nur hatte niemand den Mut, diese frühzeitig abzubrechen. Die Gesamtoperation lief weiter, bis man zu tief drinsteckte und nicht mehr unbeschadet herauskam. Aufgrund eines Motorschadens fiel einer der CH-53-Hubschrauber schon beim Erreichen der Küste aus und musste zum Flugzeugträger »Nimitz« zurückkehren. Schon damit wäre die Mission nicht mehr durchführbar gewesen. Die verbliebenen Sea Stallions erreichten den Treffpunkt in der Wüste, der Desert One getauft wurde sehr verspätet. Auch hier hätte man schon abbrechen müssen zumal ein Sandsturm die komplette Operation einhüllte. Als später die Hubschrauber der US Navy landeten, fiel ein weiterer Hubschrauber durch einen technischen Defekt aus. Mit den restlichen Fluggeräten konnte die Befreiungsaktion für alle Geiseln nicht mehr durchgeführt werden. Als das klar wurde, befahl der Kommandant der Bodentruppen und zugleich Kommandeur von Delta Force, Charles »Charly« Beckwith, widerwillig den Rückzug. Ein Führungsoffizier, der die Gesamtleitung vor Ort hatte, war nicht vorhanden. Die ganze Task Force kommunizierte mit Politikern, die in Kairo saßen und taktisch-opertive Entscheidungen vom Tisch aus in Ägypten trafen. Im Nachgang kann es sein, dass Beckwith der Gesamtsituation nicht gewachsen war. Er stand zudem unter enormen politischen und militärischen Druck. Es war der Bewährungseinsatz für seine neue Delta Force, und es sollte gehörig schiefgehen. Die Operation war als komplexe Aktion in zwei Nächten geplant. Acht RH-53D Sea Stallion-Hubschrauber vom Flugzeugträger USS »Nimitz« (CVN-68) und drei Lockheed C-130 Hercules-Transportflugzeuge mit Delta Force-Trupps in Zivilkleidung und Handfeuerwaffen sollten in der ersten Nacht zum Treffpunkt kommen. Das misslang. Es konnte nicht die geforderte Minimalstärke erreicht, die Mission musste abgebrochen und die sechs verbliebenen Helikopter für den Rückflug noch aufgetankt werden. Dabei kollidierte hunderte Kilometer südöstlich von Teheran über Desert One einer der Hubschrauber im Schwebeflug wegen schlechter Sicht, Dunkelheit sowie aufgewirbelten Sand mit einem Hercules-Flugzeug. Der folgende Crash vernichtete beide Fluggeräte und tötete acht Soldaten. In dem dramatischen Rückzug wurden die fünf verbleibenden Hubschrauber fast intakt zurückgelassen. Die später veröffentlichten Fotoaufnahmen erfolgten durch die herbeigeeilten iranischen Sicherheitskräfte. Das Desaster war perfekt. Die USA wurden vorgeführt. Im Fernsehen sah man die zerstörten, ausgebrannten Wracks und die nun iranischen Beutemaschinen. Fazit: Auf der militärischen Ebene führte das scheppernde Scheitern der Operation zur Schaffung des 160th SOAR (Airborne). Dort sollten nun Elite-Piloten dafür ausgebildet werden, schwierige Missionen zu jeder Zeit und bei jedem Wetter sicher zu fliegen. Auch die Schaffung des SOCOM/JSOC war eine Folge der gescheiterten Aktion, um zukünftig ein besseres Zusammenspiel der Spezialeinheiten der Teilstreitkräfte zu gewährleisten.

Führen von vorne und aus einer Hand, sollte nun die Devise sein. »Charly« Beckwith hatte das Scheitern der Mission nie ganz verkraftet. Gesundheitliche Probleme machten ihm zu schaffen und er verließ verbittert die US Army. Obwohl er als außerordentlich sportlich und kampferfahren galt, verstarb er mit nur 65 Jahren. Er war ein tapferer Airborne Ranger und Green Beret mit Erfahrungen beim britischen SAS, nach dessen Vorbild er Delta Force aufbaute. Er diente in Vietnam und Laos und führte verdeckte, hochgefährliche Operationen in Asien durch. Einer komplexen, hochsynchronisierten modernen Special Operation mit vielen zeitkritischen Akteuren war er jedoch nicht gewachsen. Zu seiner Verteidigung muss gesagt werden, es gab damals keine Blaupause für eine solche Operation.

Oberst Henning Glawatz, der damalige Kommandeur der Luftlandebrigade 26 in Saarlouis im berühmten Interview nach der Landung der beschossenen Evakuierungs Task Force. Als Chef des Stabes und stellvertretender nationaler Befehlshaber des Deutschen Kontingents der SFOR im Rajlovac wurde er über Nacht zum Helden der Bundeswehr. Die Bundeswehrsoldaten evakuierten während der Operation Libelle über 100 deutsche Botschaftsangehörige aus bürgerkriegsähnlichen Zuständen in Albanien. Hier fielen die ersten Schüsse der Bundeswehr bei einem Auslandseinsatz.

Beispiel Bundeswehr: Operation »Libelle« 1997 - SFOR

Die politische und die Sicherheitslage in Albanien hatten sich seit Anfang März 1997 zunehmend verschlechtert. Das Auswärtige Amt hatte jeweils in Abstimmung mit politischen Partnern am 5. März 1997 die deutschen Bürger, die sich in Albanien aufhielten, empfohlen das Land zu verlassen und am 11. März 1997 diese Empfehlung in eine Aufforderung sofort das Land zu verlassen, umgewandelt. Ausgehend von den Unruhen im Süden, die überraschend schnell auf das ganze Land übergriffen, war am 13. März 1997 die gesamte staatliche Ordnung zusammengebrochen. Der Flughafen von Tirana war nicht mehr anfliegbar. Die Plünderungen im Land – insbesondere der Waffenlager von Armee und Polizei - hatten auch die Hauptstadt Tirana erfasst. Die albanischen Sicherheitskräfte befanden sich in Auflösung. Das Leben der im Land verbliebenen ausländischen Staatsbürger war jetzt akut gefährdet. Vor diesem Hintergrund hatte Italien bereits erste Luftevakuierungen mit Billigung der albanischen Restregierung durchgeführt. Der Abgleich der Lage mit den Verbündeten zeigte am 14. März 1997 vormittags, dass ein Transfer deutscher Staatsbürger in Richtung Küste auf dem Landweg nicht mehr verantwortbar war. So musste auch eine am 13. März 1997 von der britischen Botschaft organisierte Evakuierungsoperation zu Lande wegen der sich dramatisch verschärfenden Sicherheitslage abgebrochen werden. Für die deutschen Staatsbürger und in konsularischer Obhut befindlichen Staatsangehörigen anderer Nationen - etwa 110 Personen – blieb nur noch die Luftevakuierung. Angesichts der anarchischen Zustände im Land war nunmehr Gefahr im Verzuge. Der Einsatz deutscher Streitkräfte war mithin die einzige verbliebene Möglichkeit. Deshalb hatte die Bundesregierung am 14. März 1997 um 11:35 Uhr angeordnet, den Einsatz zur Evakuierung deutscher Staatsbürger sowie in konsularischer Obhut befindlicher Staatsangehöriger anderer Nationen durchzuführen. Für die Evakuierungsoperation wurden folgende Kräfte eingesetzt: Heeresfliegerkräfte, bestehend aus fünf mittleren Transporthubschraubern CH-53 und einem Rettungshubschrauber CH-53 sowie Kräften zur militärischen Eigensicherung (89 Soldaten), drei Transportflugzeuge C-160 Transall (24 Soldaten) und die Fregatte »Niedersachsen« in internationalen Gewässern zur Unterstützung von See aus (210 Soldaten). Nach einem regelrechten Sturzflug aus 1.000 Metern Höhe setzte der olivgrüne Bundeswehr-Hubschrauber unsanft auf der Schotterpiste des alten Flughafens Labrak im Nordwesten von Tirana auf. Die Rotoren der CH-53 wirbelten Wogen von Staub und Dreck hoch. Menschen drängten panikartig auf die Heckrampe zu, draußen fielen Schüsse. Die von Bord gestürmten Soldaten erwiderten das lebensgefährliche Gewehrfeuer aus zwei weißen Panzerwagen. Mehrfach getroffen drehten diese ab. Trotz dieser filmreifen Szene und einer Vorbereitungszeit von nur wenigen Stunden glückte die Rettung von 104 Zivilisten aus Albaniens Hauptstadt, niemand wurde ernsthaft verletzt. Ein Kamerateam begleitete aber am Boden die dramatischen Szenen: Deutsche Bundeswehrsoldaten gingen in Stellung. Maschinengewehre MG3 erwiederten das Feuer. Befehle wurden gebrüllt. Offiziere zückten ihre Dienstpistolen und gaben Warnschüsse ab. Panik brach aus. Die Situation geriet aus Kontrolle. Das alles zur besten Prime-Time in den deutschen Nachrichten. Eine Nation rieb sich verwundert die Augen. Nur einer blieb ruhig: Oberst Henning Glawatz. Er war der Kommandeur der Einsatztruppe und führte vor Ort von vorne. Erstmals befanden sich deutsche Soldaten nach dem Zweiten

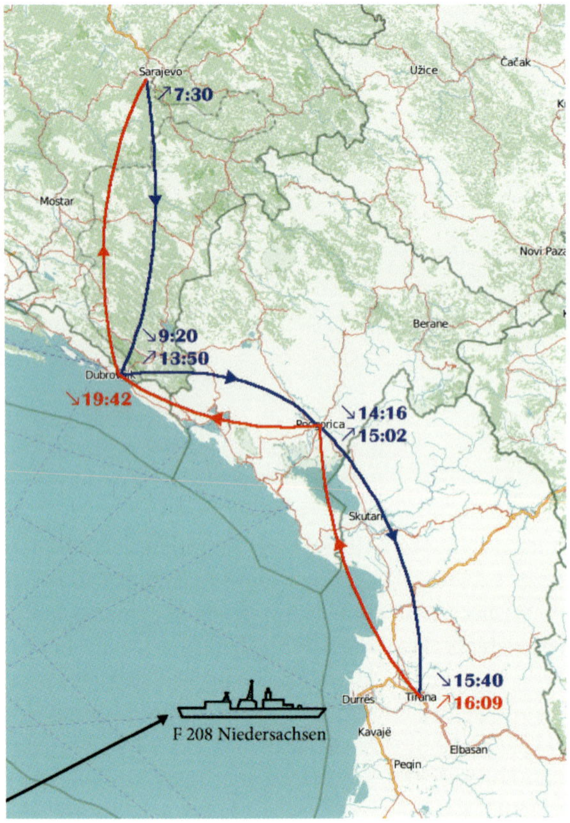

Ein Operationsverlauf wie in einem Kinofilm: Um 7:30 Uhr starten sechs CH-53 aus dem SFOR-Feldlager Rajlovac nach Dubrovnik während die Fregatte Niedersachsen vor Durrës in Albanien liegt. 11:35 Uhr Entscheidung der Bundesregierung zur Evakuierung. 13:45 Uhr die deutschen SFOR-Hubschrauber werden von Dubrovnik nach Podgorica, der Hauptstadt Montenegros verlegt. 14:00 Uhr Abflug der Transportflugzeuge vom Typ C-160 Transall nach Podgorica. 15:02 Uhr Abflug der Hubschrauber mit Sicherungskräften (Panzergrenadiere SFOR) nach Tirana und Landung auf dem Flugplatz Lapraka um 15:40 Uhr mit heftigen Gefechten zwischen unbekannten Kräften und Bundeswehrsoldaten. 16:09 Uhr: Die Operation Libelle ist abgeschlossen.

Weltkrieg in einem Gefecht - exakt 188 Schüsse feuerten sie ab, so ergab die spätere Buchführung. Einer der sechs Helikopter wurde beim Abflug von Kalaschnikow-Gewehrkugeln getroffen. Doch die gefährliche Operation am 14. März 1997 ist auf dem turbulenten Marsch der deutschen Streitkräfte von der Landesverteidigungs- zur internationalen Einsatzarmee inzwischen fast vergessen. Der Hilferuf aus Tirana traf die Bundeswehr damals ebenfalls in einer Umbruchsituation: Nach dem »Schock von Ruanda« (1994 waren Mitarbeiter der Deutschen Welle von Rebellen umzingelt worden; belgische Fallschirmjäger retteten die deutschen Staatsbürger unter ihnen) befand sich ein neuer Evakuierungsverband rund um das Kommando Spezialkräfte im Aufbau, war aber noch nicht einsatzbereit und schon gar nicht vor Ort. So beauftragte die Bundesregierung Soldaten der Friedenstruppe SFOR in Sarajevo mit der Rettung der Botschaftsangehörigen. »Die Verabschiedung war bedrückend. Noch keiner von uns hatte in seiner bisherigen Dienstzeit eine Situation erlebt, in der es fraglich war, wie und ob man sich wiedersehen würde«, erinnert sich der heute pensionierte Oberstleutnant Jochen Potz aus Mönchengladbach. Nachts musste seine Heeresfliegerstaffel im Feldlager Sarajevo-Rajlovac zur Befehlsausgabe antreten: »Die Szene war gespenstisch: Nieselregen, Temperatur um den Gefrierpunkt, nur matte Beleuchtung. Bereits nach wenigen Sätzen wurde uns allen die Gefahr dieses Auftrages deutlich.« Im Morgengrauen flogen die Helikopter los. Der Kommandoführer, der Fallschirmjäger-Oberst Henning Glawatz, behielt auch die Nerven, als die Alliierten ihre Evakuierungsoperationen abbrachen. Nacheinander landeten die CH-53 in Labrak. »Männer, Frauen und weinende Kinder stürmen in den Hubschrauber. Wir sind voll, stoßen weitere Personen zurück, starten«, zitiert Potz einen Piloten. Auch ein junger Bundeswehrsoldat schildert später seinen Impressionen an der Heckrampe sinngemäß: »Ein Mann rennt mit einem Koffer auf die Maschine zu. Wir weisen ihn ab. Es gibt ein Handgemenge. Plötzlich bricht der Koffer auf. Hunderte Geldscheine und Bündel werden durch den Rotorensog weggeblasen. Das ganze Geld ist weg...«. Nach 41 aufregenden Minuten war der letzte Helikopter wieder in der Luft. Alle wartenden PAX kamen mit. Aber auch ungebetene Gäste. Bei einem Zwischenstop wurde klar, dass sich unzählige nicht autorisierte Personen mit an Bord gedrängt hatten. Auch bewaffnete albanische Polizisten. Es war unglaublich. Beim Zwischenstop wurden die Personen aussortiert und diese später durch eine andere Nation wieder zurück nach Albanien gebracht. Insgesamt war die ganze Evakuierungsoperation durch Mut und Entschiedenheit aber auch durch Chaos und sehr viel Glück gekennzeichnet. Fazit: Wer das Chaos besser beherrscht als sein Gegner, gewinnt die Oberhand.

Deutsche Technologie-Kompetenz beim H145-Projekt

Airbus

Airbus ist ein weltweit führendes Unternehmen im Bereich Luft- und Raumfahrt sowie den dazugehörigen Dienstleistungen. Die Anzahl der Mitarbeiter beträgt rund 134.000. Airbus bietet die umfangreichste Verkehrsflugzeugpalette mit 100 bis über 600 Sitzen an. Das Unternehmen ist europäischer Marktführer bei Tank-, Kampf-, Transport- und Missionsflugzeugen. Airbus ist die europäische Nummer 1 und weltweit die Nummer 2 im Raumfahrtgeschäft. Die zivilen und militärischen Hubschrauber von Airbus zeichnen sich durch hohe Effizienz aus und sind weltweit gefragt. Donauwörth ist Hauptstandort von Airbus Helicopters in Deutschland und der zweitgrößte Standort weltweit. Hier werden nicht nur die H135 und die H145 entwickelt, produziert und vermarktet, sondern auch der Unterstützungshubschrauber Tiger UHT sowie der Transport- und Marinehubschrauber NH90 für die Bundeswehr und weitere Kunden. Mit seinen 800 Ingenieuren ist das Entwicklungszentrum von Donauwörth das Kompetenzzentrum für die Hubschraubertechnik der Zukunft in Deutschland. Der Standort beherbergt zudem das militärische Unterstützungszentrum, in dem die Hubschrauber der Bundeswehr wie etwa CH-53, Sea Lynx und Sea King gewartet und mit der neuesten Technologie ausgerüstet werden. Neben den Hubschrauber-Aktivitäten zählt auch die Fertigung von Flugzeugtüren zu den Kernkompetenzen von Donauwörth. Mithilfe modernster Fertigungstechnologien werden am Standort rund 80 Prozent aller Airbus-Türen hergestellt. Nach der Konsolidierung des Eurocopter-Konzerns, in die MBB mit dem Erfolgsmodell BK117 mit einfloss und im heutigen Airbus Helicopters-Konzern mündete, wurden die deutschen Kompetenzanteile bis heute in das europäische Konsortium (Evolution: DASA/DaimlerChrysler Aerospace/EADS/Eurocopter/Airbus Helicopters) eingebettet. Noch im Jahr 2017 erhielten die Maschinen ihre Einsatzreife. Eurocopter bzw. Airbus waren sehr stark von der französischen Aerospatiale dominiert, deren Produkte (Puma, Cougar, Super Puma, Fennec/ Ecureuil, Gazelle) den Anspruch einer Fertigung in Frankreich untermauerten. Aber auch Donauwörth und vorher Ottobrunn (MBB) übernahmen ihre Teilhabe an dem Heli-Giganten aus Europa. Heute spiegeln die H-Bezeichnungen (H135, H145, H215, etc.) zwar den Airbus-Konzern als Ganzes wider, im H145M LUH SOF-Modell dominieren jedoch auch viele deutsche Technologie-Champions sowie innovative Zulieferer, was auch mit der Fertigung in Donauwörth anstatt im französischen Marignane zum Ausdruck kommt.

HENSOLDT Holding Germany GmbH

Zentrale Sensortechnologien aus einer Hand bot das 2016 neugegründete Unternehmen Airbus DS Electronics and Border Security (EBS), das sich bis 2016 als neues Sensorhaus der Öffentlichkeit vorstellte, an. EBS fasste verschiedene Aktivitäten von Airbus aus dem Bereich der Sicherheits- und Verteidigungselektronik zusammen und entwickelt auf der breiten Technologiebasis von Vorgängerfirmen wie AEG, Siemens, Telefunken, Zeiss, Cassidian und Dornier und zuletzt Airbus Produkte für den Schutz von Soldaten, für die Aufklärung und Nachrichtengewinnung sowie für die Lagebilderstellung. Die EBS war noch eine 100-prozentige Tochter von Airbus Defence and Space. Die Airbus Gruppe hatte Mitte 2016 einen Anteilskaufvertrag mit der Beteiligungsgesellschaft KKR abgeschlossen, wonach zunächst 74,9 Prozent der EBS-Anteile auf den amerikanischen Finanzinvestor Kohlberg-Kravis-Roberts (KKR) übertragen wurden. Der Vertrag unterlag einer kartellrechtlichen Genehmigung und auch die Bundesregierung hatte bei einem Verkauf eines Rüstungskonzerns noch ein Wörtchen mitzureden. Offenbar ging es um Garantien, die das Verteidigungsministerium mit KKR aushandelte, um Schlüsseltechnologien für Deutschland zu sichern. Unter dem neuen Namen HENSOLDT wurden alle wesentlichen Sensortechnologien zusammengefasst (Sitz in Taufkirchen, Bayern mit 4.000 Angestellten) und so leistungsfähige Produkte auf dem Gebiet der Aufklärung und Nachrichtengewinnung gebündelt. Die Entwicklungen im Bereich Sensor-Technologie und Lagebilderstellung sind das Kerngeschäft von HENSOLDT. Dazu gehört der Raketen-Warnsensor MILDS (AN/AAR-60), mit etwa 8000 verkauften Sensoreinheiten für Hubschrauber und Flugzeuge. Das Systemhaus wurde nach einem deutschen Pionier der Sensortechnik, dessen Name als Sinnbild für die Verbindung von Innovation und Effizienz steht, benannt. Der HENSOLDT-Markenname geht zurück auf Moritz Carl Hensoldt (1821-1903), einen deutschen Pionier im Bereich der Optik und Feinmechanik. HENSOLDT war zudem seit Jahren für eine Airbus-Palette an Zielfernrohren und Zieloptiken in Verwendung (Siehe auch HENSOLDT Fero Z-24 für das G3 ZF).

ecms Aviation Systems GmbH

Die ecms Aviation Systems GmbH, ist ein EASA-zugelassener Entwicklungs-, Herstellungs- und Instandhaltungsbetrieb für Hubschrauber-Ausrüstung. Die Spezialgebiete des in Baden-Württemberg angesiedelten Unternehmens sind seit 1999 Systeme für »Menschliche Außenlast« (Human External Cargo) zur Durchführung von Rettungseinsätzen, zum Fast Roping und Abseilen. Viele Hubschraubermodelle wurden bereits mit der ecms-Technologie ausgestattet. Die H145M LUH SOF zählen zu den jüngsten Neukunden. Neben innovativen Abseilausstattungen, wie das beim H145M des KSK verwendete System (EAD03) zählen auch die Vorrichtungen für Präzisions- und Sicherungsschützen für Polizeisondereinheiten (z.B. der UCP01/UCP03 Sniper- und Kamera-Tisch für Helikopterseitentürschützen (Doorgunner) zum Repertoire. Ebenfalls Teil der ecms Aviation Systems GmbH ist die ecms Academy. Letztere führt professionelle Schulungen durch und vermittelt Themen, wie Luftunterstützter Zugang/ Rettung, TORS/ Offshore Rettung, Spezielle Rettung aus Höhen und Tiefen sowie Persönliche Schutzausrüstung gegen Absturz (Qualifizierung von innerbetrieblichem Trainerpersonal).

Liebherr-International Deutschland GmbH

Auch der Industrie-Gigant Liebherr ist einer der Technologie-Lieferanten für den H145 und war bereits zu BK117-Zeiten als Zulieferer beteiligt. Mit der internationalen Ausrichtung und der Errichtung erster Gesellschaften außerhalb Deutschlands begann Liebherr bereits Ende der 1950er Jahre. Heute umfasst die Firmengruppe über 130 Gesellschaften in mehr als 50 Ländern auf allen Kontinenten. Die Liebherr-Aerospace Lindenberg GmbH entwickelt, fertigt und betreut integrierte Systeme für die Luftfahrtindustrie. Die Fahrwerke und Flugsteuerungs- sowie Betätigungssysteme aus dem Allgäu (Deutschland) sind in den verschiedensten Flugzeugen und Hubschraubern auf allen Kontinenten im Einsatz. So auch im H145M. Auch dank hoher Investitionen in Forschung und Entwicklung ist die Liebherr-Aerospace Lindenberg GmbH eine feste Größe in der Luftfahrtindustrie. Im Sommer 2012 startete in Lindenberg (Allgäu) eine groß angelegte Werkserweiterung. Liebherr-Aerospace liefert auch Getriebe an die Luftfahrtindustrie und bietet einen umfassenden OEM-Kundendienst auf der Basis eines weltweiten Netzwerks, der Reparatur- und Instandhaltungsdienste, technischen Support, Dokumentation und Ersatzteile sowie einen AOG-Service (Aircraft On Ground) umfasst. Im H145 stammen von Liebherr beispielsweise das Heckrotorgetriebe, das Hydraulikaggregat, die Servosteuerung für Haupt- und Heckrotor sowie die Zahnräder für das Getriebe.

Rohde & Schwarz GmbH & Co. KG

Rohde & Schwarz entwickelt, fertigt und vertreibt eine breite Palette an elektronischen Investitionsgütern für Industrie, Infrastrukturbetreiber und hoheitliche Kunden. Der unabhängige Konzern gehört in all seinen Arbeitsgebieten zu den Technologie- oder Marktführern, so in der Mobilfunk- und Hochfrequenz-Messtechnik, der Broadcast- und Medientechnik, der Flugsicherungs- und militärischen Funkkommunikation wie auch auf dem Gebiet der Cybersicherheit und Netzwerktechnik. Als weltweit einziges Flugfunkgerät erfüllt das R&S MR6000A aus der erfolgreichen VHF/UHF-Flugfunkgerätefamilie R&S M3AR die militärischen und zivilen Flugfunkstandards. Der Entwicklungsprozess wurde von Airbus und der EASA überprüft und mit dem »EASA Statement of Technical Satisfaction« erfolgreich abgeschlossen. Darüber hinaus integriert es hochsichere Verschlüsselungsalgorithmen für die geschützte militärische Kommunikation. Zu den Referenzplattformen gehören neben dem europäischen Transportflugzeug A400M auch Drehflügler wie der leichte Unterstützungshubschrauber H145M. Über 7000 Einheiten der R&S M3AR Funkgerätefamilie wurden bisher ausgeliefert. Alle Software Defined Radios von Rohde & Schwarz bieten besondere Flexibilität im operationellen Einsatz. Das gilt auch für die sichere Kommunikation in den Bodenstellen der Flugverkehrskontrollen für die militärische oder zivile Flugsicherung.

Safran Helicopter Engines Germany

Das in Deutschland auf den Märkten Luft- und Raumfahrt und Verteidigung vertretene Unternehmen Safran ist ein hochrangiger Industriepartner für deutsche Unternehmen. Die Gruppe beschäftigt heute fast 2500 Mitarbeiter im Land. In 12 Produktionsstätten und zwei F&E-Zentren tragen sie zum Ausbau der technologischen Führungsposition und der Innovationskapazität von Safran in Deutschland bei. Der Mutterkonzern Safran Group ist ein börsennotierter Technologiekonzern mit Sitz in Paris. Er entstand im Jahr 2005 aus der Fusion des vorher weitestgehend im Besitz des französischen Staates befindlichen Aeronautik-Konzerns Snecma und des in Elektronik, Kommunikationstechnik und Rüstungstechnik tätigen Unternehmens Sagem. Zu den Tochterunternehmen zählen Safran Aircraft Engines, Safran Helicopter Engines, Safran Electrical & Power, Safran Nacelles, Safran Landing Systems, Safran Transmission Systems (vorher Hispano-Suiza) (Luftfahrtausrüstung) und Safran Electronics & Defense. In Deutschland unterhält Safran mit seinen Tochterunternehmen 12 Produktionsstätten, eine Repräsentanz und zwei Forschungs- und Entwicklungszentren in den Bundesländern Hamburg, Schleswig-Holstein, Nordrhein-Westfalen, Bayern, Hessen und Baden-Württemberg. Insgesamt beschäftigt die Gruppe in Deutschland ca. 2500 Mitarbeiter, vornehmlich in ingenieurstechnischen Berufen. Im Luftfahrt-Cluster der Metropolregion Hamburg ist Safran als Airbus-Zulieferer mit drei Tochterunternehmen vertreten und unterhält Kooperationen mit universitären Forschungseinrichtungen. Safran Helicopter Engines (Hamburg): In Deutschland liefert und wartet Safran (ehem. Turbomeca) Gasturbinen für Rettungs-, Polizei- und Militärhubschrauber. Seit 1991 leistet Safran Helicopter Engines Germany in Deutschland Support (Ersatzteile, Support by the Hour, technische Online-Hilfe, Schulungen) und Wartung für eine Hubschrauberflotte aus insgesamt 1.700 Motoren für über 250 Kunden in 27 Ländern (Skandinavien, Mittel- und Osteuropa, Zentralasien, Russland), darunter auch 300 Motoren, die in deutschen Militärhubschraubern verbaut sind. Außerdem ist Safran Helicopter Engines Exklusivlieferant für die Motoren der deutschen Bundespolizei und stattet 7 Regionalpolizeibehörden aus (ca. 200 Motoren).

Von Airbus Helicopters ausgelieferte H145M

(Stand: Juni 2020; Bestellt: 57)

Bundeswehr /Luftwaffe
(15 von 15 H145M LUH SOF)

Seriennummer (zivile Kennung soweit bekannt)	Taktische Kennung (Nutzerstaat)
20016 (D-HADI)	76+01
20019 (D-HCBQ)	76+02
20033 (D-HBTA)	76+03
20051 (D-HADP)	76+04
20066	76+05
20068	76+06
20081 (D-HCBU)	76+07
20083 (D-HCBW)	76+08
20096 (D-HADV)	76+09
20097 (D-HCBQ)	76+10
20108	76+11
20110	76+12
20125 (D-HADV)	76+13
20136 (D-HADH)	76+14
20139	76+15

Royal Thai Navy
(5 von 5)

Seriennummer (zivile Kennung soweit bekannt)	Taktische Kennung (Nutzerstaat)
20057 (D-HADL)	2213
20073 (D-HADA)	2214
20092 (D-HADJ)	2215
20094 (D-HADM)	2216
20099 (D-HMBF)	2217

Luftwaffe Ecuador
(0 von 5 H145M)

Serbische Luftwaffe
(7 von 9 H145M)

Seriennummer (zivile Kennung soweit bekannt)	Taktische Kennung (Nutzerstaat)
20231 (D-HADD)	14501
20236 (D-HBTS)	14502
20246	14503
(D-HMBB)	14505
20177 (D-HMBE)	
20233 (D-HADD)	
20250 (D-HCBT)20108	

Ungarische Luftwaffe
(10 von 20 H145M)

Seriennummer (zivile Kennung soweit bekannt)	Taktische Kennung (Nutzerstaat)
20264 (D-HADI)	0 1
20266 (D-HMBF)	0 2
20276 (D-HBTA)	0 3
20278 (D-HCBP)	0 4
20284 (D-HADO)	0 5
20286 (D-HCBY)	0 6
20301 (D-HBTJ)	0 7
20303 (D-HADM)	0 8
20314	0 9
20316 (D-HCBP)	1 0

Polizei Luxemburg
(2 von 2 H145M)

Seriennummer (zivile Kennung soweit bekannt)	Taktische Kennung (Nutzerstaat)
20270 (D-HADU)	LX-FAA
20294 (D-HADP)	LX-FAB

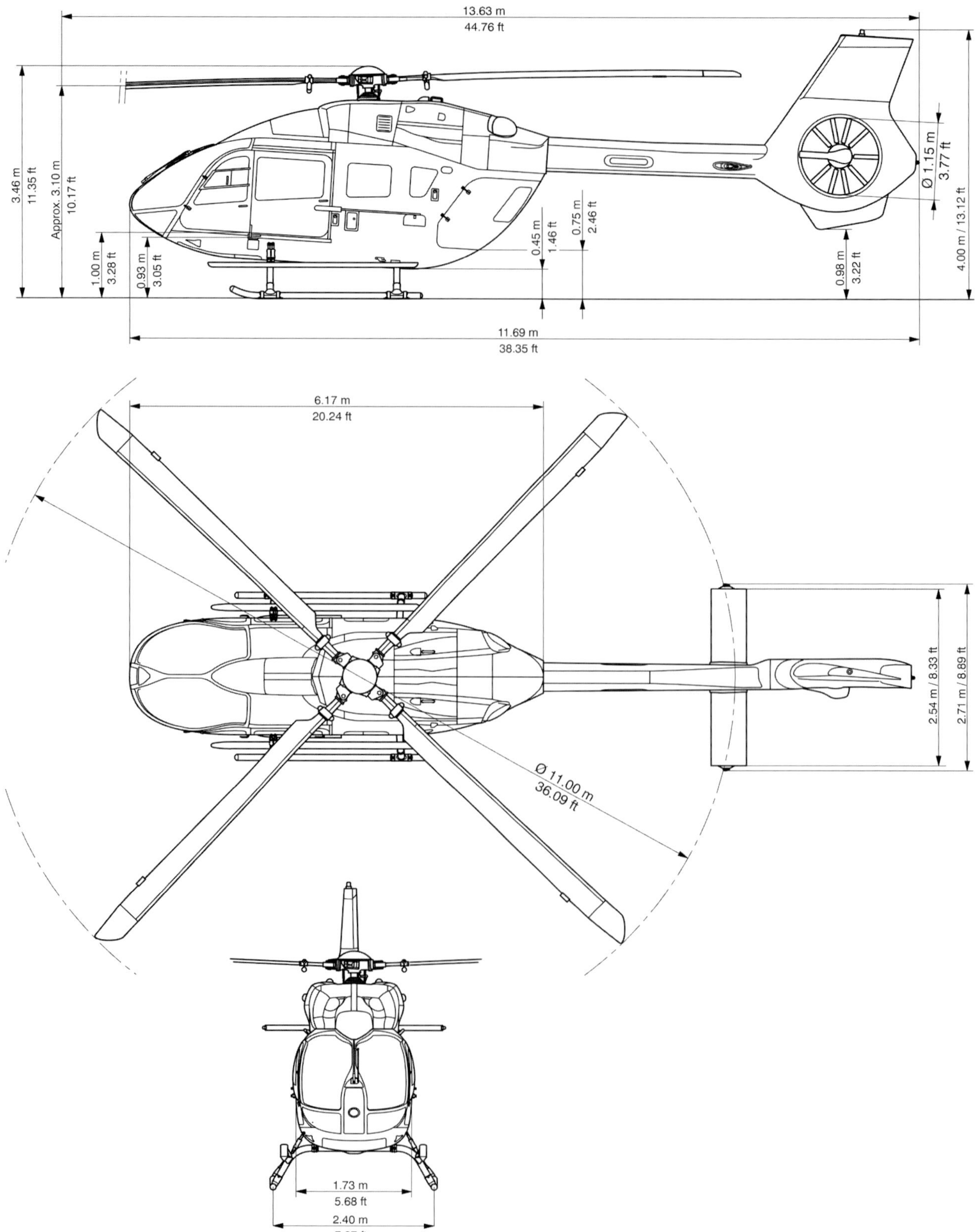

Die Dimensionen des H145M.

Glossar

A

AAH Advanced Attack Helicopter; Hubschrauber-Entwicklungsprojekt der 1970er-Jahre

AH Attack Helicopter; Angriffshubschrauber, Bezeichnung wird in den USA auch für Heereshubschrauber verwendet

Abwind Relativ räumlich begrenzte nach unten gerichtete Luftströmung an der Leeseite von z.B. Bergen. Abwind tritt auch im Niederschlag und in der Nähe von kumulusförmiger Bewölkung auf.

Aerodynamik Die Lehre der Wechselwirkung von Luftstrom und Fläche sowie Luftströmungen.

Aeronautik Die Wissenschaft und Lehre des Fliegens. Unterteilt sich in die Bereiche Aerostatik und Aerodynamik.

Aérospatiale Ehemaliger französischer Luftfahrzeughersteller. 1998 fusionierte Aérospatiale mit Matra Haute Technologie (einer Tochter des französischen Matra-Konzerns) zu Aérospatiale-Matra welche am 10. Juli 2000 mit anderen europäischen Unternehmen zur EADS (Airbus) fusionierten.

AIM Das AIM (Aeronautical Information Manual) ist das Standardwerk in der U.S.-Luftfahrt zusammen mit der FAR (Federal Aviation Regulation). Das von der US-Luftfahrtbehörde FAA herausgegebene AIM ist eine offizielle Informationsquelle für Navigationshilfen, Flughäfenbetrieb, Flugsicherheit und andere wichtige Informationen für Piloten und Fluglotsen. Online ist die aktuelle Ausgabe des AIM zu finden.

Airbus Industries Das Konsortium der Luftfahrzeughersteller Aérospatiale (Frankreich) Airbus (Deutschland) British Aerospace (Großbritanien) und CASA (Spanien) mit Hauptsitz in Toulouse Frankreich. Airbus zählt mit Boeing zu den weltweit größten Herstellern kommerzieller Flugzeuge und Hubschrauber. Ihre wichtigsten Modelle sind die Verkehrsflugzeuge A310 A320 A321 A330 A340 A350 sowie A380.

ALS Das Anflugbefeuerungssystem ALS – ausgeschrieben: Approach Light System – ist eine farbcodierte oder eine geordnete Folge von Blinklichtern. Das ALS hift dem Piloten beim Übergang vom Instrumentenanflug zum Sichtanflug und kennzeichnet den Anflug auf eine Landebahn.

Antriebssystem Das Antriebssystem besteht aus dem Triebwerk und dem Propeller.

APU Die APU (Auxillary Power Unit) ist eine kleine Hilfsturbine. Diese versorgt die Maschine am Boden mit Strom Luft für die Klimaanlage und hydraulischen Druck der dann unter anderem dafür genutzt wird um die richtigen Triebwerke zu starten.

Arriel 2E Der Antrieb des H145 erfolgt über zwei Safran (ehem. Turbomeca) Arriel 2E Gasturbinen, die über das FADEC-System (Full Authority Digital Engine Control) gesteuert werden können. Die besonders niedrigen Geräuschemissionen der Arriel 2E Turbinen machen den H145M LUH SOF zum leisesten Hubschrauber seiner Klasse.

ATC Air Traffic Control (ATC): Flugverkehrskontrolle – die Hauptaufgabe des Fluglotsen. Hierbei wird sichergestellt, dass zwischen zwei Luftfahrzeugen die vorgeschriebenen vertikalen sowie horizontalen Abstände eingehalten werden. Wichtigstes Hilfsmittel der Fluglotsen sind dabei Radar sowie UKW- Sprechfunk zur Kommunikation mit den Piloten. Der Fluglotse steuert den Flugverkehr im Wesentlichen mittels Anweisungen an die Piloten bezüglich der Flughöhe des Steuerkurses und seltener der Fluggeschwindigkeit der Luftfahrzeuge. Man unterscheidet drei Hauptbereiche der Flugverkehrskontrolle: Flugplatzkontrolle, Anflugkontrolle, Streckenkontrolle.

ATIS ATIS bzw. Automatic Terminal Information Service – auf einer bestimmten Funkfrequenz – oft in Verbindung mit einem VOR-Frequenz – ständig wiederholte Ansage über das Wetter und der in Betrieb befindlichen Landebahnen. ATIS wird bei Veränderung der Flughafen- bzw. Wetterbedingungen bzw. alle 30 Minuten aktualisiert dient zur Information der Piloten für die Landung oder für Streckenflugwetter und ist auf vielen Flughäfen mit besetztem Kontrollturm verfügbar.

Autopilot Automatisches Flugzeug-Steuerungssystem. Die einfache Ausführung hält nur die Höhe und/oder die Flugrichtung. Anspruchsvollere Autopiloten sind mit dem Bordcomputer gekoppelt und führen das Flugzeug vom Start bis zur Landung selbstständig. Hierbei wertet der Bordcomputer die von den Instrumenten des Flugzeuges und von Flugleiteinrichtungen gelieferten Signale aus vergleicht sie mit seinen Vorgaben und übermittelt bei Bedarf dem Autopiloten die nötigen Daten zur Korrektur.

Autorotation Bei Hubschraubern: durch den Luftstrom erzeugte Drehbewegung des Triebwerkes nach Triebwerksausfall. Die Autorotation stellt die Versorgung der technischen Systeme (Hydraulik Elektrik Druckluft) des Fluggerätes sicher damit Steuerung Kommunikation und Navigation weiterhin möglich sind. Die Autorotation ermöglicht Hubschraubern ohne angetriebenem Hauptrotor zu landen. Sie ist Basis eines Notmanövers nach Ausfall des Antriebes oder notwendiger Drosselung des Antriebes nach Ausfall des Heckrotors und ist vergleichbar mit dem Gleiten eines Flugzeugs ohne (funktionierenden) Motor.

AusbZSpezlOp Das Ausbildungszentrum Spezielle Operationen (AusbZSpezlOp) mit Sitz in der Staufer-Kaserne in Pfullendorf, Landkreis Sigmaringen, Baden-Württemberg ist eine der Ausbildungseinrichtungen des Heeres und insbesondere für die Ausbildung der Spezialkräfte und spezialisierten Kräfte der Bundeswehr und befreundeter Streitkräfte zuständig. Bis 2003 lautete die Bezeichnung Internationale Fernspähschule.

Avionik Kürzel aus den Begriffen Aviation und Elektronik (Luft- und Raumfahrtelektronik). Als Avionik wird im Allgemeinen die elektronische Kommunikation

Navigation und Flugsteuerungsanlagen an Bord eines Luftfahrzeugs bezeichnet. Oberbegriff für alle Sicht-, Navigations- und Abwehrsysteme, beim Kampfhubschrauber auch Zielerfassungssysteme.

Axialstrom Luftstrom parallel zur Längsachse eines Turbinentriebwerkes. Bevor der Luftstrom zur Brennkammer weitergeleitet wird trifft er aus der Fahrtrichtung direkt auf die Turbinenschaufeln des Verdichters.

AGM Air-to-Ground Missle; Luft-Boden-Rakete

ALAT Aviation Legere de l´Armee de Terre; französiches Heer

AS Aerospatiale, Hubschrauberfabrikant, Gesellschaft von EADS

ASW Anti Submarine Warfare; U-Bootbekämpfung

AWACS Airborne Warning and Control System; Flugzeuggestütztes Warn- und Leitsystem

B

BAAINBw Bundesamt für Ausrüstung, Informationstechnik und Nutzung der Bundeswehr (BAAINBw).

BAH Britisch Airways Helicopters

BGS Bundesgrenzschutz, heute Bundespolizei oder Polizei des Bundes

Bn Battalion

Bodeneffekt Zusätzlich entstehender Auftrieb der bei einem Flug in Bodennähe entsteht und bei Tiefdeckern stärker auftritt als bei Hochdeckern. Der Bodeneffekt kann gewollt bei der Landung zum Ausflaren genutzt werden aber auch ungewollt zu Problemen bei kurzen Landebahnen führen. Faustregel: Die Flughöhe für das Auftretten des Bodeneffekts ist gleich oder kleiner der halben Spannweite des Tragflügels. Der Bodeneffekt bei einem Hubschrauber kommt vor, wenn dieser sich innerhalb einer halben bis ganzen Rotorspannweite über Grund befindet (HIGE). Er ist weniger effektiv über Wasser und hohem Gras, da diese Oberflächen energieabsorbierend wirken, und er ist gar nicht vorhanden, wenn sich der Hubschrauber in größerer Höhe bewegt (HOGE). Letzteres bedeutet notwendigerweise einen höheren Leistungsbedarf und größeren Treibstoffverbrauch.

Bodensicht Direkte Sicht in Augenhöhe auf die Erdoberfläche.

Böe Ein plötzlicher kurzer Windstoß. In Flugwetterberichten und -vorhersagen werden Böen mit einem G gefolgt von der zwei- oder dreistelligen Maximalgeschwindigkeit meist in Knoten (KT) angegeben. G35KT etwa bedeutet Windböen bis maximal 35 Knoten.

Boeing Amerikanischer und neben Airbus einer der größten Luft- und Raumfahrzeughersteller. 1916 von William Boeing gegründet.

Brownout Als Brownout bezeichnet man in der Luftfahrt eine Einschränkung der Sichtverhältnisse durch Staub oder Sand, der durch die nach unten gerichtete Luftströmung (Downwash) von Luftfahrzeugen aufgewirbelt wird. Die Sichtweite und dadurch die Möglichkeit zur Orientierung nach Sicht kann derart gemindert werden, dass die sichere Führung des Luftfahrzeuges alleine durch die Sicht nach außen nicht mehr möglich ist. (Vgl. White Out bei Schneelandungen).

BV Boeing / Vertol Company

Bypass Ratio Bypass Ratio (BPR) = Nebenstromverhältnis. Das BPR ist das Verhältnis zwischen Luft die in das Kerntriebwerk gelangt und die nur durch den Fan geht aber nicht in das Haupttriebwerk gelangt (Turbofantriebwerk). Es beträgt etwa 5:1 bis 9:1 also 80 bis 90%.

C

C Command and Control

C Command, Control, and Communications

C4SI Command, Control, Communications, Computers, Surveillance and Intelligence

CHPL Berufshubschrauberführerlizens

CPG Copilot/Gunner; Copilot/Bordschütze

CPL Mit dem CPL (Commercial Pilot License) = Berufspilotenlizenz kann ein Pilot beruflich und gewerbsmäßig (d. h. als Pilot gegen Bezahlung) Flüge durchführen. Diese Berechtigung kann nach insgesamt 150 Flugstunden bei durchgehender oder nach 200 Flugstunden modularer Ausbildung erworben werden. Die CPL (Commercial Pilot License) kann z. B. durch eine Instrumentenflugberechtigung (IR Instrument Rating) erweitert werden. Sie ist der dritte Pilotenschein nach der Privatpilotenlizenz (PPL) und vor der Verkehrspilotenlizenz (ATPL).

Coanda-Effekt Mit dem Sammelbegriff Coandă-Effekt werden verschiedene ursächlich nicht zusammenhängende Phänomene bezeichnet, die eine Tendenz eines Gasstrahls oder einer Flüssigkeitsströmung nahelegen, an einer konvexen Oberfläche »entlangzulaufen«, anstatt sich abzulösen und sich in der ursprünglichen Fließrichtung weiterzubewegen. (Vgl. NOTAR).

COIN Counter Insurgency (COIN); Taktiken und Kriegsführung in sogenannten Low Intensity Konflikten zur Auftsandsbekämpfung.

Combat Ready (CR) Es wird beim Betrieb des H145M LUH SOF sehr streng auf die Statuseinteilung der Piloten geachtet. Nur die Combat Ready (CR)-Piloten der 4. FlgStff HSG63 haben den Status SOF (Special Operation Forces). Hier sind vom jungen LFZ-Führer mit Status Non-Combat Ready, (NCR) zum Erfahrungsgewinn Trainingsprogramme zu absolvieren, bevor er über den Status Limited Combat Ready (LCR) einen Einsatzstatus Combat Ready (CR) erreicht.

CQB Die englische Begriff Close Quarters Battle (CQB) lässt sich sinngemäß als Kampf auf nahe und nächste Entfernung mit allen Mitteln übersetzen. Im militärischen Bereich wird CQB oft auch fälschlicherweise mit dem Häuserkampf bzw. dem Kampf in Gebäuden und urbaner Umgebung gleichgestellt. Da sich dort jedoch oft Nahdistanzgefechte ergeben, ist der Vergleich logisch. CQB bedeutet den Kampf von mehr als einem Mann gegen Gegner auf nächste Distanz. Prinzipien des CQB werden auch bei polizeilichen Einheiten praktiziert.

CSAR Combat Search and Rescue (CSAR; englisch ‚bewaffnete Suche und Rettung') bezeichnet in Nato-Staaten die militärische, bewaffnete Form von Such- und Rettungsaktionen in Krisen- und Kriegsgebieten. Es darf nicht mit der Beteiligung des Militärs an zivilen Notfallrettungdiensten oder dem Katastrophenschutz verwechselt werden. CSAR soll nicht nur der Rettung isolierter oder verwundeter Personen dienen, sondern diese auch vor (Kriegs-) Gefangenschaft und Ermordung schützen.

D

Da Vinci Leonardo Italienischer Maler Bildhauer Baumeister Mathematiker Anatomist und Forscher 15.4.1452 bis 2.5.1519. Schüler von Verrocchios. Konstruierte Flugmaschinen und war verdienstvoll um die Erforschung der Mechanik und der Fluglehre bemüht.

Delta Force Das 1st Special Forces Operational Detachment-Delta (Airborne), kurz auch 1st SFOD-D (A) oder Delta Force genannt, ist eine Spezialeinheit der US Army mit den Einsatzschwerpunkten Terrorismusbekämpfung und Geiselbefreiung. Als Bestandteil des Joint Special Operations Command (JSOC) ist sie dem US Special Operations Command (USSOCOM) unterstellt, als einem der zehn höchsten Kommandostäbe der US-Streitkräfte.

Doppler Elektronisches Gerät, das durch die Dopplerfrequenz der Reflexion von schräg abwärts ausgesendeten EM- Wellen und dem Kurs die Geschwindigkeit über Grund und den Standort ableitet

DSK Division Schnelle Kräfte (DSK) ist mit einer Sollstärke von 9.500 deutschen und 2.300 niederländischen Angehörigen ist eine Division des Heeres der Bundeswehr mit Sitz des Stabes in der Herrenwald-Kaserne und unterstellten Truppenteilen in den Bundesländern Niedersachsen, Hessen, Rheinland-Pfalz, Saarland und Baden-Württemberg. Die Anfang 2014 durch Umgliederung der Division Spezielle Operationen unter Eingliederung von Teilen der Division Luftbewegliche Operationen aufgestellte Division bündelt fast alle luftlandefähigen Kräfte, Heeresflieger und Spezialkräfte des Heeres. Damit ist die Division wesentlicher Träger von Landeoperationen des Heeres sowie Operationen luftbeweglicher und luftmechanisierter Kräfte. Durch die eingegliederten Spezial- und spezialisierten Kräfte ist die Division besonders für Spezialmissionen befähigt, die nicht dem klassischen Kampf hoher Intensität gegen militärisch organisierte Kräfte entsprechen. Teile der Division waren zeitweise als Eingreifkräfte der Bundeswehr klassifiziert. Der in der Öffentlichkeit bekannteste unterstellte Großverband ist das Kommando Spezialkräfte.

Düppel (siehe Flare/Chaff/ECM/Gegenmaßnahmen)

E

EADS European Aeronautic Defence and Space Company, Europas größtes Unternehmen für Luft- und Raumfahrt sowie Verteidigungstechnik

EASA Die Organisation European Aviation Safety Agency (EASA) definiert einheitliche Qualitätsstandards für die Luftfahrtunternehmen in den Staaten der EU. Die Bestimmungen der EASA gehen aus den Anforderungen der JAR hervor und sind für die Instandhaltungsbetriebe der Luftfahrt sowie für die Ausbildung ihrer Mitarbeiter maßgeblich. Auch alle Ausbildungssstandards für den PPL ist von der EASA geregelt. Die Standards werden von den nationalen Behörden und der ihr angeschlossenen Staaten umgesetzt.

EC Eurocopter

ECM Elektronische Gegenmaßnahm (Electronic Counter Measures) gegen feindliches Radar und andere Sensoren

EFK Einsatzführungskommando Das EinsFüKdoBw (EFK) in Geltow bei Potsdam ist eine höhere Kommandobehörde, die dem Bundesministerium der Verteidigung direkt nachgeordnet und seit dem 1. April 2012 dem Generalinspekteur der Bundeswehr unmittelbar unterstellt ist und alle Auslandseinsätze der Bundeswehr militärisch plant und führt.

EGB/Erweiterte Grundbefähigung Spezialisierte Kräfte des Heeres mit erweiterter Grundbefähigung (EGB) für Spezielle Operationen, kurz SpezlKrH EGB oder nur EGB, sind Einheiten des Deutschen Heeres mit einem Fähigkeitsprofil zwischen dem der Fallschirmjäger und dem Kommando Spezialkräfte der Bundeswehr. Sie werden von der Division Schnelle Kräfte gestellt.

EWS (Electronic Warfare System) Gegenmaßnahmen, Maßnahmen nach sensorischer Erkennung zur Abwehr, Irreleitung eines feindlichen Flugkörpers (z.B. Rakete). Entweder in Form von Düppel, meist kleiner mit weiteren Metallen beschichteter Aluminiumstreifen, der die Radarstrahlen in hohem Maße reflektiert und kann so durch Veränderung des Radarbildes einen feindlichen Flugkörper ablenken (Chaff) oder Infrarot-Täuschkörper (IR), erzeugt eine extreme Hitzequelle und kann so IR-gelenkte Raketen ablenken (Flare) kommen zur Anwendung.

Elastomerlager Neuartiges Rotorkopflager, welches gummielastische Stoffe, so genannte Elastomere, zur Verbindung von Teilen einsetzt, die Schwingungsbewegungen durchführen

ELoKA (System) Elektronische Kriegsführung (System zur elektronischen Kriegsführung). Die Fernmeldetruppe EloKa ist eine Truppengattung der Bundeswehr, die für die elektronische Kampfführung (EloKa) zuständig ist. Als Teil des Kommando Cyber- und Informationsraum stellen die Bataillone Elektronische Kampfführung allen militärischen Organisationsbereichen der Bundeswehr EloKa-Fähigkeiten zur Verfügung.

EOS Electro Optical Sensor; ein gyro-stabilisiertes elektro-optisches Sensorensystem, das in einem Behälter verbaut (EO Sensor Pod) am Hubschrauber montiert werden kann.

Eurocopter Hubschrauberfabrikant, Gesellschaft von EADS. Heute als Airbus Helicopters ein Teil des Konzerns Airbus.

Euromissile (siehe HOT)

F

FADEC Unter einer Full authority digital engine control (FADEC) wird in der Luftfahrt im Allgemeinen eine autonome, volldigitale Triebwerksregelung verstanden. Damit ist gemeint, dass die komplette Regelung und die Kontrolle über Strahl- oder Kolbentriebwerke innerhalb der FADEC erfolgt.

FAA	Die FAA (= Federal Aviation Administration oder auch U.S.-Luftfahrtbehörde) regelt den Luftverkehr über den USA. Sie betreibt die Flugsicherung und überprüft die an der Luftfahrt beteiligte Personen und Firmen.
Faintail	Ummantelter Heckrotor des Sikorsky/ Boeing RAH-66 Comanche
FAST Rope	Fast Ropes Seile ermöglichen es Einsatzkräften in Situationen, in denen es für einen Hubschrauber schwierig oder zu gefährlich ist, eine Landung auf dem Boden vorzunehmen, ein schnelles Abseilen vom Helikopter.
FCR	Fire Control Radar; Feuer-Kontroll-Radar (siehe Longbow)
Fenestron	Ein Fenestron ist ein gekapselter bzw. ummantelter Heckrotor eines Hubschraubers mit Heckrotor-Konfiguration. Er dient zum Ausgleich des Drehmoments des Hauptrotors und ist als Mantelpropeller in den Heckausleger versenkt eingebaut. Airbus Helicopters und seine Vorläuferunternehmen setzten diese Technologie bisher am häufigsten ein. Der Fenestron wurde erstmals von Sud Aviation zum Einsatz gebracht (Aérospatiale SA 341 Gazelle 1968).
Fire-and-Forget	Schuss ohne Folgehandlung, nach dem Starten der Rakete sucht diese selbstständig ihr Ziel ohne das der Pilot eingreifen muss (engl. to forget = vergessen).
Flak	Flug-Abwehr-Kanone; stationäre oder mobile, großkalibrige Maschinenkanone zur Abwehr von Flugobjekten
FlaRak	Flug-Abwehr-Rakete; stationärer oder mobiler Raketenträger, der mit Boden-Luft-Raketen zur Abwehr von Flugobjekten bestückt ist, wird im englischen als SAM bezeichnet (siehe SAM)
FLIR	Forward Looking Infra Red; vorwärtsgerichtetes Infrarotgerät zur Nachtsicht
Fly-by-wire	Einfach übersetzt »Fliegen per Kabel«; System zur Steuerung des Hubschraubers, wobei die Datenübertragung elektrisch über Kabel erfolgt; Bei früheren bzw. alten Hubschraubern wie auch Flugzeugen wurden die Steuerbewegungen des Piloten von den Steuerorganen (Stick, Kollektiv und Pedalen) direkt über Seilzüge oder mechanische Gestänge auf Haupt- und Heckrotor übertragen, weshalb die Steuerung teilweise, gerade bei großen Hubschraubern und Flugzeugen, sehr viel Kraft kostete. Dies war auch einer der Gründe, warum der Beruf Pilot lange ausschließlich von Männern ausgeübt wurde. Beim heutigen Fly-by-wire-System werden die Steuerungsbefehle elektrisch über Kabel zu erst zu Flugrechnern und daraufhin zu Hydrauliksystem (Aktoren) übertragen, welche dann wiederum den Haupt- und Heckrotor beeinflussen/steuern, wodurch erheblich weniger Kraft ausgeübt werden muss und eine genauere/feinere Steuerung möglich ist.
Fly-by-light	Einfach übersetzt »Fliegen per Licht«; System zur Steuerung, deren Entwicklung so gut wie abgeschlossen ist, wobei die Datenübertragung per Licht über Glasfaserkabel erfolgt; Das Fly-by-light-System ähnelt in erster Linie dem Fly-by-wire-System, die Daten werden nun jedoch per Licht über Glasfaserkabel zu den Rechnern und Aktoren übertragen. Diese Übertragungsmethode ermöglicht nicht nur eine höhere Bandbreite in der Datenübertragung und rüstet den Hubschrauber so gegen die immer grösser werdende Datenmenge, sondern erwirkt durch die leichteren Glasfaserkabel eine deutliche Gewichtsreduzierung. Die Datenübertragung per Licht macht den Hubschrauber zudem unempfindlich gegen elektromagnetische Interferenzen, was gerade im militärischen Sektor eine bedeutende Rolle spielt. Am 28. Januar 2002 absolvieret schließlich ein »EC 135« mit dem ersten serienfertigen Fly-by-Light-System erfolgreich seinen Erstflug und ebnete so den Weg für die geplante Einführung des Systems in den »NH 90«.
FMC	Bordcomputer (Flight Management Computer) der umfassende technische meteorologische und geografische Daten und Parameter einer Flugroute eines Fluges und Fluggerätes speichert auswertet mit den Vorgaben vergleicht und Informationen an Autopilot Besatzung und Bodenstellen weiterleitet – siehe auch FMS (Flight Management System).
FMS	Das Flight Management System (FMS) ist eine Kombination von Autopilot und Flight Management Computer. In das FMS werden vor dem Flug die Daten der Wegpunkte eingegeben. Anhand dieser Vorgaben und unter Berücksichtigung der Verhältnisse von Fluggerät und Umgebung kann das FMS automatisch vom Start zum Ziel einschließlich der Landung führen – siehe auch FMC (Flight Management Computer).
FRIES	(Fast Rope Insertion Extraction System) - Die FRIES-Seile ermöglichen es, eine Besatzung aus schwierigen oder gefährlichen Situationen herauszuholen, ohne dass der Helikopter eine Landung vornehmen muss.
Fuß	Englisches Längenmaß, engl. = foot, Abkürzung: ft; 1 Fuß = 30,48cm.

G

GE	General Electric, Triebwerkhersteller.
GPNS	Global Positioning Navigation System; satellitengestütztes Navigationssystem.
GPS	Global Positioning System; satellitengestütztes Navigationssystem.
G-SOF	German Special Operations Forces (Kürzel deutscher Bundeswehr-Spezialkräfte im NATO-Umfeld).

H

H145M LUH SOF	Der H145M Light Utility Helicopter Special Operations Forces (LUH SOF), also ein leichter Mehrzweckhubschrauber für die Unterstützung von Spezialkräften. Auf deren Bedürfnisse ist die Maschine zugeschnitten. Jeder H145M bringt vier vollausgerüstete Soldaten der Spezialkräfte, beispielsweise des KSKKommando Spezialkräfte oder des KSM, an ihren Einsatzort. In Zukunft kann der H145M auch Feuerunterstützung und Aufklärung aus der Luft leisten. Außerdem lassen sich bald Verwundete mit diesem Hubschrauber evakuieren.
HALO / HAHO	Die beiden Freifallvarianten HALO (High Altitude Low Opening) und HAHO (High Altitude High Ope-

	ning) gehören zum Fallschirmspringer-Profil von Spezialkräften.
Hangar	Hangar (Plural: Hangars) bezeichnet eine große Halle zur Unterbringung und Wartung aller Art von Luftfahrtzeugen.
HDU	Helmet Display Unit; Monokel als Helm-Sichtanzeige (Vgl. IHADSS- Helm-System; AH-64 Apache).
Heli Dust	Das Erfliegen der Verfahren mit dem H145M LUH SOF, so viele Staublandungen wie nur möglich durch zu führen sowie der Einsatz der neuen Waffe, stehen auf dem Oberlausitzer Schießplatz im Fokus. Die geo- und topografischen Gegebenheiten vor Ort sind sehr vorteilhaft, um den Einsatz in Wüsten und Savannen (z. B. Afghanistan, Mali) zu üben. Bei der Luftwaffe eigenen Übung »Heli Dust«, welche bis zu viermal im Jahr stattfindet, trainiert die Staffel mit den TacOps.
Helipad/Heliport	Internationale Bezeichnung für den Start- und Landeplatz eines Hubschraubers; während das Helipad nur eine geeignete und markierte Fläche bezeichnet, ist der Heliport mit Versorgungseinrichtungen und Flugsicherung ausgestattet.
Helionix	Hubschrauberbordelektronik-System Helionix; Der H145 ist mit der digitalen Avioniksuite Helionix mit 4-Achsen-Autopilot ausgestattet. Helionix ist das derzeit modernste Hubschrauberbordelektronik-System auf dem Weltmarkt. Es bietet den Piloten erhebliche Unterstützung während ihrer Einsätze, indem es die richtige Information zum passenden Zeitpunkt anzeigt und damit einen großen Teil der Arbeitslast übernimmt.
Hellas	Laserradar, dient der Erkennung von Drahthindernissen (z.B.Stromleitungen), wird unter anderem von den Typen Eurocopter EC135 und EC155 der Bundespolizei verwendet.
Hellfire	Laser- oder radargesteuerte Luft-Boden-Rakete zur Panzerabwehr und anderen leicht bis stark gepanzerten Fahrzeugen mit einer minimalen Reichweite von 500m und einer max. Reichweite von 5000 – 8000m. Ursprünglich für den McDonnell Douglas AH-64 Apache entwickelt und von diesem als Hauptwaffe verwendet, heutzutage auch in Verwendung von anderen Typen.
HEMS	Helicopter Emergency Medical Services.
HFI	Hostile Fire Indicatior; Sensorik, wie sie am CH-53GA bereits getestet wurde. Der HFI warnt den Piloten auch vor Geschossen aus Handfeuerwaffen und gibt die grobe Beschussursprungsrichtung an.
HIGE/HOGE	In Leistungsbeschreibungen von Hubschraubern kann man die Begriffe HIGE (für hovering in ground effect) und HOGE (für hovering out of ground effect) finden. Diese Ausdrücke werden typischerweise benutzt, wenn über die Arbeitsgrenzen von Hubschraubern bezogen auf die notwendige Motorkraft berichtet wird. Genauso wie bei den Tragflächen von Flugzeugen gibt es bei ihnen einen Bodeneffekt in Bodennähe, der als Ergebnis einer Interaktion der abwärts gerichteten Luftströmung des Hauptrotors mit dem Boden für einen erhöhten Auftrieb verantwortlich ist.
HRO	Taktische Geiselbefreiung (Hostage Release Operation). Die HRO ist eine der exklusiven Kernkompetenzen von Spezialkräften (Militär/Polizei).

I

IAS	Die IAS (Indicated Air Speed = Angezeigte Eigengeschwindigkeit) ist die Geschwindigkeit die auf den Instrumenten angezeigt wird. Sie unterscheidet sich normalerweise durch Instrumentenfehler etwas von der True Airspeed (TAS). Sogenannte »Instrumentenfehler können sein: Dichteänderungen in der Atmosphäre 2) Installationsfehler 3) Instrumentenfehler.
ICAO	Die internationale Zivilluftfahrt-Organisation ICAO (International Civil Aviation Organisation) ist eine Sonderorganisation der Vereinten Nationen. Sie hatte die Aufgabe einheitliche Regelungen für die Sicherheit Regelmäßigkeit und Wirtschaftlichkeit des internationalen Luftverkehrs zu erarbeiten und weiter zu entwickeln. Mittlerweile in Europa von der EASA weitergeführt.
IFR	Instrument Flight Rating – Berechtigung ein Luftfahrzeug nur unter Zuhilfenahme von Fluginstrumenten zu führen. Eine Instrumentenflugberechtigung ist eine Erweiterung des Pilotenscheines und wird benötigt wenn ein Flug nur nach IFR möglich ist z.B. fliegen in Wolken bzw. wenn Wolkenuntergrenze und Sicht die für Fliegen unter Sichtflugbedingungen erforderlichen Werte nicht erreichen.
ILS	Das ILS (Instrument Landing System = Instrumenten-Lande-System) ist ein System dass Flugzeugen den genauen Gleitweg beim Final Approach zeigt. Die Crew kann so immer genau sehen wo sie sich relativ zum Gleitpfad befindet – zu hoch zu tief zu weit rechts zu weit links oder genau auf dem Gleitweg. Mit dem ILS kann man Flugzeuge sogar fast ohne Sicht oder sogar ohne Sicht landen. Das ILS ist das heute auf der ganzen Welt primär eingesetzte Präzisionsanflugsystem.
Inlet Barrier Filter (IBF)	Der IBF ist ein innovatives, von Eurocopter entwickelten Partikelfiltersystem namens Inlet Barrier Filter, das den Verschleiß der Triebwerke durch Staub, Schmutz sowie Partikel und somit auch die Wartungskosten erheblich reduziert.
IFF (System)	Identification Friend or Foe, System; System zur Freund-Feind Erkennung, das IFF-System sendet ein bestimmtes Signal aus, wird dieses Signal erwidert, so wird das Objekt als Freund eingestuft, alle anderen gelten als Feind.
IGE	In-ground-Effect, Bodeneffekt; Wenn ein Hubschrauber in ca. 50 Fuß langsam über den Boden fliegt oder sogar schwebt, drückt der Abwind gegen die Bodenoberfläche. Dies erzeugt eine Art Luftkissen, da die Luft vom Boden »abprallt« und wieder auf die Rotorscheibe zuströmt. Dieser Effekt wird auch IGE (In-Ground-Effect) genannt. Beim langsamen Flug kann IGE sehr nützlich sein, da der Hubschrauber so zusätzlichen Auftrieb bekommt ohne mehr Energie aufzuwenden. Beim Landen ist dieser Effekt eher lästig, da es das Landen erschwert.
IHADSS	Integrated Helmet and Display Sighting System; Integriertes Helm- und Schirm-Sichtsystem, von Honeywell speziell für den McDonnell Douglas AH-64 Apache entwickelt. Das IHADSS von Honeywell besteht aus einem Helm, einem Monokel, einem grafischen Justiergerät, zwei elektrischen Einheiten

und zwei Sensoren. Die Sensoren geben die Position des Helms in Bezug auf die Sichtlinie des Piloten wieder. Die Helm-Sichtanzeige (Helmet Display Unit = HDU, das Monokel ist an der rechten Seite des Helms justiert und kann bei Nichtgebrauch seitlich weggeklappt werden. Ein Kathodenstrahl-Okular in dem Monokel projiziert Symbole und Bilder. Der Hintergrund besteht aus einer Grauschattierung (10 verschiedene Grautöne), die von Infrarot-Kamera-Systemen zusammengestellt werden. Die Zielinformationen von dem TADS/PNVS werden zusammen mit den Navigationsinformationen (Flugrichtung, Fluggeschwindigkeit, usw.) auf den resultierenden Hintergrund projiziert. Durch das IHADSS ist der Pilot in der Lage mehrere Informationen gleichzeitig zu verarbeiten, da dieser einerseits alle Informationen der Anzeigen und Bildschirme ablesen kann und zudem wichtige Informationen durch das Monokel direkt vor dem Auge hat.

Infrarot Langwellige Strahlen des Lichtes, die sehr energiereich sind und bei Kontakt auf der Erde Wärme erzeugen. Sie sind für das menschliche Auge nicht sichtbar, können jedoch durch moderne Geräte erkannt werden und so in der Nacht ein Abbild jeglicher Wärmestrahlung (Mensch, Fahrzeug, Umwelt) erstellen, sie fungieren daher als Nachtsichtgeräte. (siehe Nachtsichtgeräte)

IR Infrarot oder engl. Infrared (siehe Infrarot).

J

JAA Joint Aviation Authorities. Arbeitsgemeinschaft der europäischen Luftfahrtbehörden in Hoofddorp Niederlande.

JAR Joint Aviation Requirements. Vorschriften für die Luftfahrt die in Europa entwickelt wurden und unter dem Dach der JAA gepflegt werden. (Hier: JAR OPS 3: Betriebsvorschriften für den gewerblichen Verkehr mit Hubschraubern).

JFSOCC Joint force special operations component commander

JSOA Joint special operations area

JSOACC Joint force special operations air component commander

JSOC Joint special operations command

JSOTF Joint special operations task force

JTCB Joint targeting coordination board

JTF Joint task force

K

Kaliber gibt den Durchmesser eines Gewehrlaufes / Kanone in mm an.

Konturenflug Der Konturenflug ist ein Kompromiss aus NOE (dicht am Boden) und normalem Flug. Der Pilot fliegt in einer Höhe von ca. 40 Fuß bei einer Geschwindigkeit von ungefähr 80 Knoten. Der Pilot kann sich so einigermaßen schnell durch das Gelände bewegen und hat dennoch einen gewissen Schutz vor Entdeckung. Da die Wahrscheinlichkeit einer Entdeckung dennoch hoch ist, wird diese Methode nur bei minimaler Bedrohung angewandt (siehe auch NOE)

Knoten Geschwindigkeit von einer Seemeile pro Stunde (1 Knoten = ca. 1,852 km/h).

KR/Kampfretter Kampfretter sind eine Spezialeinheit der Luftwaffe, deren Auftrag unter Gefechtsbedingungen und im Ausland die Rettung sowie bewaffnete Rückführung von verunglückten Luftfahrzeugbesatzungen, weiterer sich an Bord befindlicher Personen und von Spezialkräften ist

KSK Das Kommando Spezialkräfte (KSK) der Bundeswehr wurde 1996 als Teil des Heers gegründet. Seine Aufgaben sind: Schutz deutscher Einrichtungen und Kräfte im Ausland sowie von Personen in besonderen Lagen, Retten, Befreien und Evakuieren von Personen, Militärische Aufklärung zur Schaffung eigener Informationsüberlegenheit, Kampf gegen Ziele hoher Priorität auf gegnerischem oder feindbesetztem Gebiet.

KSM Das Kommando Spezialkräfte der Marine (KSM) wird von den Kampfschwimmern gebildet. Diese Spezialkräfte der Marine werden als Taucher, Einzelkämpfer, Infanterist, Fallschirmspringer, Sprengleiter oder Kraftbootfahrer eingesetzt. Das Kommando ist in Eckernförde stationiert und untersteht der Einsatzflottille 1. Es bildet zusammen mit dem Seebataillon die deutsche Marineinfanterie. Im KSM sind seit 1. April 2014 die Kampfschwimmer als Spezialkräfte der Marine aufgestellt. Diese gehörten zuvor von 1997 bis 2014 den Spezialisierten Einsatzkräften Marine (SEK M) an, welches mit der Neuaufstellung aufgelöst wurde. Sie bilden das Gegenstück zur See der Kommando Spezialkräfte des Heeres, mit dem ein stetiger Erfahrungsaustausch stattfindet.

kW & PS Kilowatt & Pferdestärke; 1 kW = 1,3596 PS (1 PS = 0,7335 kW), Maßeinheit für die Antriebsstärke.

KWS Kampf-Wert-Gesteigert; beschreibt eine modifizierte Version eines Kampfhubschraubers, die erheblich in ihrer Leistung gesteigert wurde; gängige Modifikationen sind beispielsweise neue Turbinen, Rotorblätter, Zielsysteme, Abwehrsysteme und Waffen bzw. Raketen.

L

LBA/ (Luftfahrt-Bundesamt) Die deutsche Luftfahrt-Oberbehörde. Sitz in Braunschweig zuständig für die Muster- und Verkehrszulassung von Luftfahrtgerät Zulassung und Überwachung von Luftfahrt-Betrieben Erstellung und Weiterentwicklung von Luftfahrt-Vorschriften und vieles mehr.

LH Lufthansa, deutsches Luftfahrtunternehmen

LOAL Lock on after Launch; Erfassen nach Abschuß, Raketenstartmodus der Hellfire-Rakete beim AH-64 Apache, die Hellfire-Rakete wird abgeschossen, steigt innerhalb von drei Sekunden auf ca. 1km Höhe und beginnt dann mit dem Sinkflug. Der Pilot erfasst nun erst das Ziel, kann daher länger in der Deckung bleiben und reduziert dadurch die Gefahr der Erfassung durch feindliches Radar.

LOBL Lock on before Launch; Erfassen vor Abschuß, Raketenstartmodus der Hellfire-Rakete beim AH-64 Apache, das Ziel wird erst anvisiert und daraufhin die Hellfire-Rakete abgeschossen, die Hellfire fliegt nun auf direktem Weg auf das Ziel zu.

LOH	Light Observation Helicopter; leichter Beobachtungshubschrauber
Longbow	Das Longbow-Radar ist ein von Westinghouse entwickeltes Milimeterwellen-Feuerleitradar bzw. Feuer-Kontroll-Radar (FCR) und ein fire-and-forget-Raketensystem für den McDonnell Douglas AH-64D Longbow. Das FCR-System kann bis zu 256 verschiedene Ziele (stationärer oder mobiler Art) identifizieren, speichern, nach Priorität ordnen und bei Bedarf an Verbündete (z.B. Copilot) weitersenden. Aufgrund seiner Lage auf dem Rotorschaft (über dem Hauptrotor) kann der Hubschrauber aus der Deckung heraus das Gebiet aufklären und Ziele erfassen (Einsatzweise, siehe unter dem Typ McDonnell Douglas AH-64 Apache)
LTH	Light Transporthelicopter; leichter Transporthubschrauber
Lycoming LTP 101	Die Lycoming LTP 101 (heute Honeywell LTP 101) ist eine Turboprop-Gasturbine für Luftfahrzeuge. Die Turbine entspricht weitestgehend der Hubschrauber-Wellenturbine Lycoming LTS 101 (heute Honeywell LTS 101, zwischenzeitlich auch Avco Lycoming LTS 101 oder Textron LTS 101). Hersteller ist Lycoming, ein US-amerikanischer Hersteller von Flugmotoren, der zur Textron Group gehört. (Hier: LTS 101-650B-1 / LTS 101-750B-1 in BK117 A und B verbaut).

M

Mach (-geschwindigkeit)	Einheit zur Beschreibung der Fluggeschwindigkeit im Verhältnis zur Schallgeschwindigkeit (Mach = Fluggeschwindigkeit : Schallgeschwindigkeit). Ein Flugzeug fliegt demnach Mach 1, wenn es sich mit Schallgeschwindigkeit (340 m/s = 1224 km/h) fortbewegt.
MBB	Messerschmitt Bölkow Blohm GmbH, erfolgreicher deutscher Hubschrauberfabrikant. MBB ging später als Teil von Daimler-Benz Aerospace (DASA) zusammen mit der französischen Aérospatiale im neuen Unternehmen Eurocopter (heute Airbus Helicopters) auf, zu dessen Programm der BK117 bis heute gehört.
MG	Maschinengewehr
MG6	Minigun-Waffensystem, das heute in SOF-Luft-, Marine- und Bodenanwendungen eingesetzt wird, ist die 7,62 mm x 51 M134D Waffensystemfamilie, die von Dillon Aero in Scottsdale, Arizona, hergestellt wird. Auch die H145M LUH SOF der Luftwaffe sind optional mit dem MG6 ausgestattet worden.
MFD	Multi Function Display; Multi-Funktions-Anzeige, kleiner Flüssigkristall-Bildschirm im Cockpit, welcher sämtliche Daten übersichtlich anzeigt, durch MFDs entfallen analoge Anzeigen bzw. es können viele analoge Anzeigen in ein MFD integriert werden, wodurch die Cockpitanzeigen wesentlich übersichtlicher gestaltet werden können
MD	McDonnell Douglas Inc., Helikopterfabrikant in den USA
Modulare Rettungsweste	Modulare Rettungsweste MW 20 MB, auch Überlebensweste genannt, von der Firma SECUMAR ist für fliegendes Hubschrauber-Personal (Non-Fast Jet / Rotary Wing) bei der Luftwaffe und bei den Heeresfliegern im Einsatz obligatorisch. Auch sie ist mit ballistischem Schutz bis zur Schutzklasse SK4 und Stehhaltegurtsystem ausgestattet.
MILDS	MILDS (AN/AAR-60) von der Firma Hensoldt. MILDS (Missile Launch Detection System) besteht aus passiven Bildsensoren, welche UV-Signaturen detektieren, die von sich annähernden Raketen entstehen. In der Bugnase sowie im hinteren Seitenbereich positioniert, ermöglichen die Sensoren einen optimalen Rundumschutz.
MTU	Motoren- und Turbinen-Union München GmbH
MTOW	Maximum Takeoff Weight (MTOW) = das maximale Gewicht mit dem das Flugzeug abheben kann ohne die vorgeschriebenen Sicherheitsreserven zu verletzen.
MUM-T	Mit dem MUM-T-Verfahren (Manned-Unmanned Teaming) können Piloten eines LFZ künftig jederzeit die Kontrolle über in der Nähe befindliche Drohnen übernehmen und erhalten Zugriff auf deren Sensoren, Live-Kamera-Streams und Waffen. Ein Drohnenschwarmangriff ist ebenfalls möglich. Die Piloten können nun bereits lange vor dem Anflug ins Zielgebiet mit den Drohnen ihre Ziele in weiter und sicherer Entfernung auskundschaften und diese problemlos im Blick behalten, auch wenn die Ziele sich schnell bewegen. Bereits 2018 haben Airbus Helicopters und Schiebel mit der H145-Plattform und dem unbemannten Hubschrauber CAMCOPTER® S-100 erfolgreich den Verbundeinsatz bemannter und unbemannter Luftfahrzeuge getestet.

N

NATO	North Atlantic Treaty Organization; Das Nordatlantische Bündnis verknüpft die Sicherheit Europas mit der Sicherheit Nordamerikas. Die Solidarität im Bündnis garantiert, dass der Schutz von Freiheit und Sicherheit eines jeden einzelnen Mitglieds das gemeinsame Interesse aller ist. Die NATO besteht seit mehr als 70 Jahren und vereint seit der letzten Erweiterung 30 europäische und nordamerikanische Staaten.
Nachtsichtgeräte / NVG (Night Vision Goggles)	Geräte mit denen man trotz Dunkelheit sehen kann. IFR, IR oder Infrarot; langwellige Strahlen des Lichtes, die sehr energiereich sind und bei Kontakt auf der Erde Wärme erzeugen. Infrarotstrahlen sind für das menschliche Auge nicht sichtbar, können jedoch durch moderne Geräte aufgefangen, graphisch dargestellt werden und somit ein Abbild der Wärmestrahlung erstellen. Heiße Wärmequellen werden rot, mittlere grün und kalte blau dargestellt, je nach Intensität gibt es weitere Abstufungen unter den Farbtönen. Der Vorteil des auf Infrarotstrahlen basierenden Nachtsichtsystem liegt in der Tatsache, dass (fast) jeder Körper Wärme bzw. IR-Strahlen abstrahlt und das System so selbst bei völliger Dunkelheit, in Räumen beispielsweise, im Gegensatz zum anderen Nachtsichtgerät, angewendet werden kann. Der Nachteil ist, daß sich das Objekt von der Wärme des Hintergrundes bzw. der Umgebung unterscheiden muss, da er sich sonst in der Farbe nicht abhebt und so nicht erkannt werden kann. Das zweite System basiert auf der Verstärkung des Restlichtes

in der Dunkelheit um einen vielfachen Faktor. Da selbst in der Nacht der Mond oder die Sterne Licht reflektieren, kann dieses System in der Nacht angewandt werden. Bei völliger Dunkelheit, in einem abgedunkelten Raum beispielsweise, funktioniert das System nicht, da kein Restlicht zur Verfügung steht.

NFH Nato Frigate Helicopter engl.; Nato- Fregattenhubschrauber, Marineversion des neuen Natohubschraubers NH90

NH(90) Nato Helicopter (90), ein von Eurocopter, Agusta und Stork-Fokker entwickelter Mehrzweck- und Transporthubschrauber

NOE Nap-OF-the-Earth; Tiefstflug, der Pilot fliegt so nahe wie möglich am Boden, um in Deckung von den sich im Terrain befindenden Objekten wie Bäumen und Gebäuden zu bleiben und so einer optischen Entdeckung oder einer Entdeckung durch Radar zu entgehen. In der Regel fliegt der Pilot in einer Höhe von 20 Fuß bei einer Geschwindigkeit von 50 Knoten, diese Flugtechnik bietet guten Schutz gegen überfliegende Kampfflugzeuge und Entdeckung durch Radar und Infrarot. Der Nachteil ist jedoch die niedrige Geschwindigkeit, die den Hubschrauber zu einem leichten Ziel für Bodentruppen und Raketenfeuer macht. (siehe auch Konturenflug)

Notar No Tail Rotor, ein von McDonnell Douglas patentiertes System zum Drehmomentausgleich, durch den Wegfall des Heckrotors wurde der Hubschrauber erheblich leiser (siehe Techniklexikon unter der Rubrik »Technik«)

NVG Night Vision Goggles; am Helm montierte Nachtsichtbrille bzw. Gerät (siehe Nachtsichtgeräte)

O

OGE Ohne Bodeneffekt (siehe auch IGE)

OH Observation Helicopter; Beobachtungshubschrauber

Osiris Bezeichnung für das Mastvisier des Eurocopter Tiger/Gerfaut

P

PAH Panzerabwehrhubschrauber

Pitchhebel In einem Hubschraubercockpit der Hebel links neben dem Pilotensitz zum Steuern des Auftriebs der durch den Hauptrotor erzeugt wird. Durch ziehen am Pitchhebel vergrößert sich die Neigung aller Hauptrotorblätter. Dies bewirkt einen größeren Auftrieb. Eine Verringerung der Rotorblattneigung reduziert dagegen den Auftrieb. Der Gashebel ist am Ende des Pitchhebels befestigt. Ein Hubschrauberpilot kann durch Betätigung des Pitchhebels eine bestimmte Höhe halten. Die jeweilige Position des Pitchhebels zum Halten einer Höhe hängt von dem Hubschraubergewicht der Höhendichte der Fluggeschwindigkeit und anderen Faktoren ab. Die Steuerbewegungen des Pitchhebels erfordern außerdem koordinierte Bewegungen des Steuerknüppels und der Pedale. Durch Ziehen am Pitchhebel erhöht sich das Drehmoment des Hauptrotors. Der Pilot muß das linke Pedal betätigen damit die Hubschraubernase nicht nach rechts dreht. Das Herunterdrücken des Pitchhebels bewirkt eine Verringerung des Drehmoments. In diesem Fall muß das rechte Pedal betätigt werden so daß die Nase nicht nach links dreht. Eine Bewegung des Pitchhebels erfordert außerdem auch die Betätigung des Steuerknüppels um die Position des Hubschraubers zu halten.

PHPL Privat Helicopter Pilot Licens, Privathubschrauberführerlizens; hier wird zwischen der PHPL-A für Flugzeuge und der PHPL-E für Hubschrauber unterschieden

PNVS Pilot Night Vision System, Nachtsichtsystem in Verbindung mit TADS (siehe auch Nachtsichtgeräte)

PR Personnel Recovery (PR) (deutsch: Personenrückführung) ist eine militärische Doktrin für die Summe der militärischen, diplomatischen und zivilen Bemühungen, um eine Rückführung und Reintegration isolierter, in Gefahr befindlicher Personen zu erreichen. Der Fokus wird dabei auf Militärangehörige hinter den feindlichen Linien gelegt. (Vgl. Kampfretter)

PS & kW Pferdestärke & Kilowatt; 1 PS = 0,7335 kW (1 kW = 1,3596 PS)

P&W Pratt & Whitney, Turbinenfabrikant

PWC Pratt & Whitney Canada Aircraft of Canada

R

RADAR Radio Detecting And Ranging: Gerät zur Erfassung entfernter Objekte durch Reflektion elektromagnetischer Wellen von deren Flächen. Als erste integrierten die Briten das Radar in ihre Militärverteidigung und sein Wert während der Luftschlacht um England war enorm. Heute ist Radar das Hauptmittel der Flugsicherung. Manche Luftfahrzeuge haben auch Wetterradar das mit Gewittern einhergehenden Niederschlag und Windscherungen sowie andere Gefahren erfassen soll.

RAF Royal Airforce; Britische Luftwaffe.

RAH Reconnaissance Attack Helicopter; Aufklärungs- und Angriffshubschrauber, z.B. Boeing/ Sikorsky RAH-66 Comanche.

Redundanz latein. redundare: im Überfluss vorhanden sein; in der Technik wird ein System als redundant bezeichnet, wenn dieses zweimal oder vielfach vorhanden ist, die doppelten Systeme in einem störungsfreien (normalen) Betrieb aber nicht benötigt werden, erst bei einem Systemausfall übernimmt dann eines der anderen Systeme die Aufgaben des defekten Gerätes

Rappelling Mit einem speziellen Abseilgerät, welches einhändig bedienbar ist, setzt sich jede Person mit einem eigenen normalen Kletterseil mit 10 bis 12 mm Durchmesser aus dem Helikopter ab. Das ablaufende Seil kann hierbei in einem Leinenbeutel am Bein des Abseilenden geführt werden, um ein Verheddern zu verhindern. Diese Art des Abseilens ermöglicht das gleichzeitige Absetzen von mindestens sechs Einsatzkräften. Nach der Landung müssen sich die Personen vom Seil trennen, die Seile werden dann vom Hubschrauber abgeworfen. Wie auch das Fast-Roping ermöglicht das Rappelling

	eine Zeitersparnis gegenüber einer Landung und ermöglicht auch Zugang zu Orten an denen ein Hubschrauber nicht landen kann. Die Nachteile der geringen Abseilstärke der Einsatzkräfte wird durch mehr Sicherheit und der Möglichkeit eines Waffeneinsatzes am Seil ausgeglichen.
RR	Rolls Royce, britischer Auto- und Turbinenfabrikant
RWR	Radar Warning Reciver; Radarwarnempfänger, passiver Radarstrahlenempfänger, der alle von einem anderen Objekt ausgehenden Radarstrahlen empfängt und die Position des Objektes auf einem Bildschirm wiedergibt. Der RWR zeigt ferner, ob das Objekt sie erfasst oder sogar eine Rakete abgefeuert hat. Da das RWR passiv und nicht aktiv ist, das heißt es strahlt keinerlei Radarstrahlung aus, kann es Objekte orten ohne selber geortet zu werden.

S

SAAF	South African AirForce; Südafrikanische Luftwaffe
SAM	Surface-to-Air Missle, Boden-Luft-Rakete, wird meist von mobilen Raketenfahrzeugen getragen und zur Luftabwehr verwendet, wird im Deutschen als Flarak bezeichnet (siehe Flarak)
SAR	Search and Rescue, Bezeichnung für Such- und Rettungsdienst
Scorpion HMSD	Das MX-15Di von L3 Wescam kann zusammen mit dem Thales Scorpion Helmet Mounted Sight Display (HMSD) und natürlich den dementsprechenden Waffen-Bedienelementen des HForce-Systems im Cockpit angewandt werden. Das EOS-System kann vom Co-Piloten bedient werden. Ein EOS-Operator als dritte Person wie bei Polizeieinsatzstaffeln ist nicht nötig.
Seemeile	Maßeinheit, die 1,852 km entspricht
Seilwinde (Winch)	Bei dieser Art wird eine von einem Elektromotor betriebene Winde (Winch) eingesetzt, die die Person an einem Seil ablässt. Dabei wird der Haken an einen Karabinerhaken am Gürtel der Person oder an der Rettungsschlinge oder am Rettungskorb eingehängt. Im Gegensatz zum Abseilen beim Klettern wird hier die Person passiv abgelassen, d. h., sie wirkt bei dem Vorgang nicht mit. Eingesetzt wird diese Möglichkeit von zivilen sowie militärischen Organisationen beim Search and Rescue (Rettung/Bergung) und bei Hubschrauberversetzungen; dem Transfer von Personal auf See wie auch in unzugänglichem Gelände. Umgekehrt ist auch das Hochhieven von Personen oder Gerät mit der Seilwinde möglich.
SERE	Das SERE-Training (Survival, Evasion, Resistance and Escape) ist das Überlebens-, Ausweich-, Widerstands- und Fluchttraining und wird als Vorbereitung auf Vermeidung der Gefangennahme, Kriegsgefangenschaft, auf Verhörsituationen in der Opferrolle und Flucht unter realistischen Bedingungen bei den Streitkräften geübt. Lehrgänge mit ähnlichem Inhalt werden für deutsche und internationale Spezialkräfte und spezialisierte Kräfte sowie Luftfahrzeugbesatzungen und besonders gefährdetes fliegendes Personal der Bundeswehr am Ausbildungszentrum Spezielle Operationen in Pfullendorf durchgeführt.
SHP	Shafthorsepower; Wellen-PS (siehe WPS)
SHS	Schulungshubschrauber (siehe auch Eurocopter EC 135 unter der Rubrik »Typen«)
SIGINT	Fernmelde- und Elektronische Aufklärung (Fm/EloAufkl; englisch Signals Intelligence - SIGINT), auch signalerfassende Aufklärung genannt, ist die Gewinnung von Erkenntnissen aus elektromagnetischen Ausstrahlungen mit Kommunikationsinhalt (Fernmeldeaufklärung - FmAufkl; englisch Communication Intelligence - COMINT) und ohne Kommunikationsinhalt (Elektronische Aufklärung - EloAufkl; englisch Electronic Intelligence - ELINT). Unter den Begriff der elektronischen Aufklärung fällt auch die Foreign Instrumentation Signals Intelligence (FISINT) und die Measurement and Signature Intelligence (MASINT).
Sniper Interdiction	Dies ist vor allem beim sehr dynamischen Vorgehen bei flüchtenden, fahrzeugbeweglichen oder sich schnell verschiebenden Feinden angezeigt. Im Wesentlichen handelt es sich dabei bei der Special Operations Airborne Sniper (Target) Interdiction um eine Bekämpfung von Zielen aus der Luft. Bewegliche und stehende Ziele werden von einer luftbeweglichen Plattform (Hier: H145M LUH SOF) aus handlungssicher mit automatischen Waffen durch Scharfschützen der Spezialkräfte bekämpft.
SOAR (A)	Special Operations Aviation Regiment (Airborne); Hier: 160th SOAR (A)
SOATU	Special Operations Air Task Unit (SOATU); Fliegender Spezialkräfteverband, der permanent für Einsätze zur Verfügung steht. (Hier: SOATU-RW: Special Operations Air Task Unit Rotary Wing bzw. SOATU-RW/M: Special Operations Air Task Unit Rotary Wing Maritime)
Special Forces	In der Diktion der US-Streitkräfte steht der Begriff Special Forces (SF) traditionell ausschließlich für die US Army SF (Green Berets). Die anderen Sondereinsatzkräfte des Heeres, zum Beispiel das 75th Ranger Regiment oder das 160th SOAR, sowie die Spezialeinheiten der anderen Teilstreitkräfte werden unter dem Begriff Special Operations Forces subsumiert.
SOCOM, USSOCOM	Special Operations Command. Vorbild für viele Länder der westlichen Demokratien; SOCOM ist im Hinblick auf eine Bildung von militärischen Spezialeinsatz-Kommandostrukturen sicherlich die US-Streitkräfte gewesen, die mit ihrem System des Special Operations Command (SOCOM) und seinen Unterabteilungen bestehend aus SOF-Elementen aller Teilstreitkräfte bereits in den 1990er-Jahren eine bis heute geltende SOF-Architektur realisiert haben.
SPIES	Special Patrol Insertion/Extraction System. Das als SPIE(S) bezeichnete System ist eine Weiterentwicklung des Rappelling durch die US-Marineinfanterie. Es dient wie das Fast-Roping und das Rappelling dem schnellen Anlanden aber auch Abholen von Einsatzkräften an unzugänglichen Stellen. Die Soldaten hängen bei diesem Verfahren während des Fluges an einem Seil, das am Hubschrauber oder Tiltrotorflugzeug befestigt ist. Zivil ist dies mit einer Taubergung vergleichbar. Spezialkräfte in Europa verwenden SPIES eher selten.

SPH-4 Bis heute tragen die Piloten den altbewährten Helm SPH-4G Rotary Wing Helmet System von der Firma Gentex mit. Am SPH-4 wird auch bei Bedarf das Nachsichtgerät (Night Vision Goggles, NVG) montiert. Hierfür wurden die Helme eigens präpariert, um die Ausstattung (Stromversorgung/Akku am Hinterkopf-Klett / Binokular am Stirnträger) aufnehmen zu können.

Stealth Engl. = heimlich, verstohlen; alle Maßnahmen zur Reduzierung der Radarrückstrahlfläche und der optischen Ortung wodurch das Fluggerät schwer erfassbar und anvisierbar wird. In kleinem Maße wird die Stealthtechnologie bei jedem modernen Kampfhubschrauber angewendet, sei es durch gerade, nicht runde, Scheiben, welche die Sonnenreflektion verhindern oder ein schmaler Rumpf, der die Radarrückstrahlung verringert. Der einzige wirkliche »Stealthcopter« ist der moderne Boeing/Sikorsky RAH-66 Comanche, dessen Einführung jedoch aufgrund von Kosten gestoppt wurde

T

TacOp Tactical Operator (TacOp); Besatzungsmitglied im H145M LUH SOF. Der TacOp ist für die Bedienung der (militärischen) Zusatzausstattung (Winde, Fast Rope, Flugsicherheit) und der Bewaffnung (MG6) zuständig. Nicht zu verwechslen mit Doorgunner (Doorgunner: Mannschaftsdienstgrad / TacOp: Feldwebeldienstgrad).

TADS Target Acquisition and Designation Sight System; ein mit PNVS (Nachtsichtgerät) kombiniertes Gerät zur Sicht und Zielerfassung bei Tag und Nacht

Take Off Engl. = Start, Abflug eines Flugzeugs oder Hubschraubers; ready for Take OFF eng. = Fertig zum Start bzw. Abflug

Täuschkörper (siehe EWS/ECM)

THC Training Helicopter

TTH Tactical Transport Helicopter engl.; taktischer Transporthubschrauber, Version des neuen Natohubschraubers NH90

Tier 1 In der US Spezialkräfte-Architektur wird von 3 Tier-Stufen ausgegangen. Die höchste ist das Tier-1 Segment. Es besteht aus den Einheiten Special Operation Detachement Alpha (Delta Force) und die Naval Special Development Group (DEVGRU auch bekannt als Seal Team 6). Die anderen Navy Seal Teams sowie die Special Forces der US Army (Green Berets) bzw. MARSOC (US Marines) wären demnach im Tier 2 Segment eingeordnet. Das Tier 3 würden beispielweise das 75th Ranger Regiment bilden.

Twin-Pac Antriebsart von Pratt & Whitney, bestehend aus zwei Turbinen, die jedoch weniger Platz als zwei einzelne Turbinen benötigen.

U

UH Utility Helicopter; Unterstützungshubschrauber

USA United States of America

USAF United States Airforce

USMC United States Marine Corps

V

VBH Verbindungs- und Beobachtungshubschrauber

W

WOD Wind over Deck; Windgeschwindigkeit an Deck

WPS Wellenpferdestärken, Leistung an der Welle in PS; da die Kraft der Turbine oder des Kolbenmotors bei einem Hubschrauber nicht wie bei einem Flugzeug in Schub umgewandelt wird, sondern auf eine Welle übertragen wird, die den Haupt-, Heckrotor antreibt, spricht man bei einem Hubschrauber grundsätzlich von Wellen-PS.

WTD Wehrtechnische Dienststelle

Literaturverzeichnis

Bücher / Monographien

Headquarters Department of the Army. Field Manual No. 3-05.210 Special Forces Air Operations: Washington, DC, 2009.

Headquarters Department of the Army. Field Manual No. 3-18 Special Forces Operations. Washington, DC, 2014.

Headquarters Department of the Army: Special Operations. Army Doctrine Reference Publication No. 3-05. Washington DC, 2018.

Oster, Roland: Luftrettung. Motorbuch Verlag. Stuttgart, 2008.

Rastätter, Christian: Helicopters in Special Operations – Hubschrauber im Spezialeinsatz. S.Ka-Verlag. Nürnberg, 2017.

Rastätter, Christian: Special Operations & Special Missions Aircraft – Flugzeuge im Spezialeinsatz. S.Ka-Verlag. Nürnberg, 2018.

Sünkler, Sören: NATO Special Forces (heute) – 70 Jahre NATO. S.Ka-Verlag. Nürnberg, 2019.

Williamson, Justin: Operation Eagle Claw 1980: The disastrous bid to end the Iran hostage crisis. RAID 52. Osprey Publishing, Oxford, UK, 2020.

Periodika

Europäische Sicherheit & Technik. Mittler Report Verlag GmbH, Bonn.

Kommando – International Special Operations Magazine (K-ISOM). S.Ka.-Verlag, Nürnberg.

wt-WEHRTECHNIK. Mönch Verlagsgesellschaft mbH, Bad Neuenahr – Ahrweiler.

Aufsätze in Fachzeitschriften

Rastätter, Christian: Schießen mit 4./HSG 64 H145M LUH SOF MG6 »Heli Dust«. In: Kommando – International Special Operations Magazine (K-ISOM). S.Ka.-Verlag, Nürnberg. Ausgabe Nr. 2 / 2020 März / April. S.4-17.

Rastätter, Christian: H145M LUH SOF Sniper Interdiction mit KSK.In: Kommando – International Special Operations Magazine (K-ISOM). S.Ka.-Verlag, Nürnberg. Ausgabe Nr. 1 / 2020 Januar / Februar. S. 4-11.

Rastätter, Christian: Kommando Spezialkräfte: Die neuen H145M LUH SOF in Aktion, KSK HRO Task Force. In: Kommando – International Special Operations Magazine (K-ISOM). S.Ka.-Verlag, Nürnberg. Ausgabe Nr. 5 / 2019 September / Oktober. S.4-17.

Rastätter, Christian: Kommando Spezialkräfte: Intelligence/Surveillance/Reconnaissance (ISR): Készenléti Rendőrség MD 902 »Explorer« im Einsatz. In: Kommando – International Special Operations Magazine (K-ISOM). S.Ka.-Verlag, Nürnberg. Ausgabe Nr. 1 / 2019 Januar / Februar. S.24-29.

Rastätter, Christian: Kommando Spezialkräfte: SOF Rotary Wing – Luftwaffe HSG 64 H145M LUH SOF einsatzbereit. In: Kommando – International Special Operations Magazine (K-ISOM). S.Ka.-Verlag, Nürnberg. Ausgabe Nr. 1 / 2018 Januar / Februar. S. 30-33.

Rastätter, Christian: SIGINT Aufklärung: Airborne Signal Intelligence im 21. Jahrhundert. In: Kommando – International Special Operations Magazine (K-ISOM). S.Ka.-Verlag, Nürnberg. Ausgabe Nr. 3/ 2016 Mai / Juni. S.30-34.

Sünkler, Sören: Kommando Spezialkräfte: KSK Heliborne Vehicle Interdiction. In: Kommando – International Special Operations Magazine (K-ISOM). S.Ka.-Verlag, Nürnberg. Ausgabe Nr. 4 / 2018 Juli / August. S.26-33.

Internet-Quellen

www.Airbus.com.
www.augengeradeaus.net
www.bundeswehr.de
www.helis.com
www.janes.com
https://dillonaero.com
https://www.rth.info/
www.hensoldt.net
www.flickr.com/photos/bundeswehrfoto/

Agil, schnell & gut bewaffnet zeigt sich der H145M hier in seinem Element. Die Spezialkräfte sind mit ihm für die Zukunft optimal gerüstet.